"十四五"国家重点图书　高新纺织材料研究与应用丛书(第二辑)

U0738081

含银功能性医用敷料

秦益民　著

中国纺织出版社有限公司

内 容 提 要

本书概述了医用敷料的结构、性能及临床应用,详细介绍了伤口感染、抗菌敷料、含银抗菌材料、含银医用敷料等领域的研究进展,以及含银功能性医用敷料的抗菌功效、作用机理、临床应用及疗效、分析测试方法等内容。

本书可供纺织、高分子材料、生物医用材料、医疗卫生等相关行业的科研人员、工程技术人员、产品营销人员以及高等院校相关专业的师生阅读参考。

图书在版编目（CIP）数据

含银功能性医用敷料／（英）秦益民著. --北京：中国纺织出版社有限公司, 2022.1

（高新纺织材料研究与应用丛书. 第二辑）

"十四五"国家重点图书

ISBN 978-7-5180-9243-7

Ⅰ.①含… Ⅱ.①秦… Ⅲ.①银－应用－功能性织物－医用织物－敷料－研究 Ⅳ.①TS106.6

中国版本图书馆 CIP 数据核字（2021）第 272551 号

责任编辑：范雨昕　责任校对：江思飞　责任印制：何 建

中国纺织出版社有限公司出版发行

地址：北京市朝阳区百子湾东里 A407 号楼　邮政编码：100124

销售电话：010—67004422　传真：010—87155801

http://www.c-textilep.com

中国纺织出版社天猫旗舰店

官方微博 http://weibo.com/2119887771

唐山玺诚印务有限公司印刷　各地新华书店经销

2022 年 1 月第 1 版第 1 次印刷

开本：710×1000　1/16　印张：16.25

字数：280 千字　定价：128.00 元

前　　言

医用敷料是一类用于护理伤口的功能材料。随着材料科学的发展和医疗技术的进步,多种新型材料被应用于医用敷料。新型功能性医用敷料结合材料学、生物学、生理学、营养学、医学、临床护理学等各领域的先进知识和技术手段,把患者对敷料的各种需求结合到产品的设计中,使材料和产品的高效能与护理过程的高效率有机统一,促进了伤口的愈合过程。

在当前全球人口老龄化、慢性溃疡性伤口增多的背景下,开发和应用先进的功能性医用敷料具有重要的社会和经济意义。经过多年的发展,医用敷料行业针对慢性伤口、创伤、手术伤口等多种伤口开发出了大量先进的产品及相关生产技术,包括天然材料类、人工合成材料类、药物性敷料类和固定用敷料类等各种敷料,采用聚氨酯泡绵和薄膜、水胶体、水凝胶、海藻酸盐纤维、羧甲基纤维素钠纤维、壳聚糖纤维等大量功能性材料,有效提高了产品的使用功效,并在临床实践中取得了很好的疗效。

创面感染是伤口愈合过程中一个普遍存在的问题。针对受感染创面的护理和病区交叉感染的防控,医疗卫生行业发展出一系列具有抑菌、抗菌、消毒功效的产品和技术。近年来,有机抗生素和抗菌剂在应用过程中产生的耐药性和副作用促使医疗卫生行业寻找更加优良的抗菌材料。在此过程中,银的广谱抗菌特性日益获得重视。作为一种抗菌材料,银具有无耐药性、无毒、无过敏、无交叉药物干扰等特点,可以广谱杀菌而不伤害有益菌和正常细胞,临床应用中被证明可以有效防治伤口感染。

银的抗菌功效在功能性医用敷料的研究和开发中具有特殊的应用价值。在伤口护理领域,基于"湿润愈合"理论的先进敷料在 20 世纪 80 年代后得到广泛推广,已经成为全球普遍使用的创面护理产品。湿润的愈合环境在促进细胞生长、加快伤口愈合的同时,也为细菌的繁殖提供了条件。自 21 世纪初以来,全球医用敷料生产企业在开发海藻酸盐纤维、聚氨酯泡绵、聚氨酯薄膜、水胶体、水凝胶等功能性敷料的同时,把各种银化合物与敷料基材结合后开发出多种含银功能性医用敷料。大量临床实践证明,含银医用敷料可以为创面提供更好的愈合环境,具有很高的应用价值。

本书结合含银功能性医用敷料的发展历史和最新研究成果,系统总结了国际上各种先进含银功能性医用敷料的结构和性能。在分析总结医用敷料的结构、性能、临床应用的基础上，详细介绍了伤口感染、抗菌敷料、含银抗菌材料、含银医用敷料等领域的研究进展以及含银功能性医用敷料的抗菌功效和作用机理、临床应用及疗效、分析测试方法等方面的研究成果，为推广应用含银功能性医用敷料提供一个重要的信息平台。

嘉兴学院朱长俊、陈洁，青岛明月海藻集团海藻活性物质国家重点实验室邓云龙、郝玉娜、张妮、尚宪明、刘健、胡贤志、李双鹏等参与书中部分内容的研究，在此表示感谢。

本书适合纺织、高分子材料、生物医用材料、医疗卫生等相关行业的科研人员、工程技术人员、产品营销人员以及高等院校相关专业的师生阅读参考。

由于作者学识有限，而含银功能性医用敷料涉及的学科广泛、内容深邃，故疏漏之处在所难免，敬请读者批评指正。

作者

2021 年 5 月 20 日

目　　录

第1章　伤口与伤口护理

1.1　引言

伤口是由机械、电、热、化学等外部因素造成的或者是由人体自身生理病变引起的皮肤破损,如在皮肤与子弹、刀、咬、手术、摩擦等作用过程中产生的机械损伤;由热、电、化学、辐射等因素造成的烧伤;以及压疮、下肢溃疡、糖尿病足溃疡等慢性皮肤损伤。

伤口可被分成三大类,即慢性伤口、创伤和手术伤口。从形成的背景来看,手术伤口是在干净的环境下有计划、有控制地产生的,伤口所在的人体机理正常,其愈合过程也比较快。创伤的形成有其突然性,根据不同的受伤情景,创伤对人体健康产生的影响有很大变化,其愈合过程与皮肤损伤的性质和程度密切相关。慢性伤口主要发生在老年人、糖尿病患者以及行动不便的患者身上,这类伤口的形成有其不可避免的因素,例如由于健康状况下降和活动能力减弱,老龄人群比较容易产生压疮、下肢溃疡等皮肤疾患。

临床上伤口的护理被分为烧伤、外科和创伤、皮肤溃疡三大主要领域。在各类伤口中,慢性皮肤溃疡性伤口的发生率呈现快速增长的趋势,其中糖尿病足溃疡、压疮、下肢溃疡等慢性伤口已经成为伤口护理的一个重要领域。我国在经历改革开放带来的快速发展后,经济总量跃居世界第二,社会发展的许多方面已经与世界接轨,但是目前我国的健康状况却不容乐观。快节奏的工作和生活使大量人群处于亚健康状态,最新数据显示我国已经有9000多万名糖尿病患者。与此同时,我国人口结构也正迅速进入老龄化,65岁以上的人口比重呈不断上升趋势,包括慢性伤口在内的老年人健康问题日益突出。

糖尿病引起的溃疡在皮肤溃疡中占比最大,全球范围内每年有超过9%的增长率。压疮在全球范围内也在不断增长,其主要原因是人口老龄化和衰弱失常等行动不便或皮肤撕裂的老龄人口的增多。据估计全球有11500000名压疮患者,每年以8%的速度增长。静脉淤积压疮全球总计达11000000名,与其他溃疡相比,静脉淤积溃疡的增长是因为人口老龄化的增长和衰竭性疾病的增加。与此同时,全球范围内每年有超过10400000名烧伤患者,其中有超过5200000人受伤后死亡。据估计,到2020年全球每年有840万人死于受伤,其中交通事故受伤是全球致残的第三个主要原因以及发展中国家的第二主要原因。

在全球约70亿人口中,亚洲占60%、非洲占14%、欧洲占11%、北美占8%、拉丁美洲占6%、大洋洲约占1%,到2050年全球人口可达94亿人。目前在超过65岁的老龄人中,亚洲有近3亿人,约占总人口的7%,欧洲有1.2亿人。老龄化人口的增多在催生出一个巨大的伤口护理市场的同时,也为新技术、新材料、新产品的开发和应用提供了一个重要的发展空间。

1.2 伤口的特征

从生理学角度看,伤口是人体皮肤破损后形成的一种肌体缺陷。尽管如此,它仍是一种生物组织,是人体的一部分,既与人体密不可分,又有自己的特性。伤口可以发生在人体的任何部位,由于造成伤口的原因很多,临床上遇到的各种类型的伤口在尺寸大小、形状、深度、渗出液多少等方面有很大的变化。伤口上细菌的数量和感染程度也是区别伤口、决定敷料类别的一个重要因素。

伤口可以通过其物理、生理和微生物特征进行分类。表1-1总结了伤口的物理、生理和微生物特征。

表1-1 伤口的特征

伤口的特征	伤口的类别	临床症状
物理特征	表皮伤口 深度伤口 腔隙型伤口	表皮伤口主要涉及皮肤表面的损伤,深度伤口则涉及皮下组织和肌肉的损伤。腔隙型伤口一般很深,这类伤口大多是慢性伤口,其涉及的人体组织已经腐烂
生理特征	干燥伤口 潮湿伤口 高渗出液伤口	不同的伤口在其愈合的不同阶段有不同程度的流血、流脓现象。根据渗出液的多少,护理过程中需要使用的敷料也需要有不同的性能
	发臭伤口	这类伤口一般细菌感染严重,气味重且难闻

续表

伤口的特征	伤口的类别	临床症状
生理特征	过分疼痛的伤口	这类伤口的病人感觉疼痛剧烈
	难以包扎的伤口	有些伤口发生在人体上较难包扎的部位,如颈部、肩膀等
微生物特征	无菌伤口	这类伤口上的细菌数量很少
	有菌伤口	这类伤口上有一定数量的细菌,但涉及的细菌不会对患者造成不良影响
	受感染的伤口	这类伤口上细菌活力很强,给患者造成不良生理影响
	有可能造成交叉感染的伤口	这类伤口上的细菌数量多,可能给患者本人及病区内其他病人造成不良影响

1.3　伤口的分类

　　许多年来,西方医疗界对伤口的分类及如何根据伤口的类别选择最佳的敷料做了大量研究。目前伤口被分成五大类别,每一类别有对应的颜色符号。表 1-2 总结了这五类伤口的基本特征,图 1-1 显示五类伤口的典型症状。

表 1-2　伤口的种类及特征

伤口种类	颜色符号	伤口特征
干燥型伤口	黑色	这类伤口上一般覆盖着一层干燥的伤痂,伤口的渗出液很少
潮湿型伤口	黄色	这类伤口一般在炎症反应过程中,其产生的渗出液很多
肉芽型伤口	红色	这类伤口处在伤口愈合的最后阶段,红色的皮肤组织已开始形成
上皮化伤口	粉红色	这个阶段的伤口已开始结疤,伤口表面被一层粉红色的上皮组织细胞覆盖,创面已基本愈合
感染的伤口	绿色	受感染的伤口一般有很强的气味,同时有较多的渗出液

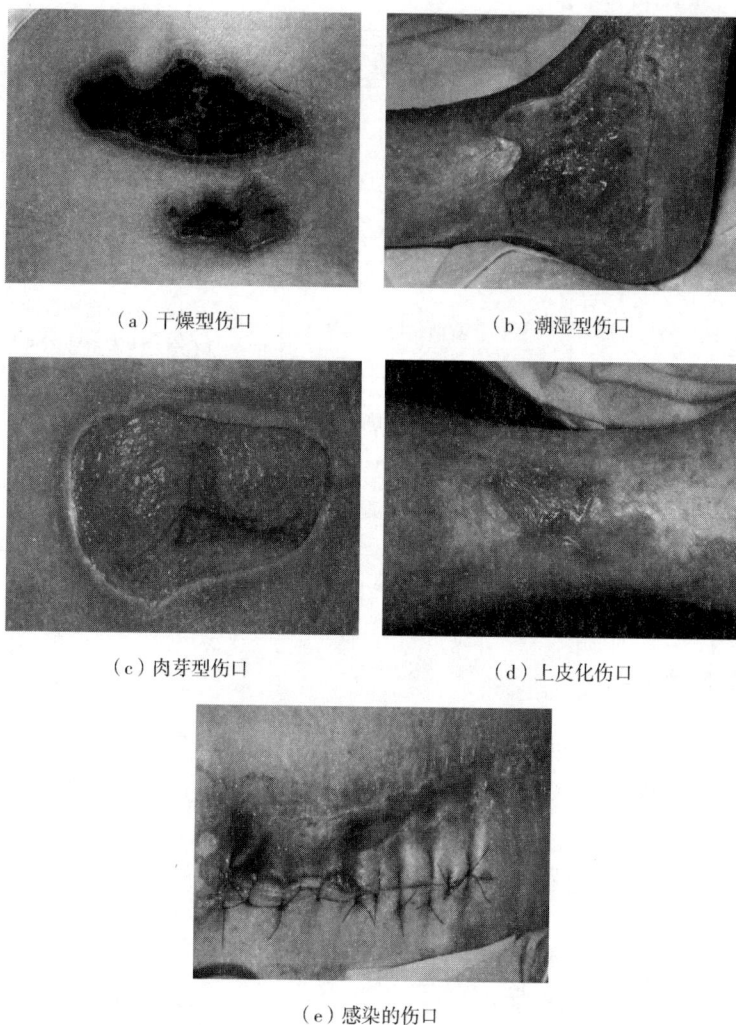

（a）干燥型伤口　　　　　　　　　（b）潮湿型伤口

（c）肉芽型伤口　　　　　　　　　（d）上皮化伤口

（e）感染的伤口

图1-1　五类伤口的典型症状

1.4　伤口的愈合过程

　　20世纪70年代以来，伤口愈合领域的研究有很大进展，这些进展起源于生命科学基础研究的迅猛发展，由细胞水平的研究进入分子水平，其研究成果对理解伤口的愈合过程、采取合理的护理方法和正确应用敷料具有很好的指导意义。

　　大量研究证明伤口的愈合与修复是一个复杂的过程，涉及细胞参与的炎症反应、细胞运动、细胞迁移和增殖、细胞信息的传递、细胞间的相互作用、各种细胞因子的生成和作用、细胞外基质的参与和调节等。创面愈合过程在机体的调控下呈现高度的有序性、完整性和网络性。当皮肤受伤后,血管受损,胶原被暴露,这时受损伤的细胞开始释放出促凝因子,使血小板立即相互聚集。聚集后的血小板在伤口上形成血栓,起到止血和保护伤口的作用。

创面的愈合过程包括炎症反应、创面重建、上皮化和创面重塑四个阶段,其中各个阶段之间不是独立的,而是相互交叉、相互重叠,涉及多种炎症细胞、修复细胞、炎症介质、生长因子和细胞外基质等成分的共同参与。

1.4.1　炎症反应

止血过程后的炎症反应是创面愈合的始动环节。从血小板中释放出的生长因子吸引巨噬细胞、中性粒细胞、淋巴细胞等炎症细胞按一定的时间趋化到创面局部,其中巨噬细胞在创面愈合中起重要作用,被称为创面愈合的"调控细胞"。巨噬细胞在清除坏死细胞、细菌和异物的同时,还能分化出多种生长因子,趋化修复细胞、刺激成纤维细胞的有丝分裂和新生血管的形成,促进肉芽形成。

在巨噬细胞清理创面的同时,由于毛细血管的扩张,大量水分进入创面后形成水疱,其中含有钠、钾、氯化物、糖、血浆蛋白、氨基酸等多种血浆成分。这些物质进入水疱后改变了创面的局部渗透压,使更多的水分被吸引到水疱中,成为伤口渗出液的来源。

随着炎症反应的进行,巨噬细胞释放出生长因子,吸引成纤维细胞进入伤口。与此同时,内皮细胞在胶原酶和其他酶的作用下,从未受损的血管部位分离后,向损伤部位迁移并增生。内皮细胞慢慢地形成管状结构和毛细血管芽,并相互连接形成血管网。氧气和营养成分通过这些血管网进入创面,为成纤维细胞的增殖提供条件。

1.4.2　创面重建

在创面重建阶段,成纤维细胞在增殖过程中分泌出胶原蛋白质。这些胶原蛋白质互相结合后形成胶原纤维,为新形成的皮肤组织提供强度。成纤维细胞的活性与氧气的浓度有关,如果伤口上的微血管网没有充分形成,氧气不能通过血液流动传递到伤口处,愈合速度就会下降。

1.4.3　创面的上皮化

当新鲜的肉芽在成纤维细胞的作用下开始形成时,上皮细胞开始从伤口的边缘或创面残存的毛囊及汗腺处向创面迁移、增生和分化。迁移的上皮细胞经增生并覆盖创面,最终与基底膜相连接。上皮细胞的移动只能在皮肤组织上进行,并且需要一个湿润的环境。

1.4.4 重塑阶段

当创面被覆盖上一层新的上皮细胞后,创面的流血、流脓现象已经停止,其愈合过程进入重塑阶段。这时创面中的胶原纤维开始重组,皮肤的强度得以慢慢提高。

由于不同伤口的形成过程及性质很不相同,其愈合过程也有所不同。以烧伤为例,不同深度的烧伤创面的修复各有其特点。浅二度烧伤只涉及表皮的损伤,创面愈合是表皮层修复,不涉及结缔组织的形成和伤口的重新塑造,修复的基本过程主要依靠上皮细胞增殖、分化和迁移。由于这类伤口的流血、流脓很少,只需要覆盖一层有透气性的薄膜即可以达到保护伤口的目的。深二度烧伤创面的组织缺损除表皮外还有相当深度的真皮缺损,修复的基本过程除依靠残留皮肤的上皮细胞增殖、分化、迁移外,尚有血管内皮细胞和成纤维细胞增殖、结缔组织的形成以及创面重塑。三度烧伤创面为全层皮肤缺损,修复的基本过程为血管内皮细胞和成纤维细胞增殖、结缔组织形成,最后为创面重塑。由于缺乏残留的皮肤附件,表皮层的修复除小范围的全层皮肤缺损可凭借创缘上皮增殖、分化并在肉芽组织上迁移而完成修复外,范围较大的全层皮肤缺损且超过创缘上皮扩展能力的往往不能自愈,需要通过植皮等方法才能使创面愈合。

1.5 伤口愈合的影响因素

伤口的愈合受患者本身的身体素质和伤口所处的环境等一系列因素的影响,其中患者的身体素质是决定伤口愈合的内因。

1.5.1 患者的身体素质

一个年轻健康的人身上的伤口往往比年老、营养状况不良的患者愈合快。患者的医疗状况和病症对伤口愈合有很重要的影响,例如糖尿病患者的炎症反应慢,他们身上的伤口更容易受到感染。患者的营养状况对伤口愈合也有重要影响,炎症反应和皮肤组织修复需要消耗大量的能量,在伤口愈合过程中患者需要通过合理的饮食为身体补充各种营养成分,包括维生素 A、B、C 和 K 以及锌、铜等微量金属离子。伤口患者应该多吃新鲜的水果和蔬菜,并且在饮食结构中保持足够的蛋白质、淀粉等营养成分。

1.5.2　伤口的疼痛

在伤口的愈合过程中,伤口的疼痛会影响血管组织的重建,并且可以减少皮肤组织的氧气供应,因而对愈合速度产生不良影响。为了加快伤口愈合,护理过程中应该舒缓伤口的疼痛。

1.5.3　环境因素

影响伤口愈合的外因是与创面相关的各种环境因素。创面受到的机械张力可以压迫伤口上残留的毛细血管,影响营养成分和氧气进入伤口,因而可以引起创面的进一步破坏。长时间躺在病床上或坐在椅子上的患者特别容易引发溃疡伤口。

1.5.4　痂的形成

痂的形成对伤口的愈合也有不利影响。创痂一般是一种干硬的、覆盖在创面上的坏死组织,影响二氧化碳从伤口上的挥发以及氧气的进入,对伤口正常的代谢功能有很大的影响。因此,护理过程中应该通过手术或敷料的作用去除创面上的干痂。

1.5.5　温度

伤口的愈合也受温度的影响。伤口上的各种细胞和酶在体温下的活性最高,如果创面温度低于体温 2℃ 以上,细胞和酶的活性有很大的下降。在更换敷料的过程中,创面的温度需要 4h 之后才能恢复到正常的温度。敷料的更换频率越高,其对伤口愈合的影响也越大。

1.5.6　创面的润湿情况

创面的润湿情况也是影响伤口愈合的外在因素。伤口上的细胞、酶及生长因子不能在干燥的条件下产生作用,正因为如此,护理过程中不能把伤口暴露在空气中,或者由于日晒、敷贴干燥的敷料等因素使创面过分干燥。伤口上产生的肉芽组织很脆弱,也很容易受损伤,如果在干燥的情况下剥离敷料,新鲜的肉芽组织很容易被破坏,使伤口重新进入炎症反应阶段。当创面处于湿润的环境中时,细胞、酶及生长因子的活性得到加强,使肉芽组织的增生加快,促进了伤口的愈合。

1.5.7 临床感染

临床感染对伤口的愈合也有很大影响。感染可以增加伤口的疼痛,并且使创面形成大量的脓胞。临床上,如果伤口出现感染症状,护理人员应该通过微生物测试,准确认定造成感染的细菌种类,并采取相应的抗菌措施。

1.6 伤口的"湿润愈合"

伤口是一个与人类有着一样古老历史的生理现象,护理伤口用的敷料也已历史悠久,各种各样的天然材料曾经在世界各地被用于护理伤口。20世纪60年代以前沿用的创面敷料均以吸收、排除创面渗出液和隔离创面为主要功能,对敷料材质的研究也主要从生物惰性、无毒性、生物相容性等方面考虑。传统理念指导下开发出的敷料在吸收创面渗出液的同时使创面脱水,造成创面更加干燥的环境,进而导致创面结痂,而创面的结痂对其上皮化有明显障碍。

20世纪50年代后人们在研究中发现创面环境对伤口愈合起重要作用,其中有三个重要的发现:

(1) Odland 在 1958 年首先发现有水泡的创面比水泡破裂的创面愈合速度快。

(2) Winter 在 1962 年报道的研究结果显示,用聚乙烯膜覆盖小猪创面后,其上皮化率增加了一倍。

(3) Hinman 和 Maibach 在 1963 年报道了人体伤口上与 Winter 的研究相似的实验结果。

这三项重要的发现标志着湿润环境愈合理论的诞生。从这些研究中人们得到一个启示:保持湿润环境能加速创面愈合。许多学者对湿润环境与创面愈合进行了深入的研究,在 Winter 应用聚乙烯膜进行研究以后的 20 多年中,相继研制出许多种类的医用敷料,这些敷料的基本特性是能封闭创面,使其保持湿润的愈合环境。在此背景下,一系列有关湿润环境与创面愈合的研究相继问世,逐渐构筑了湿润环境下创面愈合的理论体系。

1.6.1 湿润的愈合环境

在发现水泡下的创面愈合速度较快的现象后,很多学者在研究创面愈合时模拟水泡的环境,并提取创面渗出液,从创面愈合的各个环节中分析影响愈合的机理。Winter 和 Hinman 等发现在湿润环境下和无结痂的条件下,上皮细胞的迁移速度比暴露的创面更快。Rovee 认为湿润环境下创面上皮化率的增加主要是以上皮细胞的迁移为主,Wheeland 的研究也表明湿润环境下创面不产生结痂,而结痂阻碍上皮细胞的迁移。细胞的迁移主要是从创缘开始,结痂迫使上皮细胞的迁移绕经痂下,从而延长了愈合时间。

湿润环境之所以能加快上皮细胞的迁移,其原因之一是湿润环境能维持创缘到创面中央正常的电势梯度。皮肤损伤时,皮肤上跨皮的电势差将会降低,而湿润创面能维持这种电势梯度。电刺激使人体真皮中成纤维细胞的一些生长因子的受体表达增加,湿润环境能促使更多生长因子受体与生长因子结合,这可能是湿润环境促进创面愈合的基础。湿润环境不仅能够维持细胞的存活,使它们释放生长因子,而且也能调节和刺激细胞的增殖。创面渗出液中含有的 PDGF、EGF、bFGF、IL-1 等多种细胞生长因子,能刺激成纤维细胞和内皮细胞的生长、促进角质细胞增殖。

尽管温暖、湿润的环境似乎有利于细菌的繁殖和生长,但大量统计数字证明密闭湿润环境没有引起创面感染率的增加。一些体外实验证实了密闭的环境能允许多形核白细胞(PMNs)更好地发挥功能,同时,临床观察也证实了密闭环境除了可以隔绝外界细菌的侵入外,该环境储留了创液中含有的 PMNs、巨噬细胞、淋巴细胞、单核细胞等细胞,与干燥的创面相比,PMNs 更容易渗入湿润创面,而且创液中 PMNs 的活性和血液中是相等的。Hutchinson 和 McGuckin 回顾了 79 位学者的调查以及 36 位学者对感染率的对比性研究后发现,应用密闭性敷料的感染率为 2.6%,而应用传统纱布敷料的感染率为 7.1%。

1.6.2　纤维蛋白溶解的环境

在密闭湿润环境的创液中发现有多种酶以及酶的活化因子存在,特别是蛋白酶和尿激酶。Chen 等在对猪皮创面的研究中发现,创液中一些金属蛋白酶的水平比血清中高,并且创液能刺激成纤维细胞合成这些金属蛋白酶。在体外的实验中发现,创液通过成纤维细胞刺激尿激酶的产生,在纤维蛋白溶解的环境中,不但能更有效地促使蛋白酶溶解“纤维蛋白袖(fibrincuffs)”和坏死组织,还能激活一些潜在的生长因子(TGF-β、IGF)的活性,促进其发挥加速组织愈合的作用。

1.6.3　无氧的愈合环境

创面氧张力在不同程度上影响组织愈合的过程。过去人们一直认为提高创面环境氧的浓度能加速上皮化率、增加胶原的合成,而现代伤口愈合理论却得出了相反的结论。Knighton 等用新西兰种白兔耳制成的创面模型中发现,创缘到创面中央的氧梯度刺激了毛细血管向创面中央相对缺氧的方向生长,且毛细血管向内生长的趋势贯穿创面愈合的全过程直至氧梯度消失为止。产生这种现象的原因可能是由于缺氧环境刺激巨噬细胞释放生长因子的结果。

1.6.4 微酸的愈合环境

Varghess 等在对 9 名患者,共 14 处慢性难愈合创面的研究中发现密闭湿润环境创面的 pH 为 6.1±0.5,远低于纱布敷料覆盖创面的 pH(>7.1),低氧张力的微酸环境能抑制创面细菌生长、促进成纤维细胞的合成、刺激血管增生。很多学者的研究证实了密闭湿润环境能产生酸性的愈合环境。

1.6.5 密闭性敷料

鉴于人们对创面愈合基础理论研究的不断深化以及各种新型医用高分子材料的不断涌现,人们有可能创造出满足各种创面愈合条件的人工合成材料。迄今为止,以湿润创面愈合理论为基础,为适应不同创面愈合的需要,已有很多种类的创面敷料问世,其基本类型是以密闭性敷料为主。

与传统的油纱敷料相比,密闭性敷料有无可比拟的优越性。总体上密闭性敷料能明显影响创面修复过程和患者的生活质量,具体表现在密闭性敷料可加速创面上皮化、肉芽形成、坏死物质降解,还可以抑制细菌的繁殖和扩散。许多临床研究表明,与传统纱布敷料相比,密闭性敷料缩短了创面愈合时间、降低了感染率、减轻了伤口患者痛苦,并且减少了医疗费用。

目前密闭性敷料在临床上的应用包括早期的烧伤创面(Ⅰ或Ⅱ度)、供皮区创面、慢性难愈合创面(静脉性溃疡、糖尿病溃疡)、压疮、急性创伤创面和创口等。多年来的临床实践表明,密闭性敷料是实现湿润创面愈合最理想的敷料之一,可实现创面的美容和功能修复。

1.6.6 密闭性敷料的基本功能

湿润环境下创面愈合的理论证明,伤口的表面维持在一个湿润的微环境中能有效促进伤口愈合,正因为如此,高科技"湿润愈合"产品通过采用许多不同的材料为伤口提供一个湿润的愈合环境。这些产品既能吸收创面渗出液,获得充分引流,又能将渗出液全部或部分保持在覆盖物中,从而在创面局部形成一个湿润的微环境,仿效一个完整的创面水疱的条件。由于湿润的基质对细胞增殖和上皮细胞移动有促进作用,上皮细胞的移行能迅速进行。相比之下,传统纱布覆盖在伤口上后,由于水分蒸发而形成干痂,并且由于热量的损失,创面温度降低,阻碍了伤口的修复。

Turner 对基于"湿润愈合"的新型医用敷料的基本性能做了一个总结,汇总这类新型医用敷料应该具备以下主要使用功效:

(1)为伤口去除脓血和有毒成分。

(2)为创面保持一个高湿状态。

(3)保持气体的交换,即氧气的进入和二氧化碳的排出。

(4)为伤口保持一个温暖的环境。

(5)不使微生物进入伤口。

(6)防止外来颗粒和有毒成分的侵入。

1.7　医用敷料对伤口愈合的作用

1.7.1　伤口愈合的两种基本方法

临床上可以采取两种基本方法使伤口愈合(图 1-2)。

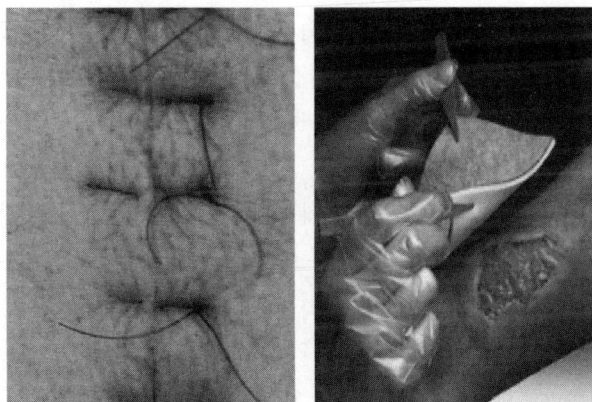

（a）缝合　　　　　　　　　（b）敷料

图 1-2　伤口愈合的两种基本方法

第一种方法是用手术胶带或缝合线把伤口封闭,这种方法适合组织损失比较少、创面比较干净的伤口,例如手术中形成的伤口,在用手术胶带封闭后的 10～14 天,伤口已经基本上皮化。

第二种方法是用敷料覆盖暴露的创面。这类伤口一般创面比较大、伤口比较深,难以把伤口的周边封闭起来。此时伤口的愈合是一个从伤口深处长出肉芽后充填满伤口后再上皮化的过程。

1.7.2　敷料对伤口愈合的作用

　　覆盖在创面上的敷料对不同种类伤口的愈合可以起到不同的作用。在医院病区或一般的室内环境中,当伤口暴露在干燥的空气中后,其表面组织很快脱水干燥,进而收缩变成深褐色的伤痂,这些坏死的痂阻止氧气进入伤口以及二氧化碳从创面挥发。对于这样的带有痂的干燥型伤口,治伤过程中一个主要手段是使已经坏死的细胞和皮肤组织从创面分离。密闭性的聚氨酯薄膜或泡绵敷料可以避免伤口过分干燥,水凝胶敷料可以直接为伤口提供水分,促进伤痂从创面分离。

　　下肢溃疡、压疮等潮湿型伤口一般带有蛋白质、坏死的细胞、细菌等成分组成的黄色脓包。在潮湿的伤口上,一层厚厚的脓体可以很快形成,护理这类伤口时,愈合前的一个先决条件是去除伤口上的脓体。具有高吸湿性的海藻酸盐敷料和水胶体敷料可以为潮湿型伤口吸去创面上的渗出液,并且在吸湿后形成一个湿润的愈合环境。

　　伤口的愈合一般是从渗出液较多的潮湿型伤口向上皮化伤口转移。在伤口开始愈合之后,健康的细胞向创面迁移、繁殖,新生的皮肤组织渐渐形成,毛细血管网络开始建立,皮肤开始出现红色的新鲜肉芽。进入这个阶段后,伤口上的渗出液开始减少,因此敷料的吸湿性不必很强,但必须对创面有很好的保护作用,并能为伤口维持一个温暖而湿润的环境。水胶体敷料能很好地满足这类伤口的需要。

　　在上皮化阶段,伤口已经基本修复,伤口表面开始被一层新的上皮细胞覆盖。这个阶段的伤口已不再产生渗出液,敷料为伤口提供的是一种物理保护作用,并能同时保持气体的交换。由于伤口上新形成的表皮很容易损伤,覆盖在伤口上的敷料一方面应该能保护伤口,另一方面也不可与创面粘连。在这样的情况下,聚氨酯薄膜可以在保护创面的同时,为伤口提供透气性能。

　　感染的伤口一般产生很多渗出液和不愉悦的气味,覆盖在伤口上的敷料应该在吸收渗出液的同时,具有控制异味和细菌繁殖的功效。含有活性炭的敷料可以吸收创面产生的恶臭,在敷料中加入抗菌成分可控制细菌的生长繁殖。

1.8　医用敷料的合理选用

　　敷料是伤口护理过程中必不可少的医用材料。对于护理人员,目前可供选用的医用敷料越来越多,尽管传统纱布仍然是主要的护理用材料,许多具有特殊性能的新型高科技敷料正在不断出现并广泛使用。在欧美国家,新型高科技医用敷料已经大量应用于伤口护理,这些新产品涉及很多新材料,包括聚氨酯、海藻酸盐、淀粉、羧甲基纤维素等合成和天然高分子。它们既可以单独使用,也可以与其他材料复合后制备薄膜、海绵、纤维、粉体、水凝胶等多种治伤材料。根据结构和组成上的特征,这些敷料可用于吸收伤口渗出液、控制臭味和细菌感染、缓解疼痛、脱痂等,可为创面提供并保持湿润的愈合环境,促进伤口上皮肤组织的再生和上皮组织的形成,以致伤口的最终愈合。

临床上使用的医用敷料的构成和性能各不相同,有些敷料的功能很简单,主要用于吸收伤口渗出液,可用在许多不同类型的伤口上。其他一些敷料的性能比较特殊,只能用在有限的、特殊种类的伤口上,或用在大多数伤口愈合过程中的某一个阶段。

应该指出的是,伤口的愈合是一个很复杂的过程,其对敷料的性能要求在愈合过程的不同阶段有很多变化。一个好的治伤过程需要护理人员对受伤皮肤组织的愈合过程有充分的理解,同时对所能使用的敷料的性能有足够的了解。只有在充分考虑这两个因素之后,才可以明确而有逻辑性地为伤口选择合适的敷料。

1.8.1　护理伤口的目的

在开始为伤口选择敷料之前,护理人员应该首先清楚他们将进行的护理过程的主要目的是什么。在绝大多数情况下,护理伤口的目的是尽快、尽好地使伤口愈合。但是在另外一些情况下,护理伤口的目的可能不是伤口愈合的速度和质量。对一些已经病入膏肓的病人,能否治好伤口以及伤口愈合后的美容并不重要,而如果护理过程能减轻病人的痛苦并能去除伤口上的臭味,使病人尽好度过生命的最后历程,那么敷料可以说是起到一个良好的作用。

较快愈合对一些面积大的恶性伤口是不现实的。对有这样伤口的病人,去除或控制臭味及大量的伤口渗出液变得很重要。治伤的目的是使病人可以较正常地生活而不会由于伤口上渗出的物质而备受尴尬。

有时,去除敷料时过分的疼痛使患者需要用麻药处理。在这种情况下,治伤的重要性在于找到一种能很容易从伤口上去除,而不会引起过分疼痛的敷料。

如果伤口被感染,那么就有必要去找到一种有抗菌性能的敷料。在病人进行抗生素治疗的同时,具有抗菌性能的医用敷料可以成为对病人进行抗菌治疗的一部分。

1.8.2　选择敷料的过程

在明确治伤目的之后,护理人员可以开始敷料的选择。实际操作中,影响敷料选择和相应的护理方法的因素很多,这些因素可以被分成三个互相关联的部分:与伤口、产品以及病人相关的因素。

1.8.3　与伤口相关的因素

与伤口相关的因素包括伤口的种类、伤口在人体上所处的位置、感染的存在与感染所能产生的危害、伤口渗出液的多少等。在临床上常见的几类伤口中,干燥型伤口上一般有一层黑色的已经坏死的上皮细胞,潮湿型伤口上往往带有一层黏性带黄色的脓疱,肉芽型伤口则覆盖一层暗红色的肉芽,而上皮化伤口上开始出现粉红色的新鲜上皮组织。在伤口的愈合过程中,这几类伤口是不同类型的伤口,同时也是同一个伤口在愈合过程中需要经过的不同阶段。

1.8.3.1　干燥型伤口

对于干燥型伤口,创面上的干痂在合适的条件下会与其下面的健康组织分离,这个过程是自动脱痂过程,是人体巨噬细胞在坏死的和健康的皮肤组织之间进行活动后导致的。如果伤口暴露在干燥的空气中,坏死的皮肤组织会很快失水干燥。在这种情况下,人体的自动脱痂过程受到阻碍,痂的去除可能长期延缓。如果医用敷料能延缓或转变伤口干燥脱水的过程,那么伤口的疼痛就会得到缓解,其自动脱痂过程也会进行。目前临床上采用的第一个办法是使用浸湿的或潮湿的敷料包扎伤口。用这种方法处理时,敷料浸泡在水或生理盐水中后覆盖在创面上。这个办法的缺点是需要经常更换敷料,很费时间,也可能浸渍伤口周边的健康皮肤。第二个更有效的办法是使用无定型水凝胶敷料。目前市场上的无定型水凝胶敷料一般含有 2%~3% 的亲水高分子,如羧甲基纤维素钠、改性淀粉以及海藻酸钠,同时含有约 20% 的丙二醇作为防腐剂,其余的 80% 左右是水分。处理创面时,水凝胶敷料应用在伤口上后用一层敷料覆盖和固定,形成一个密闭的愈合环境。水分从水凝胶释放到坏死的皮肤组织上,使其湿润后很容易从创面去除。由于水凝胶是不透气的,覆盖在伤口上可以阻止水分从坏死的皮肤组织向外部环境流失,水气可以在坏死的组织上聚集,使其受潮后降解。

使用以上方法处理创面后,伤痂最后会被去除,而去除伤痂后的伤口上一般会有一层黄色的脓体,这样的伤口是潮湿型伤口。

1.8.3.2　潮湿型伤口

潮湿型伤口的创面上经常带有一层黄色的脓体,这层脓体并不是坏死的组织,而是蛋白质、细菌和其他物质组成的混合体。一个本来干净的伤口上可以很快形成一层脓体,有实验证明脓体和坏死组织可以成为细菌繁殖的基地,为了保证理想的愈合速度,伤口上的脓体首先需要用手术或其他方法清除。

脓体可以通过敷料吸收,例如把高分子多糖做成的药膏使用在比较小的潮湿型伤口上时,药膏可以吸收液体并渐渐把细菌和伤口渗出物从创面去除。浅的潮湿型伤口可以用水胶体敷料处理,渗出液多的潮湿型伤口可以用海藻酸盐敷料处理,后者在吸收渗液后形成凝胶,可以为创面提供一个湿润的愈合环境。酶、蜂蜜、蔗糖等也可以用来清理伤口,普通蔗糖可以与高分子材料混合后用于治疗伤口。此外,使用蛆可以促进伤口的清理,能把坏死的皮肤组织很快从伤口上去除。

1.8.3.3　肉芽型伤口

在脓体被清除之后,新鲜的皮肤组织可以顺利形成,这时的伤口被称为肉芽型伤口。

在肉芽型伤口上,新的皮肤组织开始形成,这层皮肤组织是由胶原纤维和蛋白质、多糖、盐以及胶体形成的一种复合物,是一种包含胶原纤维网络的胶体状物质。这个胶体状物质里面的许多毛细血管使皮肤组织显红色。

肉芽型伤口在尺寸、形状以及伤口所渗出的液体等方面有很大变化。有些肉芽型伤口由于皮肤组织损失过多而很深,这样的伤口有一个腔隙。传统上腔隙型伤口一般用浸在生理盐水或次氯酸钠水溶液中的纱布充填,目前临床上经常用海藻酸盐填充条填塞。对于比较平整的创面,如下肢溃疡等有高度渗出液的伤口,可以用海藻酸盐片状敷料或聚氨酯泡绵敷料。由于细菌感染,有些慢性伤口会产生不愉快的臭味,含有抗菌材料的敷料可用在这样的伤口上。负载活性炭的敷料可用来控制伤口上的臭味。

具有三角烧瓶形状的外窄、内宽的腔隙型伤口是最难护理的。这样的伤口有一个很窄的口,而腔隙却比较大。为了不使口在整个伤口愈合之前愈合,这样的伤口的腔隙中需要一些充填物。传统的充填物是条状的纱布,目前有几种新的敷料可用在这类伤口上。如果伤口是潮湿的,可用海藻酸盐纤维做成的毛条充填,但应注意充填时不要太紧。研究结果已表明海藻酸盐纤维比条状的纱布有更多优越性。水凝胶敷料也可用在这样的腔隙型伤口上,特别是当伤口上有脓体的时候,浸在水凝胶中的条状纱布可用于充填伤口腔隙。

1.8.3.4　上皮化伤口

伤口的愈合过程一直进行到伤口的底部基本与周边皮肤相接近,此时,伤口周边的上皮化慢慢开始,这时的伤口被称为上皮化伤口。

上皮化的伤口一般不会产生太多渗出液。但是对于烧伤或植皮伤口,渗出液也会造成一定问题。传统上这样的伤口由上蜡的纱布进行护理,也可以采用海藻酸盐敷料或水胶体敷料,后面两种材料可以把植皮伤口的愈合时间从 10~14 天减少到 7 天。一些渗出液少、创面平整的伤口可以用水胶体敷料或半透气薄膜护理，在创面上覆盖薄膜可减轻摩擦给病人带来的伤痛。

1.8.3.5 伤口的感染

任何种类的伤口都可能受到微生物感染，并进一步导致不愉快臭味的形成。如果微生物的数量超过一定限度，伤口将会形成临床感染，这时就有必要进行系统的抗生素治疗以及使用抗菌敷料。在伤口上使用抗生素能引起皮肤过敏以及细菌的耐药性。含银医用敷料具有银的广谱抗菌性能，并且不会产生耐药性，近年来在伤口护理中得到越来越广泛的应用。

1.8.3.6 伤口的位置

伤口在身体上的位置与伤口的大小也是选择敷料时需要考虑的重要因素。一个大的、渗出液很多的腔隙型伤口需要面积很大的敷料，尺寸比较小的敷料不适用于这样的伤口。有些伤口所处的特殊部位使一些敷料无法使用，例如高分子多糖做成的颗粒状敷料就不适用于背部的腔隙型伤口。

表 1-3 总结了与伤口相关的影响敷料选择的因素，其中的一部分或全部决定敷料的性能要求，对敷料的选择过程有重要影响。

表 1-3 影响敷料选择的因素

影响因素	伤口的特征
伤口的种类	表皮伤口
	深度伤口
	腔隙型伤口
伤口的表观	结痂伤口
	潮湿伤口
	肉芽型伤口
	皮化伤口
伤口的特征	干燥伤口
	潮湿伤口
	高渗出液伤口
	发臭的伤口
	过分疼痛的伤口
	难以包扎的伤口

续表

影响因素	伤口的特征
细菌的数量	无菌伤口
	有菌伤口
	受感染的伤口
	有可能造成交叉感染的伤口

1.8.4　与产品相关的因素

每种护理伤口的产品都有其特点,包括舒适性、对渗出液和气味的吸收性、可操作性、黏合性以及抗菌、止血等性能。这些性能影响了产品的实际应用,包括产品能否引起过敏、能否方便地使用和去除以及产品的使用周期。与产品相关的因素主要有以下几点:

(1)敷料的重量与容量。

(2)能否适合伤口的特定形状。

(3)控制渗出液的性能。

(4)过敏的可能性。

(5)吸收气味的性能。

(6)抗菌性能。

(7)止血性能。

(8)透过液体和微生物的性能。

(9)能否方便使用。

(10)与疼痛相关的因素。

(11)有无毒性。

1.8.5　与病人相关的因素

尽管伤口患者的健康与营养状况可以对伤口愈合产生很大影响,这些因素对敷料的选择并没有很大影响。在选择敷料时与病人相关的因素主要涉及病人的活动能力。如果病人必须自己更换,则敷料应该有很好的可操作性。如果病人需要经常洗澡,则敷料应该有很好的防水性。一些病人对敷料产生过敏反应,特别是含有碘或其他抗菌材料的敷料,也有一些病人对含有橡胶和氧化锌的产品过敏,负载防腐剂的绷带有时也会产生过敏现象。所有这些因素都会对敷料的最后选择有影响。对于一些有慢性伤口的病人,由于经常使用敷料,他们对敷料的选择有一定的成见。

与病人相关的主要因素包括：

(1)伤口的病原。

(2)病人的自理能力。

(3)病人对带药的敷料的过敏性。

(4)脆弱的或很容易受损伤的皮肤。

(5)是否需要经常洗澡。

(6)病人本人对特定敷料的成见。

1.9 伤口护理先进方法

伤口是生理、心理、遗传、环境等多种内外因素共同作用的结果,其愈合过程涉及既高度分化又高度综合的多学科协作治疗模式。医疗器械、医用敷料、临床诊断、病区护理、营养卫生等多学科协作诊治模式是伤口护理领域的发展方向。随着社会的发展和科学技术的不断进步,国内外出现了一系列新的伤口护理技术与手段,在护理慢性疑难伤口中起到越来越重要的作用。下面介绍几种先进的伤口护理方法。

1.9.1 负压疗法

负压疗法(NPWT)是一种治疗伤口的新技术,在临床应用中已经获得很大成功。临床上,负压引流将低于大气压的气压应用在创面上以促进伤口愈合,包括局部负压(TNP)、低于大气压敷料(SPD)、真空密封装置(SSS)和真空辅助闭合(VAC)。通过加速组织的血液流动和氧传输,负压疗法在促进愈合的同时也降低了细菌负担并减少了金属蛋白酶类,对慢性伤口的愈合有促进作用。该技术适用于急性伤口和慢性伤口等多种伤口的护理,也可应用于移植体的安置,临床上可以帮助去除水肿、促进肉芽组织再生和填充、移除渗出物和感染物质以及准备伤口床。它能用于慢性伤口、急性伤口、亚急性创口和裂口、部分层的烧伤、溃疡、肿胀、移植等多种创面的护理。

1.9.2 电刺激物理疗法

电刺激物理疗法的基本方法是在电源控制下,应用电流将能量传输到伤口。伴随电容性的电流刺激包括应用表面电极垫与皮肤表面或伤口床湿接触来传输电流,当应用伴随电容性的电流刺激时,两个电极需要完成电流循环,电极通常置于湿传导媒介上,在伤口床上或距伤口有一定距离的皮肤上,电流刺激以波形图作为诊断的原始依据。尽管有许多波形可用于电流疗法的设备,在体外、动物研究及受控的临床试验中,最严密和一致的评估是通过单相双峰高压脉冲流,脉冲宽度在 $20\sim200\mu s$ 范围内,能提供极性和脉冲频率的选择,这两个因素对伤口愈合很重要。这种电流很安全,因为脉冲持续时间很短,防止了组织 pH 和温度的显著变化。

BioElectronics 公司开发的一种微型医用装置能发送持续的电磁场疗法用于修复受损细胞。应用在伤口处能迅速减轻水肿、炎症和疼痛,并通过减少擦伤和加速自然愈合为患者提供更多的舒适性,2012 年该产品已经作为可以非处方销售的二类器械推入市场。Synapse 公司开发的一种电刺激疗法器械使用后会传输一种特殊次序的微电流脉冲影响人体本身的生物进程,敷用时将电极置于极为贴近伤口处,弱电流会传输通过伤口和伤口周边组织。该装置可用于局部或全层伤口,如压疮、静脉溃疡、糖尿病溃疡、烧伤、手术切口、供皮区、植皮区等创面。

1.9.3　氧和高压氧

高压氧法(HBO)的定义是 100%的氧气通过高于环境压力的气压传输,其目的是提高伤口组织的供氧情况,增加纤维原细胞的增殖和胶原质的转化,加速血管生成,并通过嗜菌细胞促进细菌的氧化死亡,对厌氧型细菌也有直接影响。

高压氧能有效治疗急慢性伤口,通过许多方式作用在受伤或正在愈合的组织上。低氧组织、再灌输损伤、筋膜室综合征、挤压伤、游离皮瓣、慢性伤口、烧伤和坏死感染都对 HBO_2(hyperbaric O_2,即高压氧)表现出很好的亲和性。HBO_2通过增多生长因子、降低细胞因子、减轻水肿、帮助血管再生及组织生长促进伤口愈合。组织受伤时,氧气是保证细胞完整、功能和修复必需的,氧气不光在新陈代谢中起重要作用,对中性粒细胞功能、血管再生、纤维原细胞的增殖、胶原质的沉积也起关键作用。在伤口愈合过程中,新的肉芽组织暴露在 HBO_2状态下能更好地血管化,导致更高拉伸强力的胶原质的形成,降低再伤风险。大的伤口会有大幅增加新陈代谢的需要,而大面积的脆弱的微血管输氧限制了愈合过程,高压氧能有效满足氧气需求,改善伤口愈合。

HBO_2可以全身或局部传输,其中全身传输是在房间只有一个病人时用氧气增压、病人正常呼吸,或房间有多个病人时用空气增压、病人戴面具吸氧的方式实现,加压到 $2\sim3$ 倍的环境气压。按照这种方法,全身的血液循环后富含氧,氧气通过真皮的脉管系统和扩散传输到伤口组织。高压氧的局部传输是用一个袖套覆盖在病人的肢体上,然后控制密封压略高于一个大气压。袖套里的氧气直接吸入伤口组织和流体中,强化吞噬细胞对浅表细菌的控制,同时促进伤口的上皮化。

1.9.4 低强激光疗法

低强激光疗法是治疗静脉及动脉粥样硬化压疮领域的一种先进技术。Medical Quant 公司开发的低强激光治疗系统能传输红光、红外光、激光和电磁波,其脉冲红光具有抗炎效果。研究表明,脉冲红光能改善神经紧张,脉冲红外激光辐射线能渗透组织,对血液循环及膜和细胞内的新陈代谢有很强的加速效果,能活化免疫系统,提高神经介质和激素的新陈代谢。低强的激光不会产生热或灼伤,是一种快速、安全且精确的方法,无风险或副作用,无须手术、麻醉及药物。

1.9.5 蜂蜜疗法

蜂蜜具有促进伤口愈合的功效,能减轻炎症、水肿和伤口疼痛,去除恶臭,诱发坏死组织脱落从而不需要手术移除,使伤口快速愈合且疤痕最小化。蜂蜜有抗菌性能,可以预防感染,对组织无害,并且可以加速新组织的生长。蜂蜜可用作外敷抗菌剂治疗多种伤口感染,包括下肢溃疡、压疮、糖尿病足溃疡、受伤或术后的感染伤口、烧伤等。在大多数情况下,蜂蜜用于传统抗生素和抗菌剂治疗无效的情况下,研究表明难愈合的伤口对蜂蜜敷料有良好的反应。麦卢卡(松红梅)蜂蜜有异常高的抗菌活性,对金黄色葡萄球菌等常见细菌型伤口感染有很好的疗效。

除了抗菌活性,蜂蜜中的过氧化氢在伤口治疗中还有其他疗效,可以加速受损组织细胞的生长,对细胞有类似胰岛素的效果,能达到把胰岛素用在伤口上一样的抗菌效果,还可以加快毛细血管的生成、活化组织中的蛋白质吸收酶。蜂蜜的酸性、含糖量以及营养物质的含量对于促进愈合非常重要,伤口的酸化阻止了细菌代谢产生氨,而氨对机体组织有害。蜂蜜可以提高血液中血红蛋白氧的释放,而组织的氧化作用是新组织生长的必需条件。新组织生长的另一个很重要的因素是营养物质的供应,但这通常会受到限制,因为受伤或感染会导致营养物质的循环受到损害。蜂蜜能为细胞提供多种维生素、氨基酸及矿物质,也能为白细胞提供葡萄糖。此外,高含糖量的蜂蜜利用渗透作用将血清从组织中拖拽出而为细胞提供营养,并且形成一个湿性的愈合环境。蜂蜜也能在组织和敷料间产生液体膜,使敷料能无痛移除且不会撕走新生细胞,还能减轻周围红肿组织的水肿,缓解伤口的疼痛。蜂蜜中的糖分也能清除大部分烧伤和皮肤压疮都会存在的臭气,因为感染菌会优先用蜂蜜中的糖作为营养物质而不是血清或坏死细胞中的氨基酸,也就不会产生胺类和硫化合物等挥发性物质。

1.9.6　生长因子

伤口愈合阶段主要涉及 5 种生长因子,分别是上皮生长因子(EGF)、转移生长因子 β(TGF-β)、纤维母细胞生长因子(aFGF 和 bFGF)、胰岛素生长因子(IGF-Ⅰ和 IGF-Ⅱ)、血小板源性生长因子(PDGF)。

这些生长因子包括多种肽类,能调和各种细胞间的相互作用,是本处组织或血液产物释放的信号蛋白质,用于活化目标细胞的更新和迁移。研究显示,内部生长因子在伤口处的释放有助于伤口的愈合,血管原生长因子的四大家族都可以促进软组织的血管生成和复原。

生长因子可以通过两种方法在体外培养,其中第一种方法用血液离心法分离出血小板后再添加凝血酶,可以制造出含不确定浓度生长因子的粗提取液;第二种方法是用重组技术筛选出产生特定生长因子蛋白质的基因,可以通过这种基因用于生产纯化的特定生长因子。体外培养的生长因子用于创面后可以促进软组织、毛细血管和皮肤的再生。

1.10　小结

伤口护理是一个古老的行业。随着压疮、下肢溃疡、糖尿病足溃疡等慢性伤口发生率的日益增加,以棉纱布为代表的传统医用敷料很难满足护理过程的需要。高科技功能性医用敷料通过材料的高效性、产品的高效能以及护理过程的高效率,可以极大改善伤口的护理过程,缩短伤口的愈合时间。基于伤口的种类繁多、形成的机理复杂多变,功能性医用敷料的开发和应用需要深入理解伤口愈合过程以及对敷料的性能要求,其中新技术、新材料、新理念起到了关键的作用。

参考文献

[1]ARCHER H G. A controlled model of moist wound healing: comparison between semipermeable film antiseptics and sugar paste[J]. J. Exp. Path., 1990, 75: 155-170.

[2]BALE S. A guide to wound debridement techniques[J]. Journal of Wound Care, 1997, 6(4): 179-182.

[3] BENNETT G, MOODY M. Wound Care for Health Professionals [M].

London: Chapman and Hall, 1995.

[4]BRYLINSKY C M. Nutrition and wound healing[J]. Ostomy and Wound Management, 1995, 41(10): 14-24.

[5]BURNAND K G, WHIMSTER I W, NAIDOO A, et al. Pericapillary fibrin in the ulcer - bearing skin of the leg: the cause of lipodermatosclerosis and venous ulceration[J]. Br Med J., 1982, 285: 1071-1072.

[6]CHVAPIL M, HOLUBEC H, CHVAPIL T. Inert wound dressing is not desirable[J]. Journal of Surgical Research,1991, 51(3): 245-252.

[7]CHEN W Y, ROGERS A S, LYDON M J. Characterization of biologic properties of wound fluid collected during early stages of wound healing[J]. J. Invest Dermatol,1992, 99(5): 559-564.

[8]DARCY P F. Drugs on the skin: a clinical and pharmaceutical problem[J]. Pharm J., 1972, 209: 491-492.

[9]DEALEY C. The Care of Wounds[M]. Oxford: Blackwell Science Ltd, 1994.

[10]DOHERTY C. Granuflex hydrocolloid as a donor site dressing[J]. Care of the Critically Ill, 1986, 2: 193-194.

[11]EVANS H. A treatment of last resort[J]. Nursing Times, 1997, 93(23): 62-65.

[12]FRANTZ R A, GARDNER S. Elderly skin care: principles of chronic wound care[J]. J. Gerontol Nurs, 1994, 20(9): 35-44.

[13]GIELE H. Retention dressings: a new option for donor site dressings[J]. Australas J. Dermatol, 1997, 38(3): 166-170.

[14]GORDON H. Sugar, wound healing[J]. Lancet, 1985, 2: 663-664.

[15] GROVES A R, LAWRENCE J C. Alginate dressings as a donor site haemostat[J]. Ann R Coll Surg, 1986, 68: 27-28.

[16]GUPTA R, FOSTER M E, MILLER E. Calcium alginate in the management of acute surgical wounds and abscesses[J]. Journal of Tissue Viability, 1991, 1(4): 115-116.

[17]HINMAN C D,MAIBACH H. Effect of air exposure and occlusion on experimental human skin wounds[J]. Nature, 1963, 200: 377-378.

[18] HUNT T K, PAI M D. The effect of varying ambient oxygen tensions on wound metabolism and collagen synthesis[J]. Surg Gyne-col Obstet, 1972,135(4): 561-567.

[19]HUTCHINSON J J,MCGUCKIN M. Occlusive dressings: a microbiologic and clinical review[J]. Am J. Infec Control, 1990, 18(4): 257-268.

[20]JACOBSSON S. A new principle for the cleansing of infected wounds[J]. Scand J. Plast Reconstr Surg. , 1976, 10: 65-72.

[21]JAFFE L F, VANABLE J W. Electric fields and wound healing, in EAGL-STEIN W H, Ed: Clinics in dermatology: Wound healing[M]. Philadelphia: JB Lippincott, 1984: 34-36.

[22] JENSEN J L, SEELEY J, GILLIN B. Diabetic foot ulcerations: A controlled, randomized comparison of two moist wound healing protocols[J]. Adv Wound Care, 1998, 11(7 Suppl): 1-4.

[23]KALORAMA INFORMATION. World Wound Care Markets 2011[M]. New York: Market Research Group, LLC, 2011.

[24]KANNON G A, GARRETT A B. Moist wound healing with occlusive dressings: A clinical review[J]. Dermatol-Surg, 1995, 21(7): 583-590.

[25]KNIGHTON D R, SLIVER I A, HUNT T K. Regulation of wound healing angiogenesis: effect of oxygen gradients and inspired oxygen concentration[J]. Surgery, 1981,90(2): 262-270.

[26] KNUTSON R A. Use of sugar and povidone iodine to enhance wound healing: five years experience[J]. South Med J. , 1981, 74(11): 1329-1335.

[27]LANGEMO D K, BROWN G. Skin fails too: acute, chronic, and end-stage skin failure[J]. Adv Skin Wound Care, 2006, 19(4):206-211.

[28]LEAPER D J, HARDING K G (Ed). Wounds: Biology and Management [M].Oxford: Oxford University Press, 1998.

[29]MACLELLAN D G. Chronic wound management[J]. Australian Prescriber, 2000, 23(1): 6-9.

[30]MIDDLETON K R, SEAL D. Sugar as an aid to wound healing[J]. Pharm J. , 1985, 235: 757-758.

[31]MOORE D. Hypochlorites: A review of the evidence[J]. Journal of Wound Care, 1992, 1(4): 44-53.

[32]ODLAND G. The fine structure of the interrelationship of cells in the human epidermis[J]. J. Biophys Biochem Cytol, 1958, 4: 529-531.

[33] PALAMAND S, REED A M, WEIMANN L J. Testing intelligent wound dressings[J]. J. Biomater Appl. , 1992, 6(3): 198-215.

[34]PARK G B. Burn wound coverings: A review[J]. Biomater Med Devices Artif Organs, 1978, 6: 1-35.

[35]SCHMID-WENDTNER M H, KORTING H C. The pH of the skin surface and its impact on the barrier function[J]. Skin Pharmacol Physiol, 2006, 19(6): 296-302.

[36]SCHWEMMLE K, LINDER R. Principles of primary and secondary wound management[J]. Chirurg, 1995, 66(3): 182-187.

[37]SMITH D J, THOMSON P D, GARNER W L. Burn wounds: infection and healing[J]. Am J Surg, 1994, 167(1A): 46S-48S.

[38]THOMAS S. Sugar sweetens the lot of patients with bedsores[J]. JAMA, 1973, 223: 122-125.

[39]THOMAS S. Assessment and management of wound exudate[J]. J. Wound Care, 1997, 6(7): 327-330.

[40]THOMAS S, FISHER B, FRAM P J, et al. Odour-absorbing dressings[J]. J. Wound Care, 1998, 7(5): 246-250.

[41]THOMAS S, MCCUBBIN P. An in vitro analysis of the antimicrobial properties of 10 silver-containing dressings[J]. J. Wound Care, 2003,12(8): 305-308.

[42]THOMAS S. Wound care update. A structured approach to the selection of dressings[J]. Nurs RSA, 1994, 9(4):14-16.

[43]THOMAS S. Treating malodorous wounds[J]. Community Outlook, 1989 (10): 27-29.

[44]THOMAS S, JONES M, SHUTLER S, et al. Using larvae in modern wound management[J]. Journal of Wound Care, 1996, 5(1): 60-69.

[45]THOMAS S. Pain and wound management[J]. Community Outlook, 1989 (7): 11-15.

[46]THOMAS S. A guide to dressing selection[J]. J. Wound Care, 1997, 6 (10): 479-482.

[47]TURNER T D. Development of wound dressings [J]. Wounds: A Compendium of Clinical Research and Practice, 1989, 1(3): 155-171.

[48]VARGHESE M C, BALIN A K, CARTER D M, et al. Local environment of chronic wounds under synthetic dressings[J]. Arch Dermatol, 1986, 122(1): 52-57.

[49]ROVEE D T. Effect of local wound environment on epidermal healing, in MAIBACH H L and ROVEE D T, Eds: Wound Healing[M]. Chicago: Year Book

Medical Publishers Inc,1972：159.

［50］WARDROPE J, SMITH J A R. The Management of Wounds and Burns［M］. Oxford：Oxford University Press, 1992.

［51］WHEELAND R G. Wound healing and the newer surgical dressings, in MOSCHELLA S L and HURLEY H I, Eds：Dermatology［M］. Philadelphia：WB Saunders, 1992：2305.

［52］WILSON P. Methicillin resistant Staphylococcus aureus and hydrocolloid dressings［J］. Pharm. J., 1988, 241：787-788.

［53］WINTER G D. Formation of scab and the rate of epithelialization of superficial wounds in the skin of the young domestic pig［J］. Nature, 1962, 193：293-294.

［54］WITKOWSKI J A,PARISH L C. Cutaneous ulcer therapy［J］. Int. J. Dermatol, 1986, 25(7)：420-426.

［55］QIN Y. Medical Textiles Materials［M］. Cambridge：Woodhead Publishing, 2016.

［56］宁宁,陈佳丽,陈忠兰,等．探讨慢性伤口治疗多学科合作模式中的团队建设［J］.护士进修杂志,2010,25(15):1373-1375.

［57］陆树良．烧伤创面愈合机制与新技术［M］.北京：人民军医出版社,2003.

［58］时宇．皮肤的结构与保健［J］.生物学通报,1995,30(9):22-25.

［59］秦益民．新型医用敷料,I. 伤口种类及其对敷料的要求［J］.纺织学报,2003, 24(5)：113-115.

［60］秦益民．新型医用敷料,II. 几种典型的高科技医用敷料［J］.纺织学报,2003, 24(6)：85-86.

［61］秦益民．功能性医用敷料［M］.北京:中国纺织出版社,2007.

［62］秦益民．海藻酸盐医用敷料的临床应用［M］.北京:知识出版社,2017.

第 2 章　功能性医用敷料

2.1　引言

　　伤口使皮肤的连续性受到破坏,影响了皮肤维持人体内生理状态稳定和阻止微生物侵入的功能。在皮肤正常的生理功能受到破坏的情况下,在伤口上敷贴敷料可以起到保护创面、避免人体受到更大损伤的作用。在达到重建和恢复皮肤正常的屏障作用之前,一个性能优良的创面覆盖物可以起到皮肤屏障功能的部分作用,为创面愈合营造一个有利的微环境。这里可以看出,医用敷料在伤口愈合过程中的作用包括两个主要方面,即为伤口提供暂时的屏障和促进伤口愈合,从而达到恢复建立一个永久性皮肤屏障的目标。

　　伤口愈合过程中需要使用许多种类的护理用品,其中药膏和敷料是两种主要的产品。药膏是直接涂抹在伤口上的,敷料是用于覆盖创面的。创面用敷料可以被分为直接敷料和间接敷料,其中直接敷料与创面直接接触,间接敷料被用于把直接敷料固定在伤口上或给直接敷料提供一些辅助功能,如高吸湿性、除臭、抗菌、防水等作用。

　　近年来,随着医学科学的发展和材料技术的进步,新型高科技医用敷料在医疗领域得到广泛应用,并与传统伤口护理产品一起形成一个有一定规模的医疗卫生用品市场。据统计,全球伤口护理市场 2016 年收入以生产商的销售水平统计达到229.89 亿美元,产品包括抗感染类和压力释放装置等传统产品以及生物敷料、负压伤口疗法等处于发展中的高科技产品。由于老龄人口的不断增长、糖尿病和肥胖等患病率的上升、新疗法的应用,全球伤口护理市场呈现出稳定增长的趋势。表2-1 总结了 2009~2016 年全球伤口护理市场的销售额。

表 2-1　2009~2016 年全球伤口护理市场的销售额

年份	销售额/百万美元	增长率/%
2009	14005.7	
2010	14874.7	6.2

年份	销售额/百万美元	增长率/%
2011	16010.0	7.6
2012	17252.4	7.8
2013	18545.5	7.5
2014	19922.2	7.4
2015	21422.0	7.5
2016	22989.0	7.3

2.2　医用敷料的功能

医用敷料是用于护理伤口的材料。在伤口的愈合过程中,医用敷料起到覆盖创面、辅助伤口愈合的作用,其最主要的功能是控制伤口产生的渗出液、保护伤口使其免受细菌及尘粒的污染。由于伤口性质的不同,医用敷料在不同类型的伤口上起不同的作用。对于黑色的干燥型伤口,愈合过程的一个主要因素是使已经坏死的细胞和皮肤组织从创面上脱离,这类伤口上的敷料应该能为创面提供水分,促进干痂从创面上脱离。对于烧伤、下肢溃疡、压疮等潮湿型伤口,创面上一般有一层由蛋白质、坏死的细胞、细菌等组成的黄色脓体,这类伤口愈合前的一个先决条件是去除伤口上的脓体,因此敷料应该有很高的吸湿性。进入愈合阶段的伤口上分布着大量毛细血管,创面开始出现红色的新鲜肉芽。进入这个阶段后,伤口上的渗出液开始减少,敷料的吸湿性不必很强,但必须对伤口有很好的保护作用,并能为创面维持一个温暖而湿润的愈合环境。在伤口愈合的上皮化阶段,新鲜的表皮组织很容易被损伤,敷贴在这类伤口上的敷料一方面需要保护创面;另一方面不与创面粘连。对于受感染的伤口,敷料在吸收渗出液的同时需要控制伤口产生的异味、抑制创面上的细菌繁殖。

在伤口的愈合过程中,医用敷料有以下一些主要功能:

(1)物理屏障。作为一层物理屏障,在伤口上使用敷料可以使创面与外界隔离,阻止细菌和尘粒进入伤口,避免伤口渗出液污染身体的其他部位。

(2)控制伤口上的流体。在不同的愈合阶段,医用敷料应该能从潮湿的伤口上吸收脓血,并且能为干燥的伤口提供水分。

(3)控制伤口上的气味。许多伤口在不同程度上产生难闻的气味,甚至恶臭。

当这种情况发生时,医用敷料应该能控制伤口上产生的气味。

(4)控制伤口上的细菌和微生物。对于感染的伤口,医用敷料应该能控制伤口上的细菌和微生物,阻止它们的增长繁殖。

(5)低黏合性。对于烧伤供皮区等创面比较大的伤口,医用敷料应该具有较低的黏合性,降低去除敷料时病人的痛苦。

(6)充填作用。对于一些深的腔隙型伤口,愈合过程中应该在伤口中放入充填物以避免伤口二壁的黏合,使伤口的愈合能从底部开始逐步上升。

(7)清创作用。把干痂和坏死的皮肤组织从伤口上去除是伤口愈合过程的第一步。医用敷料通过对伤口的潮湿度、pH、温度等状态的调节可以辅助清创过程的进行。

(8)止血作用。创伤和手术伤口的流血较多,敷料的一个重要作用是促进创面尽快止血。

(9)减少或去除疤痕的形成。对于面积大的伤口,敷料应该能使愈合后的伤口上没有明显的疤痕。

(10)调节伤口周边的金属离子含量。人体含有的铁、锌、铜、锰、硒等微量元素在伤口愈合过程中起重要作用,如果患者不能通过食品充分补充这些金属离子,医用敷料可以在创面上提供一个局部补充微量金属离子的渠道。

(11)加快伤口的愈合。伤口的愈合是一个复杂的生理过程,尽管敷料对愈合速度起的作用比较小,在和其他一些因素结合后,合理使用敷料可以在一定程度上加快伤口愈合。

2.3 功能性医用敷料的主要类别

基于"湿润愈合"理论的功能性医用敷料始于英国科学家 Winter 在 1962 年发表的一项研究成果。Winter 的研究结果显示,用不透气的聚乙烯膜覆盖创面后,人体水分的蒸发受到抑制,创面被保持在一个湿润的环境中,其上皮化率比对照组增加了一倍,从中可以看出湿润环境有利于伤口愈合。此后"湿润愈合"理论得到全球各地医疗界的广泛认可,并在此理论指导下发展出了一系列为创面提供湿润愈合环境的功能性医用敷料。

随着湿润愈合理论及湿性疗法产品的普及,高科技功能性医用敷料在全球医疗卫生领域得到日益重视,传统的棉纱布越来越多地被新型医用敷料取代。进入21 世纪,随着世界人口出现老龄化,与老年人密切相关的压疮、溃疡等慢性伤口的护理成为一个日益严重的社会问题,各国政府部门和研究机构在功能性医用敷料的研究和开发上投入了很大的财力和物力,开发出了一系列性能优良的医用敷料产品,其中主要的功能性医用敷料包括聚氨酯泡绵敷料、聚氨酯薄膜敷料、水胶体敷料、水凝胶敷料、海藻酸盐纤维敷料以及各种复合型敷料。

2.3.1　聚氨酯泡绵和薄膜敷料

如图 2-1 所示,聚氨酯是异氰酸酯与羟基化合物聚合成的一种高分子材料,主链含—NHCOO—重复结构单元。聚氨酯有很好的弹性,可以被加工成泡绵、薄膜、纤维等材料。具有多孔结构的聚氨酯泡绵有很强的吸水性能和很好的保护功能,既可以直接敷贴在创面上,也可以与其他材料复合后作为敷料的保护层。当潮湿的伤口与聚氨酯泡绵接触时,脓血等伤口渗出液被吸入泡绵的毛细孔中,并从接触面向泡绵内部和后背面转移,起到把脓血从伤口表面去除的作用。当与比较干燥的伤口接触时,聚氨酯泡绵的多孔结构可以防止水分从伤口上过度挥发,使创面保持一个湿润的愈合环境。

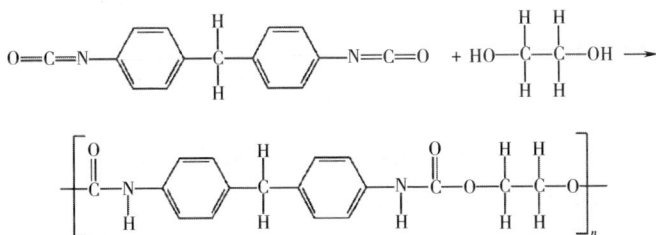

图 2-1　聚氨酯的化学结构

聚氨酯有亲水性和疏水性两种类型。通过调节高分子结构中的亲水性和疏水性成分,聚氨酯材料的性能可以有很大变化。在泡绵的加工过程中可以通过调节结构中微孔的大小和数量进一步控制聚氨酯泡绵材料的性能,使其更好地满足伤口愈合的要求。

聚氨酯薄膜是通过溶剂的挥发制备的。这类薄膜可以使大量的水气和氧气通过,而能阻止液态水和细菌进入伤口,起到半透膜的作用。聚氨酯薄膜可以直接用于上皮化伤口等渗出液比较少的伤口,也可以用作复合敷料的保护膜。它们可用于覆盖表皮擦伤、烧伤及初期的溃疡伤口,起到保护伤口使其免受摩擦的作用。

聚氨酯薄膜有很强的透气性,每平方米 24h 内可以透出 3kg 以上的水蒸气。作为一种医用材料,聚氨酯薄膜柔软、舒适,其透明的结构可以方便护理人员观察伤口愈合的进展。

2.3.2　水胶体敷料

水胶体敷料是水溶性高分子物质的粉体与橡胶材料混合后制成的一种高科技治伤用材料,结合了水溶性高分子的吸水性能和橡胶材料的黏性,敷贴在伤口上后水溶性高分子的颗粒吸水后溶胀,在创面上形成一层湿润的水凝胶,可提供一个良好的愈合环境。图2-2显示水胶体敷料的结构示意图。

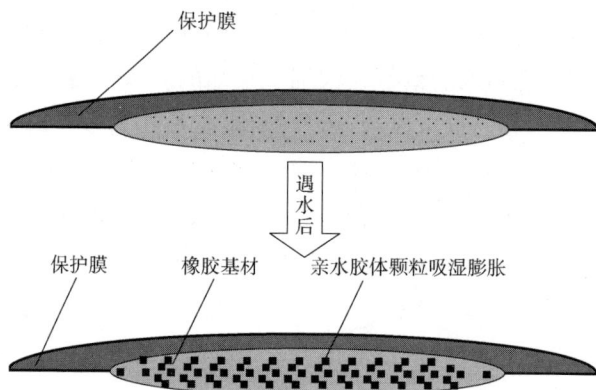

保护膜

遇
水
后

保护膜　　橡胶基材　　亲水胶体颗粒吸湿膨胀

图2-2　水胶体敷料的结构示意图

如图2-2所示,水胶体敷料主要由三种成分构成,即具有很强吸水性能的水溶性高分子、具有自黏性的橡胶和具有半透气性的保护膜。生产过程中,水溶性高分子与橡胶充分混合后在挤出设备上挤出成片状材料,然后与保护膜复合。目前用于制造水胶体敷料的保护膜一般是聚氨酯薄膜或泡绵材料,所用的水溶性高分子包括羧甲基纤维素钠、果胶、海藻酸钠、明胶等。当与伤口渗出液接触时,分散在橡胶基材中的水溶性高分子吸水后形成凝胶,在创面上长时间维持一个湿润的愈合环境,有效促进伤口愈合。

临床上水胶体敷料可用于护理压疮、下肢溃疡、烧伤、供皮区创面等有渗出液的伤口,它们的吸湿性不是很高,吸收液体的速度比较慢,主要用在有轻度到中度渗出液的伤口上。

2.3.3　水凝胶敷料

水凝胶敷料有两种基本类型,即无定型水凝胶和片状水凝胶,其中无定型水凝胶是一种流体状态的黏稠胶状材料,产品的流动性好,适用于充填腔隙伤口,或用在创面不很平整的伤口上。片状水凝胶可以整块覆盖创面,可以很方便地敷贴和去除。图 2-3 为无定型水凝胶和片状水凝胶示意图。

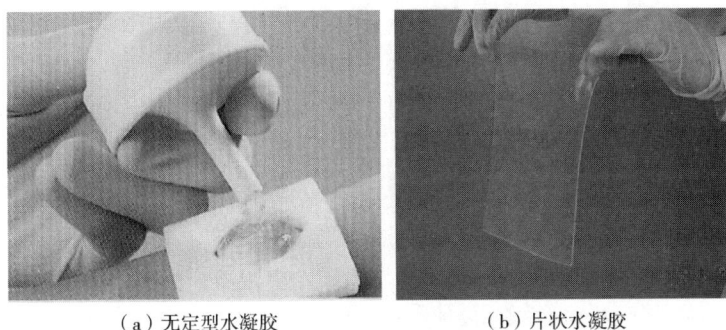

(a) 无定型水凝胶　　　　　　　　(b) 片状水凝胶

图 2-3　水凝胶敷料

水凝胶敷料特别适用于常见的体表创伤,如擦伤、划伤、烧伤等各种皮肤损伤。对于这些伤口,临床上一般用无菌纱布及外用抗生素处理,由于普通纱布易与受损的皮肤组织粘连,换药时常与新生的上皮和肉芽组织结合,引起出血,使病人疼痛难忍。水凝胶敷料不粘连创面、不破坏新生组织,且能杀死各种细菌、避免伤口感染,必要时可以把治疗伤口的一些药物包埋在水凝胶内,药物可缓慢持续地释放到病变区以促进伤口愈合。

2.3.4　海藻酸盐纤维敷料

以海藻酸钙纤维为原料制备的海藻酸盐纤维敷料是一种典型的基于"湿润愈合"的高科技医用材料。1981 年,英国 Courtaulds 公司(现 Acordis Speciality Fibers 公司)把海藻酸钙纤维加工成非织造布后制备的商品名为 Sorbsan 的医用敷料在渗出液较多的溃疡性伤口市场上进行推广应用,取得了很大的成功。如图 2-4 所示,在与伤口渗出液接触后,海藻酸钙纤维中的钙离子与人体中的钠离子进行离子交换,部分海藻酸钙被转换成水溶性的海藻酸钠后使大量水分吸入纤维结构中,形成一层水凝胶体,为创面提供湿润的环境,促进伤口愈合。

图 2-4 显示海藻酸钙纤维敷料吸湿前后的结构变化,其中纤维的吸水膨胀阻止了液体在敷料上的横向扩散,使海藻酸钙纤维敷料在具有很高吸湿性的同时不把其吸收的液体扩散到伤口周边的健康皮肤上,这就是海藻酸钙纤维敷料具有的 Gel Blocking 性能,即凝胶阻断性能。海藻酸钙纤维敷料吸收的液体被固定在与创面直接接触的层面上,而不向周边扩散,因此可以避免伤口周边过多浸渍液体造成的皮肤腐烂。

目前市场上的海藻酸盐纤维敷料可分为两大类,即表面用敷料和伤口充填物,其中表面用敷料一般由非织造布工艺制成,伤口充填物既可把非织造布切割成狭

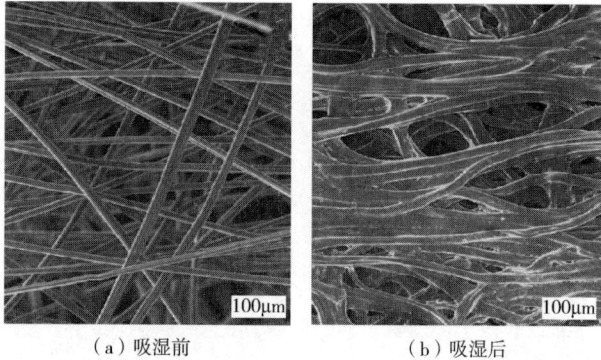

（a）吸湿前　　　　　　　　　　（b）吸湿后

图 2-4　海藻酸钙纤维敷料吸湿前后的结构变化

长的条子后制成,也可以把梳理后的纤维加工成毛条,经过切割、包装、灭菌制成最终产品。

2.3.5　壳聚糖敷料

壳聚糖是从虾、蟹等甲壳类动物中提取的一种天然高分子材料,以其为原料制备的纤维与医用敷料在国内外医用敷料领域有较长的发展历史。与传统的棉纱布相比,壳聚糖敷料具有以下特点:

(1)给病人冷爽之感以减轻伤口的疼痛。

(2)具有极好的通透性,防止伤口缺氧。

(3)吸收水分并通过体内酶自然降解而不需要另外去除。

(4)降解产生可加速伤口愈合的葡糖胺,加快伤口愈合。

壳聚糖具有和纤维素相似的化学结构,经过羧甲基化改性后具有很强的吸水性能。用氯乙酸钠处理壳聚糖纤维,通过控制氯乙酸钠与壳聚糖纤维的质量比可以得到具有不同取代度的羧甲基壳聚糖纤维。与未处理的壳聚糖纤维相比,羧甲基壳聚糖纤维具有很强的吸水性,遇水后可以把大量水分吸收进入纤维结构,形成纤维状的水凝胶体。

2.3.6　各类复合敷料

伤口对敷料的性能要求在不同的伤口和在同一个伤口的不同阶段有很大变化,正因为如此,任何一种材料都难以完全满足伤口愈合过程对敷料性能的要求。通过不同材料的组合,复合敷料可以较好满足伤口愈合过程的需求。例如 Johnson & Johnson 公司供应的 Actisorb 是一种典型的复合敷料,由聚酰胺纤维非织造布形成敷料的外套,在二层非织造布中间加入活性炭织物,另外在活性炭织物中负载一定量的银离子。这样得到的复合敷料既具有非织造布的吸湿性,又具有活性炭的吸臭性能,还有银离子的抗菌功效,可用于治疗多种类型的伤口。

图 2-5 显示了复合敷料的典型结构,一般由三层材料组成,其中接触层的主要功能是低黏性,应该在保持低黏性的同时使伤口渗出液进入功能层。与此同时,接触层也应该能阻止功能层中的纤维或其他细小颗粒进入伤口。目前市场上的一些医用敷料采用针织黏胶长丝织物以及聚氨酯泡绵作为接触层材料,其他常用的接触层材料包括多孔薄膜、聚酰胺非织造布、硅胶等。功能层材料根据不同伤口的特点而变化。对于大多数伤口,护理中的主要问题是吸收伤口产生的渗出液、控制细菌和微生物的增殖以及控制伤口产生的臭味,把高吸湿材料、抗菌剂和活性炭织物结合在一起即可提供一个理想的功能层。固定层有两个主要功能,即把敷料固定在伤口上以及为伤口提供物理屏障,聚氨酯薄膜和水刺非织造布是理想的材料,它们手感柔软并且有透气性,可以使氧气进入伤口、水汽散发。

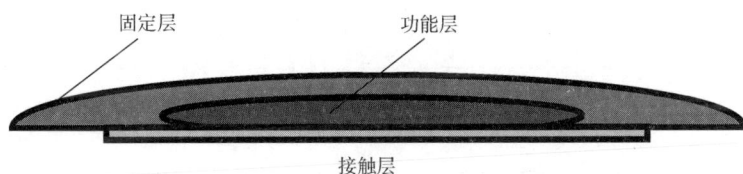

图 2-5　复合敷料的典型结构

图 2-6 显示了三种复合医用敷料的结构示意图。

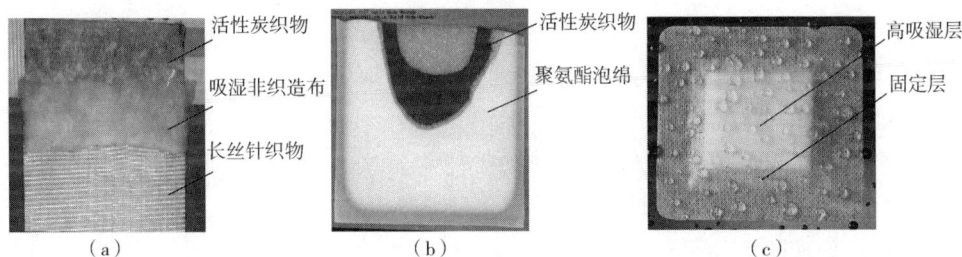

图 2-6　三种复合医用敷料的结构示意图

2.4　功能性医用敷料的发展趋势

随着对创面愈合过程的病理和生理变化研究的不断深入,医护领域对创面护理的理解也越来越深刻,促进了创面敷料的不断发展与改善,新型创面护理用敷料相对于早期产品而言已经发生革命性的变化,目前临床护理人员可以选用许多种类、不同性能的敷料。从产品的发展来看,医用敷料是从最早期的惰性敷料,发展到相互作用型敷料,继而又发展到更先进的生物活性型敷料。表2-2总结了这三类敷料的特点。

表2-2　惰性敷料、相互作用型敷料、生物活性型敷料的特点

敷料的种类	产品特性	产品案例
惰性敷料 (传统敷料)	覆盖创面、吸收渗出液,为创面提供有限的保护作用	棉纱布、棉垫、合成纤维敷料
相互作用型敷料	敷料与创面存在多种形式的相互作用,如吸收渗出液和有毒物质、促进气体交换、为创面愈合提供理想的环境;具有阻隔性外层结构,防止环境中微生物侵入,预防创面交叉感染等	高分子薄膜、高分子泡绵、水凝胶、水胶体敷料
生物活性型敷料	自身具有生物活性或能促进活性物质的释放,能加快创面愈合	海藻酸盐纤维敷料、含银医用敷料、负载生物活性成分的敷料

现代医疗理论证明伤口的愈合过程是一个连续的动态过程,是细胞与细胞、细胞与细胞基质以及与可溶性介质间相互作用的过程。作为伤口护理过程的一部分,好的医用敷料应该为伤口提供合适的愈合环境,从而加快伤口的愈合速度、改善伤口的愈合质量。与此相反,在伤口上使用不合适的敷料不但使患者不舒适,还会延缓伤口愈合。临床上,性能差的敷料可能会造成以下后果:

(1)延缓伤口愈合,使伤口情况恶化。

(2)造成伤口局部和病人系统感染。

(3)增加护理时间和护理费用。

(4)使创面受损伤。

(5)使创缘受损。

(6)不能控制伤口产生的臭味。

(7)影响患者的生活质量。

为了能更好地满足各类伤口的要求,医疗卫生领域开发出了很多新型、功能更强的医用敷料。在新产品开发中,新型功能性医用敷料更加注重产品的生物活性和智能化特性。这些新产品普遍具有三个特点,即材料的高效性(efficacy of the material)、产品的高效能(effectiveness of the product)和护理的高效率(efficiency of the treatment)，其中三个 E 代表了新型医用敷料的发展方向。

下面介绍几种主要的新型医用敷料。

2.4.1　含银抗菌敷料

由于伤口的表面一般有一个温暖而且潮湿的环境，细菌在伤口上的繁殖很快，使伤口成为病区内交叉感染的一个重要来源。为了控制伤口上的细菌、防止其扩散，许多种类的医用敷料中加入各种类型的抗菌材料。由于银有很好的抗菌作用并且不会产生细菌耐药性，国内外市场上已经开发出很多种类的含银医用敷料。

图 2-7 显示了一种由镀银纤维与海藻酸盐纤维复合后制成的高吸湿抗菌医用敷料。在这种敷料中，海藻酸盐纤维在与伤口渗出液接触后吸收大量的液体而成为一种水凝胶体，给创面提供一个湿润的愈合环境。镀银纤维在湿润后释放出银离子，起到广谱抗菌作用。

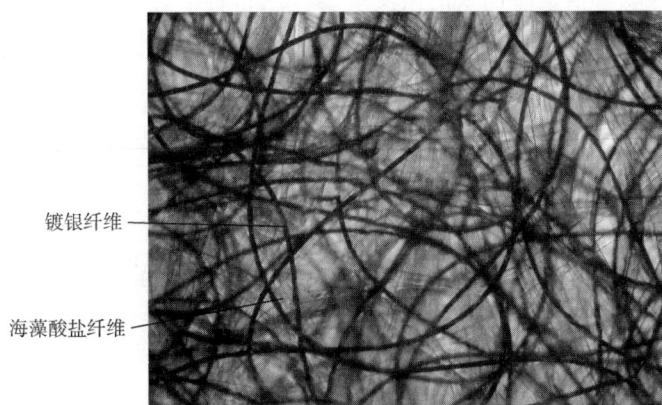

图 2-7　镀银纤维与海藻酸盐纤维复合制成的高吸湿抗菌医用敷料

2.4.2　生物活性敷料

生物活性敷料可以通过与细胞和基质蛋白之间的相互作用促进伤口愈合，已经有研究证明，当应用在慢性伤口上时，海藻酸盐纤维医用敷料可以刺激巨噬细胞活性，使其释放出肿瘤坏死因子（TNF-α）和免疫活性肽（IL-1、IL-6 和 IL-12）。这些活性物质使慢性伤口产生炎症反应，使伤口开始其愈合过程。实验结果显示，覆盖含海藻酸盐的医用敷料后，伤口上的肿瘤坏死因子浓度有所升高，说明巨噬细胞已经被敷料激活。

Johnson & Johnson 公司生产的商品名为 Promogran 的医用敷料是一种由明胶

和氧化纤维素组成的经过冷冻干燥后制备的泡沫材料。当与伤口渗出液接触时，这类敷料吸收液体后形成一层舒适而柔软的水凝胶体，在伤口表面形成一个湿润的微环境。湿润后的水凝胶体可以结合金属蛋白酶，使其失去活性。由于过量的金属蛋白酶会损伤生长中的组织，减少金属蛋白酶可以促进伤口愈合。与此同时，由巨噬细胞释放出的生长因子被结合到凝胶体中，免受蛋白酶的破坏作用。当水凝胶体在伤口上降解时，生长因子又被释放进伤口，起到促进伤口愈合的作用。

2.4.3 人造皮肤

通过皮肤移植覆盖创面一直是伤口愈合的最快方法之一，但是由于移植过程需要的皮肤供应有限，这种方法只能被应用在伤势严重的病人中。Integra Life Sciences 公司生产的商品名为 Integra 的人造皮肤是一种具有与正常真皮相似的三维结构的双层人造皮，由医用级硅膜（表皮层）和从牛腱提取的胶原与从鲨鱼软骨中提取的 6-硫酸软骨素交联而成的真皮垫（真皮层）构成。上层硅膜厚 100μm，微孔径<5μm，足以控制水分损失和阻止微生物入侵。下层真皮垫的孔径为 20~125μm，最适合宿主的血管内皮细胞和成纤维细胞长入。Integra 的真皮垫具有与真皮相似的三维结构，为长入的成纤维细胞提供三维结构的信息，诱导成纤维细胞合成新生结缔组织，移植 1 周后病理切片显示新生真皮内可以见到血管化，2 周后可观察到成纤维细胞浸润。

图 2-8 显示了人造皮肤的结构示意图。现代组织工程技术的进展为人造皮肤的大量应用提供了可能，采用生物可降解材料为支架培养成纤维细胞或角朊细胞后移植到创面，可以在创面上很快形成一层新生皮肤。

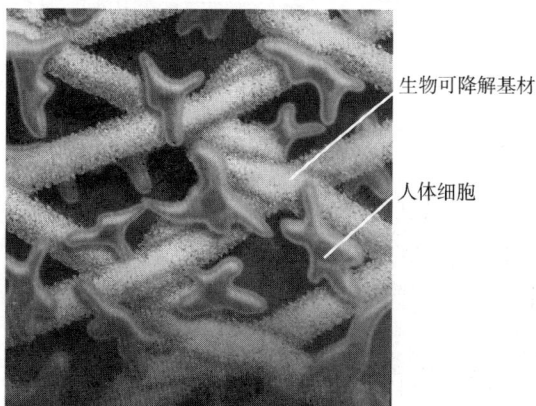

生物可降解基材

人体细胞

图 2-8　人造皮肤的结构示意图

2.5　小结

　　新型功能性医用敷料具有重要的社会和经济价值。随着医疗领域对伤口和伤口愈合过程的深入理解以及材料科学的不断发展,越来越多的新型医用敷料正以更优良的性能取代传统治伤用材料。新型功能性医用敷料在使伤口更好愈合的同时,也为患者节省了大量护理费用,缩短了护理时间、减少了辅助材料的用量、改进了伤口的愈合质量。临床实践证明,高科技功能性医用敷料在降低疼痛、消除异味、阻止渗出液泄漏的同时,可以使伤口患者在护理过程中具有更好的舒适性。

参考文献

　　[1]BARRALET J, GBURECK U, HABIBOVIC P, et al. Angiogenesis in calcium phosphate scaffolds by inorganic copper ion release[J]. Tissue Eng Part A, 2009,15 (7):1601-1609.

　　[2]BONNEMA J, LIGTENSTEIN D A, WIGGERS T, et al. The composition of serous fluid after axillary dissection[J]. Eur J Surg, 1999, 165(1):9-13.

　　[3]BORKOW G, GABBAY J. Putting copper into action:copper impregnated products with potent biocidal activities[J]. FASEB J, 2004, 18:1728-1730.

　　[4]BORKOW G, GABBAY J, ZATCOFF R C. Could chronic wounds not heal due to too low local copper levels[J]. Med Hypotheses, 2008, 70(3):610-613.

　　[5]BOWLER P G, JONES S A, DAVIES B J, et al. Infection control properties of some wound dressings[J]. Journal of Wound Care, 1999, 8(10):34-37.

　　[6]CHEN W Y, ROGERS A A, LYDON M J. Characterization of biologic properties of wound fluid collected during early stages of wound healing [J]. J Invest Dermatol, 1992, 99(5):559-564.

　　[7]COSTAIN D J, KENNEDY R, CIONA C, et al. Prevention of postsurgical adhesions with N,O-carboxymethyl chitosan:examination of the most efficacious preparation and the effect of N,O-carboxymethyl chitosan on postsurgical healing[J]. Surgery, 1997, 121(3):314-319.

　　[8]CHEN R N, WANG G M, CHEN C H, et al. Development of N,O-carboxymethyl chitosan collagen matrixes as a wound dressing[J]. Biomacromolecules, 2006,

7(4): 1058-1064.

[9]DEALEY C. The Care of Wounds[M]. Oxford: Blackwell Science Ltd, 1994.

[10]DOLLWET H H A, SORENSON J R J. Historic uses of copper compounds in medicine[J]. Trace Elements in Medicine, 2001, 2: 80-87.

[11]FALANGA V. Occlusive wound dressings[J]. Arch Dermatol, 1988, 124: 872-875.

[12]FALANGA V, SABOLINSKI M. A bilayered living skin construct (APLI-GRAF) accelerates complete closure of hard-to-heal venous ulcers[J]. Wound Repair Regen, 1999, 7(4): 201-207.

[13]FOSTER L, MOORE P. The application of a cellulose-based fibre dressing in surgical wounds[J]. J Wound Care, 1997, 6(10): 469-473.

[14]FROHM M, GUNNE H, BERGMAN A C, et al. Biochemical and antibacterial analysis of human wound and blister fluid[J]. Eur J Biochem, 1996, 237(1): 86-92.

[15]GORTER R W, BUTORAC M, COBIAN E P. Examination of the cutaneous absorption of copper after the use of copper-containing ointments[J]. Am J Ther, 2004 (11): 453-458.

[16] HEYLAND D K, JONES N, CVIJANOVICH N Z, et al. Zinc supplementation in critically ill patients: a key pharmaconutrient? [J]. J Parenter Enteral Nutr, 2008, 32(5): 509-519.

[17]HINMAN C D, MAIBACH H. Effect of air exposure and occlusion on experimental human skin wounds[J]. Nature, 1963, 200: 377-378.

[18]HON D N S, TANG L G. Chelation of chitosan derivatives with zinc ions. I. O,N-carboxymethyl chitosan[J]. Journal of Applied Polymer Science, 2000, 77(10): 2246-2253.

[19]JANVIKUL W, UPPANAN P, THAVORNYUTIKARN B, et al. Fibroblast interaction with carboxymethylchitosan-based hydrogels[J]. J Mater Sci Mater Med, 2007, 18(5): 943-949.

[20]JAYAKUMAR R, RAJKUMAR M, FREITAS H, et al. Bioactive and metal uptake studies of carboxymethyl chitosan-graft-D-glucuronic acid membranes for tissue engineering and environmental applications[J]. Int J Biol Macromol. 2009, 45(2): 135-139.

[21]KALORAMA INFORMATION. World Wound Care Markets 2011[M]. New

York：Market Research Group, LLC, 2011.

[22]KANG Y A, CHOI H R, NA J I, et al. Copper-GHK increases integrin expression and positivity by keratinocytes[J]. Arch Dermatol Res, 2009, 301（4）：301-306.

[23]KOUREMENOU-DONA E, DONA A, PAPOUTSIS J, et al. Copper and zinc concentrations in serum of healthy Greek adults[J]. Sci Total Environ, 2006, 359（1-3）：76-81.

[24]LANSDOWN A B, MIRASTSCHIJSKI U, STUBBS N, et al. Zinc in wound healing：Theoretical, experimental, and clinical aspects[J]. Wound Repair Regen, 2007, 15(1)：2-16.

[25]MCMASTER D, MCCRUM E, PATTERSON C C, et al. Serum copper and zinc in random samples of the population of Northern Ireland[J]. American Journal of Clinical Nutrition, 1992, 56(2)：440-446.

[26]MCMULLEN D. Clinical experience with a calcium alginate dressing[J]. Dermatology Nursing, 1991, 3(4)：216-219.

[27]MOORE P. Aquacel in the management of the surgical wounds. In：KRIEG T, HARDING K G（eds）：Aquacel hydrofibre dressing：The next step in wound dressing technology[M]. London：Churchill Communications Europe Ltd, 1998：23-26.

[28]ODLAND G. The fine structure of the interrelationship of cells in the human epidermis[J]. J Biophys Biochem Cytol, 1958, 4：529-531.

[29]PICKART L. The human tri-peptide GHK and tissue remodeling[J]. J Biomater Sci Polym Ed, 2008,19(8)：969-988.

[30]QIN Y, GILDING D K. Alginate fibers and wound dressings[J]. Medical Device Technology, 1996, 7(9)：32-41.

[31]QIN Y, GILDING D K. Fibres of cospun alginates[P]. USP 6,080,420,2000.

[32]QIN Y. Gel swelling properties of alginate fibers[J]. Journal of Applied Polymer Science, 2004, 91(3)：1641-1645.

[33]QIN Y. Absorption characteristics of alginate wound dressings[J]. Journal of Applied Polymer Science, 2004, 91(2)：953-957.

[34]QIN Y. Novel antimicrobial fibers[J]. Textiles Magazine, 2004(2)：14-17.

[35]QIN Y. Silver containing alginate fibres as wound management material[J]. Textile Asia, 2004(11)：25-27.

[36]QIN Y. The ion exchange properties of alginate fibers[J]. Textile Research Journal, 2005, 75(2): 165-168.

[37]QIN Y. Calcium sodium alginate fibers[J]. Chemical Fibres International, 2005(2): 98-99.

[38] QIN Y. Silver containing alginate fibres and dressings [J]. International Wound Journal, 2005, 2(2): 172-176.

[39]QIN Y. The characterization of alginate wound dressings with different fiber and textile structures [J]. Journal of Applied Polymer Science, 2006, 100 (3): 2516-2520.

[40]QIN Y, HU H, LUO A. The conversion of calcium alginate fibers into alginic acid fibers and sodium alginate fibers[J]. Journal of Applied Polymer Science, 2006, 101(6): 4216-4221.

[41]QIN Y. Alginate fibres: an overview of the production processes and applications in wound management[J]. Polymer International, 2008, 57(2): 171-180.

[42]QIN Y. The gel swelling properties of alginate fibers and their application in wound management[J]. Polymers for Advanced Technologies, 2008, 19(1): 6-14.

[43]QIN Y. The preparation and characterization of fiber reinforced alginate hydrogels[J]. Journal of Applied Polymer Science, 2008, 108(5): 2756-2761.

[44]QIN Y. Gelling fibers from cellulose, chitosan and alginate[J]. Chemical Fibers International, 2008(3): 30-32.

[45]QIN Y. Functional alginate fibers[J]. Chemical Fibers International, 2010 (3): 32-33.

[46]QIN Y. Preparation and characterization of zinc containing alginate fibers[J]. Chemical Fibers International, 2013, 63(3): 31-32.

[47]ROBINSON B J. The use of a hydrofibre dressing in wound management[J]. Journal of Wound Care, 2000, 9(1): 23-27.

[48]SCHONFELD W H, VILLA K F, FASTENAU J M, et al. An economic assessment of Apligraf (Graftskin) for the treatment of hard-to-heal venous leg ulcers [J]. Wound Repair Regen, 2000, 8(4): 251-257.

[49]SCHUHMACHER M, DOMINGO J L, CORBELLA J. Zinc and copper levels in serum and urine: relationship to biological, habitual and environmental factors[J]. Sci Total Environ, 1994, 148(1): 67-72.

[50]SEN C K, KHANNA S, VENOJARVI M, et al. Copper-induced vascular

endothelial growth factor expression and wound healing[J]. Am J Physiol Heart Circ Physiol, 2002, 282(5): 1821-1827.

[51]SUN S, WANG A. Adsorption kinetics of Cu(Ⅱ) ions using N,O-carboxy-methyl-chitosan[J]. J Hazard Mater, 2006, 131(1-3): 103-111.

[52]SONGCHITSOMBOON S, KOMINDR S. Serum zinc and copper in healthy adults living in Bangkok and surrounding districts[J]. J Med Assoc Thai, 1996, 79(9): 550-557.

[53]TENAUD I, SAIAGH I, DRENO B. Addition of zinc and manganese to a biological dressing[J].J Dermatolog Treat, 2009, 20(2): 90-93.

[54]THOMAS S. Wound management and dressings[M]. London: The Pharmaceutical Press, 1990.

[55]THOMAS S. A guide to dressing selection[J]. J Wound Care, 1997, 6(10): 479-482.

[56]THOMAS S. Alginate dressings in surgery and wound management-Part 1[J]. J Wound Care, 2000, 9(2): 56-60.

[57]THOMAS S. Alginate dressings in surgery and wound management-Part 2[J]. J Wound Care, 2000, 9(3): 115-119.

[58]THOMAS S. Alginate dressings in surgery and wound management-Part 3[J]. J Wound Care, 2000, 9(4): 163-166.

[59]THOMAS S, MCCUBBIN P. An in vitro analysis of the antimicrobial properties of 10 silver-containing dressings[J]. J Wound Care, 2003,12(8): 305-308.

[60]TRENGROVE N J, LANGTON S R, STACEY M C. Biochemical analysis of wound fluid from non-healing and healing chronic leg ulcers[J]. Wound Rep Reg, 1996, 4: 234-239.

[61]WALKER M, HOBOT J A, NEWMAN G R, et al. Scanning electron microscopic examination of bacterial immobilisation in a carboxymethyl cellulose (AQUACEL) and alginate dressings[J]. Biomaterials, 2003, 24(5): 883-890.

[62]WERLE M, TAKEUCHI H, BERNKOP-SCHNüRCH A. Modified chitosans for oral drug delivery[J]. J Pharm Sci. , 2009, 98(5):1643-1656.

[63]WINTER G D. Formation of scab and the rate of epithelialization of superficial wounds in the skin of the young domestic pig[J]. Nature, 1962, 193: 293-294.

[64]黄是是,高怀生,谷长泉,等. 壳聚糖无纺布的制备工艺及性能实验[J].

医疗卫生装备,1997(5):1-3.

[65]刘建行,徐风华,周筱青.医用创伤敷料的研究进展[J].中国医药报,2005,1(15):1-4.

[66]张淑华,兰燕珠.伤速愈药液喷雾剂用于体表切口的效果观察及护理[J].解放军护理杂志,1997,14(3):59-62.

[67]陈国贤,韩春茂,王彬.严重烧伤病人微量元素的动态变化[J].肠外与肠内营养,1998,5(3):146-148.

[68]李利根,郭振荣,赵霖,等.补锌对烫伤大鼠生长激素和羟脯氨酸的影响[J].中华整形烧伤外科杂志,1998,(14)6:425-427.

[69]陈洁,宋静,李翠翠,等.羧甲基甲壳胺纤维对铜离子的吸附性能[J].合成纤维,2008,37(5):1-4.

[70]杨文鸽,裘迪红.壳聚糖羧甲基化条件的优化[J].广州食品工业科技,2003,19(1):48-49.

[71]陆树良.烧伤创面愈合机制与新技术[M].北京:人民军医出版社,2003.

[72]胡晋红,朱全刚,孙华君,等.医用敷料的分类及特点[J].解放军药学学报,2000,16(3):147-148.

[73]冯文熙,潭谦,兰省科,等.鱼皮生物敷料在烧伤创面治疗中的应用[J].华西医学,1996,11(3):335-337.

[74]秦益民,周晓庆.羧甲基甲壳胺纤维的吸湿性能[J].纺织学报,2008,29(8):15-17.

[75]秦益民.海藻酸和甲壳胺纤维的性能比较[J].纺织学报,2006,27(1):111-113.

[76]秦益民.新型医用敷料,I.伤口种类及其对敷料的要求[J].纺织学报,2003,24(5):113-115.

[77]秦益民.新型医用敷料,Ⅱ.几种典型的高科技医用敷料[J].纺织学报,2003,24(6):85-86.

[78]秦益民.创面用敷料的测试方法[J].产业用纺织品,2006,24(4):32-36.

[79]秦益民.海藻酸纤维在医用敷料中的应用[J].合成纤维,2003,32(4):11-16.

[80]秦益民.成胶纤维在功能性医用敷料中的应用[J].纺织学报,2014,35(6):163-168.

［81］秦益民．海藻酸盐纤维的生物活性和应用功效［J］．纺织学报,2018,39（4）:175-180.

［82］秦益民．功能性医用敷料［M］．北京:中国纺织出版社,2007.

［83］秦益民,莫岚,朱长俊,等．棉纤维的功能化及其改性技术研究进展［J］．纺织学报,2015,36(5):153-157.

［84］秦益民．海藻酸盐纤维的生物活性和应用功效［J］.纺织学报,2018,39（4）: 175-180.

［85］秦益民．壳聚糖纤维的理化性能和生物活性研究进展［J］.纺织学报,2019,40(5): 170-176.

［86］秦益民．海洋源生物活性纤维［M］.北京:中国纺织出版社,2019.

第3章　伤口感染的治疗与护理

3.1　引言

伤口出现感染是由于病原体侵入患处并不断生长繁殖所致。导致伤口感染的微生物是一群个体微小、构造简单、与人类关系密切的微小生物,包括细菌、真菌、病毒以及一些小型的原生生物、显微藻类等生物群体,其种类繁多,据估计至少在十万种以上,其中的每一种具有特定的形态结构和生理功能,并能在适宜的条件下迅速繁殖生长。

微生物广泛分布于江河、湖泊、海洋、土壤、空气、矿层以及人类和动植物的体表、腔道等。自然界中绝大多数的微生物对人类和动植物是无害的,甚至是有益和必需的,例如许多物质的循环需要依靠微生物的代谢完成。小部分微生物可以引起人类和动植物病害,是导致人类或动植物疾病的病原微生物。

按其结构、组成等差异,微生物可分为以下三大类:

(1)非细胞型微生物。体积极其微小,不具备细胞的基本形态和结构,只能在活细胞内生长繁殖,如病毒。

(2)原核细胞型微生物。仅有原始核,无核仁和核膜,缺乏完整的细胞器,如细菌、衣原体、立克次体、支原体和放线菌等。

(3)真核细胞型微生物。细胞核分化程度较高,有核仁、核膜、核染色体,有完整的细胞器,如真菌等。

细菌是一类重要的微生物,其一般尺寸为长径 $0.5 \sim 5 \mu m$、短径 $0.5 \sim 1 \mu m$。根据外形的基本形态,细菌可分为球菌(cocous)、杆菌(bacillus)和螺形菌(spirillar bacterium)三类。根据细胞壁的结构及其对一种细胞染色试验的反应可分为革兰阳性菌、革兰阴性菌以及古细菌三类,其中革兰阳性菌细胞壁中肽聚糖占细胞壁含量的90%,而革兰阴性菌细胞壁中肽聚糖占细胞壁含量为 5%~20%。细菌的生存和繁殖需要有水分、酸碱性、氧气和二氧化碳、矿物质、营养、生长因子等合适的环境,还需合适的温度和压力,其对温度和压力的承受能力比其他许多生物高,可在-

7~80℃范围内保持活性并继续繁殖,耐压可达 40MPa,细菌的孢子甚至可耐 200MPa 的高压。

大部分细菌在正常情况下对人体是无害的,如人体的口、鼻、消化道内的细菌不仅无害,而且还具有拮抗某些病原微生物的作用。能引起人类等宿主致病的细菌被称为病原菌,其致病一般有两种途径:一是由细菌毒素直接引起,二是宿主对细菌产生的产物过敏,然后通过免疫反应间接造成损伤。在各种病原菌中,葡萄球菌是最常见的化脓性球菌之一,80%以上的化脓性疾病是由葡萄球菌引起的;链球菌主要引起化脓性炎症、猩红热、丹毒、产褥热及链球菌变态反应性疾病;大肠杆菌则是条件致病菌,当人体抵抗力较差或大肠杆菌进入肠道以外部位时可引起相应的肠道感染和非肠道感染;流感杆菌则是呼吸道感染的罪魁祸首之一。

真菌是另一类与人们日常生活关系密切的微生物,其形态结构比细菌复杂,可分为单细胞和多细胞两类,前者如酵母菌和类酵母菌,后者多呈丝状、分枝交织成团,称为丝状菌,也称霉菌。我国古代劳动人民很早就利用真菌制酱酿酒、发酵食物,现代科技利用真菌制备抗生素。少数真菌可以感染人体形成真菌病,如婴儿易受白色念珠菌侵害引起鹅口疮,黄曲霉、黑曲霉、赤曲霉、橘青霉等霉菌产生的黄曲霉素能引起肝脏变性、肝细胞坏死和肝硬化等疾病。

病毒是一类非细胞型微生物,其颗粒微小,最大的约为 300nm,最小的仅 20nm 左右。病毒不具有细胞结构,只是由携带遗传信息的核酸以及包住核酸、保护核酸的蛋白质外壳组成的简单构造。病毒能侵害动植物和人类,引起狂犬病、脊髓灰质炎、肝炎、脑炎等人和动物的致死性感染。

细菌、真菌、病毒等微生物的分布极其广泛,在各种场合与人体及人体周边的材料接触后沉积在材料表面,通过其与材料表面的相互作用逐渐黏附定植,然后进一步生长,其在材料表面的生长可分成以下几个步骤。

3.1.1　沉积(deposit)

环境中的微生物无处不在,当材料接触微生物后,微生物就可能沉积在材料表面,使材料表面带菌。

3.1.2　黏附(adhesion)

黏附也称定殖,指沉积在材料表面的微生物由可逆的沉积到不可逆沉积的转化过程。微生物的黏附是材料和微生物之间吸引力和斥力平衡的结果,其中斥力主要来源于材料和微生物间的静电斥力,吸引力主要来源于范德瓦尔斯力、疏水力、材料表面和微生物之间的特异性相互作用等。疏水作用力范围离表面 8~

10nm,其作用强度是范德瓦尔斯力的数十倍,能有效克服材料表面和微生物之间的相关斥力,使微生物表面基团和材料表面特定基团发生特异性相互作用。大多数微生物和绝大多数的材料表面都具有一定程度的表面疏水性,因而微生物可以通过疏水作用力比较牢固并不可逆地黏附在材料表面。

3.1.3 生长(propagation)

完成黏附的微生物很快恢复生长,微生物开始分泌细胞外基质,尤其是黏性基质,并逐渐开始生长繁殖。黏附在材料表面的微生物的生长繁殖情况和定植的材料性质和周围环境性能密切相关。如果材料或周围环境具有适合的温度、湿度、营养等条件,微生物将很快大量繁殖。但是如果所处环境的条件较恶劣,微生物的生长将十分缓慢甚至以孢子形式存在和逐渐死亡。随着微生物的不断生长繁殖,材料表面临近的微生物逐渐相互凝集,形成微菌落。在微生物的微菌落里,微生物本身所占不到1/3,其余都是微生物分泌的细胞外基质。

3.1.4 形成菌膜(biofilm formation)

随着微菌落中微生物进一步生长繁殖和分泌的细胞外基质量进一步提高,材料表面的微菌落逐渐相互凝集、相互融合,形成一个完整的复合菌落网。当聚集在材料表面的微生物数量达到一定阈值后,复合菌落的性质将会发生巨大变化,菌落内微生物密度明显降低,但相互作用更加密切,在材料表面形成菌膜。菌膜在自然界和人们日常生活中十分常见,如牙斑、牙垢、小溪中石头上的滑膜等。

菌膜中的微生物由于有细胞外基质的屏障和保护,一般不易受到抗生素、防腐剂及其他外界化学品的干扰,因此很难被常规的抗生素清除。居住在营养丰富的菌膜环境中的微生物繁殖迅速,其中位于菌膜表层和底层的微生物在形态和特征方面不完全一致,表层微生物类似相应的游离微生物,而底层微生物代谢较表层低,对外界物质敏感性低。菌膜表层的部分微生物个体也可能脱离菌膜重新恢复游离状态浮游在环境中或又重新开始在材料表面的生长过程。

日常生活中,纺织品的表面黏附着大量微生物。据统计每克原棉含菌量达1000万~5000万个,并含有高达50万个菌的芽孢,在储存过程中,随着环境条件的变化,还会不断增多,特别在高湿、热的黄梅时节繁殖更快,产生菌丝或变色及污秽表层,形成霉斑。微生物在纤维素纤维中滋长时,并不直接以纤维素纤维为食料,而是分泌出酵素,将纤维素纤维降解或水解成可消化的葡萄糖等物质,再以葡萄糖为培养基进一步繁衍,使纤维产生霉迹、强力下降甚至造成破洞。人体的不同部位上也有大量微生物,被尿和粪便沾污的会阴区的衣服能导致生氨短杆菌、大肠杆菌和变形杆菌等各种革兰氏阳性和革兰氏阴性细菌的生长。

在医院环境中,革兰氏阳性细菌中的葡萄球菌和链球菌及粪便污染物中的革兰氏阴性杆菌是主要的病原菌。研究表明,在腋下、腿和手臂等部位,表皮葡萄球菌、杆菌是最常见的能被分离出来的细菌种族之一。在人体的其他部位,如腹股沟、会阴和双脚,革兰阴性菌、霉菌酵母、皮真菌和致病的葡萄球菌属占统治地位。表 3-1 显示在一份研究中得到的医院中各种感染病原菌的构成比例。

表 3-1　医院中感染病原菌的构成比例

病原菌	株数	构成比例/%
金黄色葡萄球菌	4	17.39
表皮葡萄球菌	3	13.04
链球菌属	2	8.70
大肠埃希菌	2	8.70
变形菌属	2	8.70
克雷伯菌属	2	8.70
沙雷菌属	1	4.35
铜绿假单孢菌	2	8.70
阴沟肠杆菌	1	4.35
真菌	4	17.39

3.2　伤口感染的原因

感染(infection)是由病原菌侵入人体内生长繁殖所导致的局部或全身性炎症反应,外科感染(surgical infection)是指外科手术治疗涉及的感染,包括创伤、烧伤及手术等并发的感染。

感染一直是创伤患者死亡的主要原因,常发生在受伤部位或为尽快修复创伤所进行的外科手术部位。严重创伤患者即便是在医院的危症监护病房,感染也是常有发生的。尽管目前有大量预防感染的对策和强有力的抗生素的应用,但感染的发病率和严重程度依然是创伤患者面临的一个不可忽略的问题,而不断出现的细菌耐药性使临床创伤感染面临新的挑战。英国国家统计局的一份报告显示,英国有 9%的医院内病人受院内感染,每年花费英国国民医疗系统 10 亿英镑的治疗费用,并造成 5000 例死亡。

国内报道的医院感染发病率在 2.21%~6.03%,好发部位以呼吸道最为常见,其次是手术部位、泌尿道、胃肠道等。安文洪等对 30184 例住院病例医院感染调查的结果显示,感染病例 782 例,感染率 2.59%,感染部位以呼吸道为主,其次分别是手术伤口、泌尿道和消化道,感染的危险因素主要为泌尿插管和运用人工呼吸机,感染的季节性分布以第一季度最高,医院感染病例的病原菌分布以革兰阴性杆菌为主。表 3-2 显示医院感染病例的感染部位及构成比例。

表 3-2　医院感染病例的感染部位及构成比例

感染部位	例次数	构成比例/%
上呼吸道	241	28.52
下呼吸道	230	27.22
泌尿道	70	8.28
消化道	68	8.05
手术伤口	84	9.94
细菌性脑膜炎	8	0.95
血液系统	41	4.85
皮肤软组织	61	7.22
烧伤部位	14	1.66
其他	28	3.31
合计	845	100.00

患者受创伤或经外科手术后,皮肤屏障被破坏致使皮下组织直接暴露于污染环境,容易导致感染的发生。大肠埃希氏菌是伤口感染常见的病原菌,其次是金黄色葡萄球菌。伤口感染多为内源性感染,通常是由邻近器官的正常菌群感染,其中大肠埃希氏菌是肠道内正常菌,其导致感染的机会远高于其他菌种。

3.2.1　伤口感染细菌的来源

临床上伤口感染细菌的来源主要有以下渠道:

(1)空气中浮游细菌的侵袭。

(2)手术部位感染灶,术中切口保护不好,脏器组织受细菌污染。

(3)手术器械清洁不彻底,灭菌不合格。

(4)布类敷料的质地不符合标准,纤维微粒脱落,阻隔细菌性能差。

(5)一次性使用无菌物品不合格。

(6)手术人员戴口罩、帽子不符合要求或口罩、帽子阻菌、阻水能力差。

(7)手术人员术前刷手不严格,手刷灭菌不彻底,刷洗液不符合要求。

(8)手术人员患有感染性疾病。

(9)手术操作不规范,欠熟练,切口部位消毒不规范,暴露时间过长等。

应该指出的是,所有伤口的活组织检查均证明有活细菌的存在,但并非均出现伤口感染。根据创面上细菌的数量,伤口感染可以被分为四个阶段:

第一阶段,伤口受细菌污染(wound contamination)。即在伤口上有细菌存在但没有引起宿主反应。

第二阶段,细菌在伤口上定植(wound colonization)。即细菌在伤口上繁殖并开始引起宿主反应。

第三阶段,细菌在伤口上严重定植(critical colonization)。细菌在伤口上的繁殖延缓伤口的愈合并加重患者的疼痛。

第四阶段,伤口感染(wound infection)。细菌在伤口上的繁殖引起宿主反应。

3.2.2　导致伤口感染的关键因素

临床上伤口是否发生感染取决于四个关键因素,即细菌的数量、细菌的毒力、伤口的微环境和机体的整体情况。

3.2.2.1　细菌的数量

污染伤口的细菌数量是决定伤口感染是否发生的一个重要因素,每克组织中的细菌量是预测感染发生的关键指标。

3.2.2.2　细菌的毒力

不同种属细菌的毒力和致病性不同,凝血酶阳性的金黄色葡萄球菌感染伤口所需的细菌量远较表皮葡萄球菌少,低毒力的假单胞菌属或肠球菌则需要较大量的菌数才能引起软组织感染,而化脓性链球菌或产生毒素的产气荚膜梭菌引起感染所需的细菌量相对较少。

3.2.2.3　伤口的微环境

伤口的微环境是影响伤口是否感染的一个重要因素。血运丰富的伤口临床感染发生率相对较低,因为充足的氧供是预防继发感染的关键因素之一。伤口部位的血肿或游离血红蛋白可为细菌提供较丰富的营养和铁离子,而细菌降解血红蛋白产生的代谢产物可能对白细胞有毒性作用,因此可以促进细菌的生长。创面上的坏死组织或外来异物往往是细菌的避难所,可以保护细菌使其免受机体防御系统的监视和清除,最终使小小的污染变成感染。伤口的死腔中常有血清和血液积存,也是感染率增加的常见原因。

3.2.2.4 机体的整体情况

创伤后机体抗病能力减弱,休克、缺氧、输血等可导致机体应激能力下降。急性创伤患者的低体温十分常见,也是影响感染发生的重要因素之一。如果创伤前存在急、慢性酒精中毒、营养不良或甾体类激素治疗,创伤发生后的抵抗力会更加虚弱。

上述四种因素相互作用的结果可能出现复杂的临床情况,最终导致创伤感染发生或不发生。除了上述因素,外科伤口感染的因素还包括:

(1)患者因素。患者类型不同,如糖尿病患者,有吸烟嗜好的患者,长期使用激素或其他免疫抑制剂药物的患者,营养不良的患者或年老体弱患者,肥胖患者,术前住院时间过长或患有感染性疾病的患者,均会对伤口感染有不同影响。

(2)手术因素。

①术前因素:术前患者皮肤清洁状况、术前备皮、手术人员术前准备。

②术中因素:手术室环境、手术器械的灭菌、手术人员的规范着装及无菌技术操作、手术技巧及手术持续时间。

③术后因素:切口护理、换药。

伤口的形成原因和在人体上的部位各不相同,其严重程度也有较大差别。刀伤相对清洁,而由不规则器具所致的伤口可能有坏死组织、血肿和外来异物的存在。创伤发生时的外部环境也与伤口的清洁度密切相关,如机械化耕作时发生的意外可能导致严重污染的伤口。穿透筋膜组织的伤口可能使感染扩散至筋膜组织周围,引起较为常见的坏死性筋膜炎。

伤口的初期处理对预防感染有重要作用,其中清创是保持伤口清洁的重要环节。清创的原则是彻底去除坏死组织,仅保留有活力的新鲜组织,所有软组织血肿均应移除并冲洗干净,同时必须清除伤口上的所有异物。在处理伤口时,一个关键问题是清创后是否进行伤口的一期缝合。一般来说,血液供应丰富的部位,特别是头、颈、面部的刀伤、尖锐玻璃所致的伤口,在充分清创后应予以缝合。清创后进行伤口的一期缝合有利于预防伤口的持续污染和继发性局部感染。如果伤口污染或软组织损伤非常严重,则不宜进行一期缝合。高冲击力所致的软组织挫伤或撕脱伤,因考虑到损伤部位有炎症存在,一般也不进行一期缝合。

伤口感染的预防原则通常是首先缝合伤口以预防再污染,或根据情况行延期缝合甚至择期缝合。在行清创术、冲洗和一期缝合时,可以应用单一剂量的、拮抗化脓性金黄色葡萄球菌的抗生素。伤口缝合后全身应用抗生素没有任何意义,在开放性伤口的处理过程中,全身应用抗生素将导致患者正常菌群失调,并改变感染菌的生物学特性,这种情况下接踵而至的是伤口感染。这里应该指出的是,即使进行最理想的治疗,伤口感染也有可能发生,所以临床上需要对伤口感染进行必要的诊断。

伤口的感染涉及各种类型的细菌,有研究调查了医院感染中涉及的病原菌,在检出的 212 株病原菌中,革兰阴性杆菌 106 株占 50%,革兰阳性球菌 42 株占 19.81%,革兰阴性球菌 6 株占 2.83%,真菌 58 株占 27.36%。通过对 438 例临床标本检测结果显示,伤口感染常见病原菌的前 5 位分别是金黄色葡萄球菌、表皮葡萄球菌、铜绿假单胞菌、肠球菌和大肠杆菌。铜绿假单胞菌感染是院内感染的主要病原菌,易引起伤口、泌尿道、菌血症等严重感染。由于该菌繁殖力强、生长条件要求低,对常用抗菌药物有天然耐药性,常引起交叉感染,给临床治疗带来困难。图 3-1 显示伤口常见细菌的示意图。

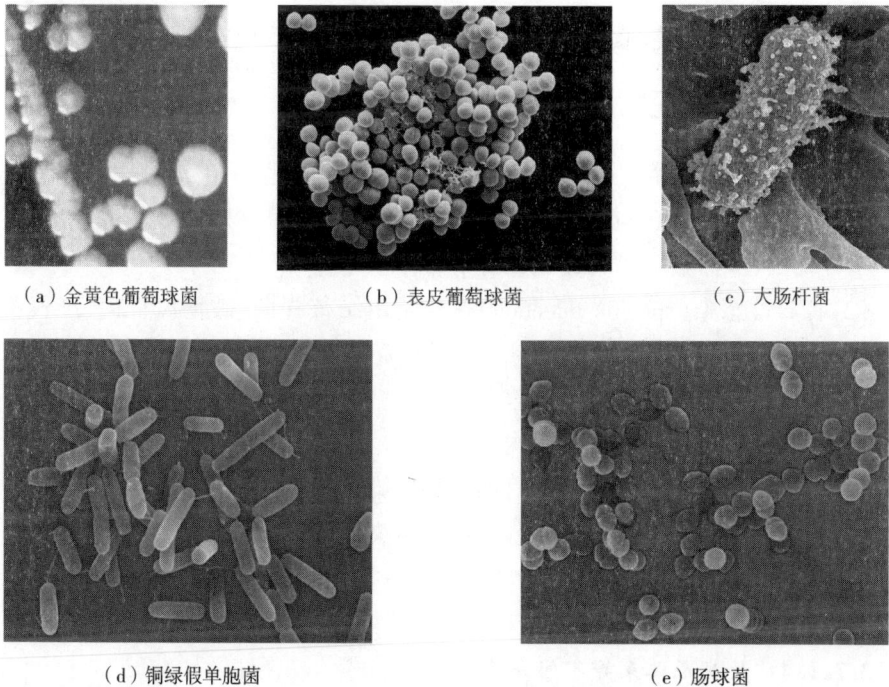

(a) 金黄色葡萄球菌　　　　(b) 表皮葡萄球菌　　　　(c) 大肠杆菌

(d) 铜绿假单胞菌　　　　(e) 肠球菌

图 3-1　伤口常见细菌的示意图

在引起伤口感染的各种细菌中,金黄色葡萄球菌是一种与皮肤共生的常见细菌,可以引起局部皮肤疹甚至菌血症、心内膜炎和肺炎等威胁生命的症状,多见于儿童、老年人、免疫力低下者和长期住院患者,严重感染时可危及生命。金黄色葡萄球菌主要分离自痰液、伤口分泌物、体液标本,易感部位为呼吸道、皮肤黏膜、手术伤口、烧伤创面及胸、腹腔等部位。

葡萄球菌属通过产生 β-内酰胺酶可以对 β-内酰胺酶类抗菌药物产生不同程度的耐药性。近年来由于 β-内酰胺类、氟喹诺酮类抗菌药物的广泛应用,导致葡萄球菌感染尤其是耐甲氧西林金黄色葡萄球菌(MRSA)感染增多。MRSA 具有多重耐药特征,其感染病死率极高。由于金黄色葡萄球菌感染发病率及耐药性的快速增长,MRSA 感染已成为抗感染治疗的难题。自 20 世纪 80 年代在英国首次被发现以来,许多不同病毒株的耐甲氧西林金黄色葡萄球菌已经在全球范围内引发许多医疗事故。

3.3 伤口感染的特征

对于伤口感染,引起感染的病菌及患者在临床上的反应有很大的变化。

3.3.1 伤口感染的分类

3.3.1.1 按致病菌种类和病变性质不同分类

(1)非特异性感染(non-specific infection),又称化脓性感染或一般感染,其特点是多种细菌、多种疾病,症状一致,治疗相同。

(2)特异性感染(specific infection)。这是由结核杆菌、破伤风杆菌、产气荚膜杆菌等导致的,其特点是细菌单一、疾病特异、症状独特、治疗特殊。

3.3.1.2 按感染病程不同分类

(1)急性感染。病程在 3 周以内。

(2)慢性感染。病程超过 2 个月的外科感染。

(3)亚急性感染。病程介于急性与慢性感染之间。

3.3.1.3 按病原体入侵时间不同分类

伤口感染又可分为原发性感染和继发性感染。

3.3.1.4 按病原体来源不同分类

可分为外源性感染和内源性感染。

3.3.1.5 按发生感染的条件不同分类

伤口感染可分为条件性感染(又称机会性感染)和医院内感染。

感染的伤口一般有炎症表现,伤口周边出现红晕和硬节,如果伤口呈开放状态,感染的伤口表面经常有渗出物、脓液不断排出。感染的伤口上致病菌侵入组织并繁殖后产生多种酶与毒素,从而激活凝血、补体、激肽系统和巨噬细胞的反应,导致炎症介质生成,引起血管扩张和通透性增加,引发炎症反应后伤口局部出现红、肿、热、痛,并引起全身性炎症反应,患者出现畏寒、发热、头痛、乏力、全身不适等症状,重者导致感染性休克。

3.3.2　皮肤组织病变的症状

受细菌感染的影响,患者的皮肤组织产生病变,临床上可产生下列症状:

3.3.2.1　疖

疖(furuncle)俗称疔疮,是单个毛囊及其所属皮脂腺的急性化脓性感染,常为金黄色葡萄球菌所致,通常发生于头、面、颈、背、腋窝、会阴部,也可扩散至邻近的皮下组织。疖的产生使人体皮肤局部呈现红色小点,并逐渐肿大,给患者带来疼痛的感觉。数日后肿块中央出现黄色脓头,经排脓及消炎处理后,炎症能得到及时控制且很快痊愈。

3.3.2.2　痈

痈(carbuncle)是临近的多个毛囊及其周围组织的急性化脓性感染,可由多个疖融合而成,中医称疽、对口疮、搭背等。痈多为金黄色葡萄球菌所致,好发于上唇、颈后、肩背等皮肤厚硬部,也见于糖尿病患者。痈患者的局部皮肤出现质硬、灼热刺痛感,随之病人有畏寒、发烧及头痛等全身症状。图 3-2 显示疖和痈患者的示意图。

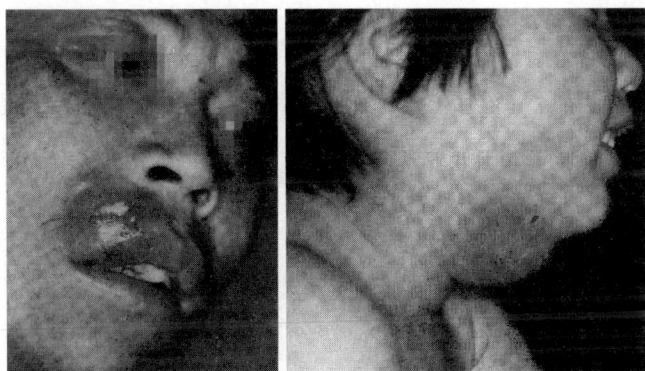

（a）疖　　　　　　　　　　（b）痈

图 3-2　疖和痈患者的示意图

3.3.2.3　急性蜂窝织炎

急性蜂窝织炎(acute cellulitis)是发生在皮下、筋膜下、肌间隙或深部疏松结缔组织的急性感染,是病菌侵入皮下、筋膜下肌间隙或深部疏松结缔组织的急性弥漫性化脓性感染,其致病菌多为溶血性链球菌和金黄色葡萄球菌,致病力强,浸润范围广,能使局部组织坏死,有出现败血症的可能。临床处理时应及时做多处切开引流,清除坏死组织。

伤口感染的微生物种类通常反映患者受伤时的环境条件。多数一期缝合伤口的感染是由葡萄球菌引起的,农田耕作意外和其他发生在户外的创伤常有革兰阴性菌甚至铜绿假单胞菌的污染。工业事故或农田机械化耕作意外所致创伤时,伤口感染菌种的培养鉴定是非常重要的,因为不常见的菌种会在所使用的仪器设备中出现。刺伤的化脓感染基本上是由化脓性金黄色葡萄球菌引起的,如果革兰染色为阳性球菌,无须做细菌培养鉴定即可推断出菌种。

值得指出的是,损伤区域的感染范围远远大于感染过程中皮肤炎症表现的范围。坏死性筋膜炎的诊断首先需要对本并发症保持高度警觉,创伤区域出现快速的、进行性皮肤坏死是坏死性筋膜炎发生的重要象征。带有出血斑的皮肤蜂窝组织炎大都是 A 群链球菌感染,主要表现为剧烈疼痛,创伤部位轻轻触诊即有明显压痛,疼痛一直延伸至创伤区域的边缘。伤口的脓性分泌物可以很少和完全没有,但患者的全身中毒症状远较单纯的伤口感染严重。在多种微生物混合感染的情况下,坏死性感染的进展速度通常较为缓慢。

多种肠源性的革兰阴性菌和专性厌氧菌感染见于有肠道损伤的枪伤或刺伤。较少的情况下,化脓性金黄色葡萄球菌也是感染菌之一。A 群链球菌和化脓性金黄色葡萄球菌均可引起中毒性休克,血流动力学的不稳定与软组织的迅速坏死可以引起中毒性休克综合征。

另外,引起伤口深部感染的细菌是来自产生坏疽的厌氧芽孢梭菌属,产气荚膜梭菌可以从刺伤或其他受伤部位进入深部组织,引起气性坏疽。气性坏疽时,创伤局部的炎症表现通常较为温和,但患者却有严重的全身中毒症状。由于深部间隙综合征的发生,肢体很快失去功能,从伤口引流的分泌物量较少且较稀薄,伤口周围皮肤出现水泡,但这一症状多见于气性坏疽的晚期。伤口分泌物或引流液的革兰染色多半是革兰阳性短杆菌,伤口感染的处理是打开伤口、引流脓液、机械性清除伤口沉积的纤维蛋白和感染碎片,并对无活性的组织进行清创。

3.4　伤口感染的治疗

　　轻微的创伤感染如局部脓疱只需进行引流即可,一般来说没有必要进行全身抗感染治疗,但出现蜂窝组织炎或伤口周边进行性坏死时,一定要进行全身抗感染治疗。对合并蜂窝组织炎或 A 群链球菌感染引起的进行性筋膜炎的患者,常规疗法是投以大剂量的青霉素,并用克林霉素,具有明显的协同效果。作为蛋白合成抑制剂,克林霉素的作用是迅速降解链球菌,减少毒性代谢产物的生成。

　　A 群链球菌引起的坏死性感染的处理原则是进行完全彻底的清创术,清除所有坏死组织,特别是原始创伤没有穿透筋膜的情况下,A 群链球菌引起的坏死性感染的清创一定沿着没有发生坏死的筋膜的前表面进行。多种微生物引起的坏死性感染同样需要进行广泛的局部清创术,同时进行合适的抗需氧和厌氧细菌的治疗。A 群链球菌和多种微生物引起的坏死性感染需每日在手术室进行清创术,直到感染完全控制。进展较快的梭状芽孢杆菌感染需要在手术室进行及时广泛的清创术,常规应用大剂量青霉素治疗,但如果不彻底清除坏死组织,青霉素的疗效是有限的。

　　对于开放性骨折,由于钝挫伤能够使骨骼折断、破坏覆盖在其表面上的皮肤,损伤过程中外来异物进入伤口,因此伤口感染是不可避免的。治疗过程中,被破坏的皮肤面积及伤口的污染程度是评估感染是否发生的重要因素。开放性骨折感染的预防是迅速彻底地进行伤口冲洗和清创术,去除创伤局部所有的可能促进感染发生的附加因素,如血肿、坏死组织及异物。普遍应用的脉冲冲洗法(pulse lavage irrigation)可能是从开放性骨折部位移除异物和微生物污染的最佳策略,处理过程中采用 8~16L 中等温度的冲洗液进行脉冲冲洗,可减少微生物数量和促进感染的附加因素。在伤口的冲洗、清创和清洁过程中,全身应用抗生素也是合适的。事实上,开放性骨折感染的病原体可能是医院获得菌,也可能是清创过程中或伤口延迟闭合之前的污染菌。持续全身应用抗生素会改变患者的正常菌群,使之产生耐药性,并不减少开放性骨折感染的危险性。由于开放性伤口一直面临环境中微生物的威胁,在伤口情况允许的条件下,闭合伤口是最佳的预防策略之一。

　　对于外科伤口,手术切口感染的预防是术前对手术切口部位进行消毒,手术最后是否缝合切口取决于手术过程中的污染程度。在手术过程中,保持深部体温、增加氧的供应及控制血糖水平有益于维持宿主的应激能力,能减少感染的发生。对于受感染的外科伤口,炎症表现提示感染的发生,脓液的排除是更为直接的证据。

蜂窝组织炎或伤口组织坏死、开放性伤口敷料经常出现脓液均表明感染的发生,并提示有必要进行二次缝合。一旦出现筋膜分离,临床医生一定要警惕坏死性筋膜炎的发生。

闭合伤口感染的处理原则是打开伤口、引流及清创,需清除所有疏松的缝合材料和纤维蛋白渗出物。合并蜂窝组织炎或组织坏死时,应进行菌种的培养鉴定,因单一菌种的感染无须进行全身抗生素治疗。必须应用抗生素时,一定要选用敏感抗生素,且应在蜂窝组织炎或组织坏死控制后立即停止用药。

3.5 伤口感染患者的护理

外科感染病种分类较多,在施行护理工作中既有共性又有特性,护理过程中需要根据具体症状采用合理的治疗方案,才能获得理想的康复效果。

3.5.1 共性护理

3.5.1.1 保护皮肤

防止皮肤破损,遇虫叮、蚊咬后切忌以指甲抓痒,避免抓破皮肤引起感染,可使用清凉油或止痛痒喷雾剂以解痛痒。保持皮肤清洁干燥,每日以优质肥皂擦洗干净,暑天大量分泌汗液时,不宜在脸面部搽油抹粉,以免阻塞毛孔引起炎症,但某些部位,如臀部、腋下、腹股沟等易摩擦处,可施以少量滑石使之滑润干燥,避免擦破。

3.5.1.2 热敷与抬高患肢

一般感染初期均会出现红肿硬块,热敷可使炎症消散或局限促其成熟,湿热敷温度 50~60℃,热敷前局部皮肤搽以凡士林,上面再覆盖纱布以保护皮肤。干热敷即用热水袋,温度约 60~70℃,热水袋加套,防止烫伤。感染肢体要抬高,上肢以绷带从颈项悬下吊起肢体,高于或平心脏位,承重受压部位以棉垫衬垫;下肢用枕头或海绵块垫高 30℃左右,以利血液和淋巴液回流,减少肿胀。

3.5.1.3 伤口引流护理

一旦脓肿形成即应切开排脓,若是非曲直较小疖子,可用消毒针头刺破排出脓液,外敷消炎药膏即可。但脸面、上唇周围、鼻部俗称危险三角区生疖,不宜护压,以防细菌沿内眦静脉和眼静脉进入海绵窦而引起颅内感染。较大的疖则需切开排脓,痈和蜂窝组织炎的病变范围较广,一般做多处切开,病变较深者应放引流条。每日以生理盐水或 1:1000 抗菌剂清洗伤口及更换敷料,必要时每日 2 次,严格执行无菌操作。

3.5.1.4　支持护理

支持护理即全身性支持疗法的护理,包括以下几项:

(1)思想引导。使病人对疾病的康复有充分信心,积极配合医疗与护理,有乐观的情绪。

(2)营养补充。病人表现食欲不振或厌食,在保证营养供给的情况下,经常调换品种,烹调色、香、味美的食物以诱增欲。病情严重不能口服者,应从静脉输液输血,保证每天有 8372kJ(2000kcal)热量供给。保护输液管道通畅,根据病情需要维持应有的滴速是至关重要的。

(3)高热护理。严重感染者均会出现高烧,需劝说病人多饮开水或饮料,给机体补充水分、冲淡毒素。体温高至 39℃ 以上时,给予物理降温。大汗淋漓时,以温水揩洗皮肤,及时更换汗湿的衣裤与床单。

(4)病情观察。注意局部伤口的转归以及全身生命体征的变化,认真填写护理记录单,提供可靠的诊疗根据。危重病人呼吸困难者,要及时供氧,有呼吸道阻塞现象,应即用吸痰等措施排除阻塞,同时报告医生并准备好气管切开用物。

(5)重视口腔与皮肤清洁,防止褥疮。

3.5.2　特殊护理

3.5.2.1　隔离消毒措施

隔离消毒措施包括以下几项:

(1)丹毒及绿脓杆菌感染者,应做好床边隔离;个人用物隔离,特别是换药器械,用后需浸泡消毒,贴近伤口的敷料要焚毁,其余敷料也应单独处理。

(2)破伤风及气性坏疽病人,应严格隔离;病人住单人病室,由专人护理,控制出入人员;护理病人要穿隔离衣,戴帽子、口罩,室内紫外线照射每日 2 次,地面用 2% 次氯酸钠拖洗,每日 1~2 次;病人用过的敷料应一律焚毁;器械先用碘伏(300mg/kg 含量)浸泡 20min,清洗后再行高压灭菌并采取间隙消毒灭菌法,即按正常高压灭菌,每日 1 次,进行 3 次消毒,可杀死所有芽孢。

3.5.2.2　破伤风特殊护理

破伤风特殊护理包括以下几项:

(1)环境要安静,避免噪声,室内无强光照射,工作人员走路、说话、开关门窗等动作要轻,因任何刺激均会引起病人剧烈的肌肉痉挛,所以护理工作要有计划性,减少翻动和刺激病人。

(2)抽搐痉挛时,防止坠床。口内置牙垫或垫纱布,防止舌唇咬破。记录抽搐时间和程度。呼吸肌痉挛有窒息情况时,及时准备气管切开用物。

(3)破伤风抗毒素是从动物血清中提炼的异性蛋白,可导致过敏,注射前要做皮试。

3.5.2.3 高压氧治疗气性坏疽护理

高压氧治疗气性坏疽护理包括以下几项:

(1)严格执行隔离制度,创面以消毒巾遮盖,各种用物备齐。

(2)入舱前排空大小便。

(3)病人忌穿锦纶类化纤织物衣裤进舱。

(4)加压时,鼓膜内陷胀痛,嘱病人捏鼻鼓气、咀嚼或做吞咽动作,同时舱温上升,给病人适当宽衣,有引流管者要夹紧,防止高压反流。

(5)减压时,温度下降注意保暖。

3.5.2.4 厌氧菌感染的伤口护理

要彻底清除创内坏死组织,暴露死腔,用3%过氧化氢或0.5%~0.1%高锰酸钾溶液冲洗伤口,也可湿敷创面,以对抗厌氧菌的生长,沾污敷料一律以废纸包裹送去焚烧,器械浸泡于指定消毒桶内。工作人员要严格消毒双手,防止交叉感染。

慢性感染伤口的愈合周期长,患者反复求医后接受不同的治疗方案,甚至是相互矛盾的建议,因此可能对医务人员产生不信任,对病情不认可。频繁换药增加了患者痛苦,使病人表现焦虑、紧张、抑郁等不良心理反应,甚至对治疗失去信心。因此,在护理感染伤口时应关心、安慰患者,向患者详细讲解有关疾病的相关知识,耐心解答患者提出的问题,提高其正确认识疾病和自我护理的能力。良好的心理状态可以调动自身潜能,有助于伤口愈合。

在伤口护理的过程中,应该首先对伤口进行评估,在详细了解病情和伤口感染的情况后制订最佳治疗方案。护理过程中应该密切观察患者伤口的感染程度,包括伤口的分泌物、渗出物、伤口渗液的气味、恶臭等临床症状。如渗出物为脓液,应观察其性质并初步判断细菌的种类,必要时做细菌培养。感染局部应彻底清创,及时排出脓液,保持伤口引流通畅,根据细菌培养结果,遵医嘱静脉输注抗生素,防止炎症扩散。根据伤口情况充分清除伤口内异物和坏死组织,用大量盐水冲洗,然后用清创性敷料至基底层变为新鲜的肉芽组织。护理过程中应该保持伤口湿润,维持细胞活动所必需的最适宜的湿润环境,运送白细胞构成抵御微生物入侵的防御部分,利于其他起关键作用的细胞如巨吞噬细胞的运动。

在选用敷料时应符合以下六条标准:

(1)能保持良好的生理环境,防止干燥。

(2)有利于坏死组织脱落,保持基底洁净、减少污染。

(3)有利于引流除臭。

（4）舒适、防擦伤，能保持创面不受外力损伤。

（5）有利于细胞移入和肉芽形成。

（6）方便省时，易揭除而不伤肉芽组织，利于保持伤口湿润，促进愈合。

在更换敷料时要以渗液的多少而定，以下次换药时伤口内无大量渗液滞留为标准。填充敷料要注意松紧度，过紧会影响引流和血供，过松则使敷料不能与基底很好接触，降低敷料效用。

伤口疼痛是感染患者中经常出现的问题。伤口感染后释放致痛物质和炎性介质，引起伤口疼痛，而释放物质又可加重原发病灶的缺血、缺氧、水肿，使疼痛加剧。另外，伤口换药可能直接刺激创面的神经末梢，故操作时往往会引起剧烈疼痛。伤口疼痛影响着患者整个躯体精神状态，疼痛的刺激可引起内分泌系统激素水平改变，导致伤口肌肉紧张、循环紊乱，使组织修复所需的氧及营养物质减少，从而影响伤口愈合。护理过程中应嘱咐患者多休息，注意保护伤口，保持心情愉快，听自己喜欢的音乐，看自己喜欢的杂志，分散其注意力。另外，家属要做好配合工作，生活上要照顾好患者，尽量减轻患者伤口疼痛。给患者伤口换药时稳、准、快，动作轻柔娴熟，尽量减少对伤口刺激以减轻疼痛。

由于多数感染患者的伤口经久不愈、反复感染、渗液多，消耗大量的人体蛋白质、热量和水分，缺乏组织修复和伤口愈合的能力，营养不良会延缓伤口愈合。护理过程中应该指导患者摄入足够的热量、蛋白质及维生素，多食瘦肉、牛奶、鸡蛋、新鲜蔬菜、水果等，为伤口愈合提供良好的环境，促进其尽快康复。

3.6　病区感染的预防和管理

医院是传染源最集中的地方之一，病人及其家属来自四面八方，除患者本身的疾病外，家属及陪护人员还将各种形式的病原体带到医院。病人本来就是易感人群，加上各种来源的环境污染，易使患者在住院期间通过病人与病人之间、病人与医护人员之间的直接感染或通过水、空气、医疗器械等的间接感染获得交叉感染。正因为如此，预防和控制医院内感染是医院管理的一项重要内容。临床实践中针对医院中的感染可以采取一系列应对方案，包括以下一些具体措施。

3.6.1　建立医院与科室感染管理的网络组织

医院应该成立感染办公室，有专职工作人员负责全院的预防感染任务，定期下科室督促、检查、检测，加强对科室内感染的管理力度。手术室也应成立感染小组，主要负责科室的微生物监测、消毒隔离制度的落实及平时医院感染工作督促,随机抽查、检查,发现问题及时采取补救措施。

3.6.2　学习有关医院感染知识,提高控制感染意识

医院应该选派医护人员外出学习与短期培训,所学知识回科室传授给全科医护人员,普及和更新医院感染意识,学习有关医院感染管理的各项规章制度,根据卫生部制订的《医院感染管理规范》要求执行,有效控制医院感染率。

3.6.3　环境控制

由于门诊病员的病种多,医院应该按病种分类就诊,对已感染病员采取相对隔离,对未感染者实施保护性隔离,并减少探视时间。同时医院应该向住院病人及陪同人员讲解各项规章制度,在病情允许的情况下,进行卫生整顿,保持病室整洁,减少发生交叉感染的因素。

3.6.4　工作人员的手

医务人员的手是医院内感染传播的主要媒介之一。洗手是预防医院感染最简单有效的方法之一,每项操作前后应该采用快速消手液,每处理完一个病人也要用快速消手液消手。在晨间护理床位时做到一床一个消毒湿刷套,避免发生交叉感染,同时保证护士戴橡胶手套。整理床的动作应该轻柔,避免扬尘,擦床旁桌时做到一桌一消毒巾。在为患者做侵入性操作时必须戴无菌手套,各项操作前后双手用消毒液浸泡消毒,入层流净化室或单人隔离室时应穿隔离衣。

3.6.5　护理操作过程

医院有严格的防止交叉感染的措施,随着计算机的普遍使用,医院的交叉感染又增加了一个新的渠道,医院应该每周对病区微机的键盘和鼠标用75%酒精擦拭一次。在对病人引流时,应该注意每天更换引流袋。对于病人的排泄物、体液、渗出液等应装于黄色防渗漏的塑料袋内统一焚烧处理。对于传染性疾病患者的排泄物、痰液,用含氯制剂浸泡30min后放于红色塑料袋内统一焚烧处理。

3.6.6　暖瓶塞

暖瓶塞在医院内的交叉感染中是一个不可忽视的问题。暖瓶塞应定期高压灭菌后使用,每周更换2次。由于暖瓶是住院患者的生活必需用品,而暖瓶塞的接触面广,污染率高,细菌随时通过患者及医务人员的手污染环境。医务人员应重视暖

瓶塞的消毒管理工作,做到暖瓶 1 人 1 用,卫生员在灌开水前应清洁双手,并用开水冲洗瓶塞,开水应灌至瓶颈为宜,避免水位超过瓶塞。换下的瓶塞应清洁晾干后,高压灭菌备用,为减少医源性感染把好每一个环节。

3.6.7　手术室的空气控制

手术室须每日早晨进行清洁卫生,用有效氯 500mg/L 的含氯消毒剂擦拭无影灯、手术台及室内所有家具。术后进行清洁卫生,用含氯消毒剂拖擦地面,连台手术之间及每晚常规高强度空气消毒器照射,每周 1 次彻底大扫除后再次消毒。尽量减少人员流动,严格限制参观手术人数,严禁在手术间制作敷料或整理包布。每周清洁空调过滤网 1 次,各手术间的拖把、抹布用含氯消毒液浸泡 30min 后晾干备用。有条件可采用垂直或水平层流净化手术间空气,每月做空气培养 1 次,使其菌落数控制在 200cfu/m³ 以内。

3.6.8　手术物品控制

压力蒸气灭菌具有高效、快速、方便、经济、安全等诸多优点,所有手术器械、医疗用品原则上须用压力蒸气灭菌。电子仪器、光学仪器、医疗器械、塑料制品、木制品、陶瓷、金属制品、内镜等不宜用一般方法灭菌的物品可用环氧乙烷灭菌,它是最有效的低温灭菌方法之一。对于显微器械、腹腔镜、膀胱镜、纤维肠镜等高危险度手术用品,无环氧乙烷灭菌条件的用 2% 戊二醛浸泡 20~45min 以上也可达到高水平消毒,如需灭菌必须浸泡 10h 以上,取出后用无菌水冲洗干净,并无菌擦干后使用。接送病人的平车每天用有效氯 500mg/L 的含氯消毒剂擦拭,接送隔离病人的平车需专车专用,用后严格消毒。

3.6.9　手术人员手的控制

洗手消毒是控制医院感染最重要的措施之一,手术人员要严格执行有效的洗手制度,接触患者前后均要洗手或用消毒剂擦手,必要时戴一次性手套。外科手术前洗手法为含有效碘 0.5% 的聚维酮碘溶液刷手法,整个刷手过程不少于 3min。如有对碘过敏者,可用肥皂水刷手 75% 乙醇浸泡法,刷手过程为 10min,浸泡 5min,待酒精自然干后穿无菌手术衣、戴灭菌手套,才能参加手术。在接触严重污染源时,可先用消毒剂洗手泡 3min 以上,洗后避免擦手巾共用,最好用一次性无菌纸巾沾干,同时减少开关水龙头及毛巾对手的污染。

3.6.10　一次性使用医疗用品的管理

手术患者的血液、体液、分泌液、排泄液是医院感染的主要传染源,预防、控制医院感染的主要措施之一是采用一次性使用医疗用品、卫生用品,可有效控制医源性感染。一次性无菌医疗用品应专库存放,专人保管,存放间保持通风干燥,温湿度要适中,定期进行紫外线消毒,室内空气含菌量≤200cfu/m³,物品存放于离地面25cm以上的物架上。一次性物品使用后必须按要求分类放置,一次性注射器和输液器用后及时毁形并浸泡在有效氯500mg/L 的含氯消毒剂中30min 后,全部送医用废物处理公司进行统一无害化处理。

3.6.11　手术后污物处理

对于非感染手术,手术器械按照先预消毒→再清洁→擦干→上油→打包→消毒后备用。手术后必须开窗通风,更换床单、被套、约束带,用有效氯500mg/L 的含氯消毒剂擦拭手术单位血迹。特异性手术用过的器械及物品进行双重高压灭菌处理,手术用敷料、布类及手套焚烧,手术室空气消毒,将过氧乙酸稀释成0.5%~1.0%水溶液,加热蒸发,在60%~80%相对湿度、室温下,过氧乙酸用量按1g/m³计算,熏蒸2h。

3.6.12　病区感染的管理体系

总体来说,控制病区感染是一项系统工程,需要各方面的努力,涉及的管理工作包括:

(1)领导重视,全院齐抓共管,建立健全医院感染管理组织,成立医院感染管理委员会或医院感染管理小组,将医院感染管理工作列入医院总体管理工作的重要议事日程。

(2)成立医院感染管理和控制科或组,具体执行《医院感染管理办法》《消毒管理办法》等法律法规和卫生行政部门及医院感染管理委员会的各项决议和政策。

(3)严格执行各项质量指标和卫生标准,营造一个良好的工作环境。

(4)加强全体医护人员的医院感染知识学习和培训,加强临床医生对新颁布的医院感染诊断标准的学习,充分认识医院感染事件对医院和广大病人带来的巨大危害和威胁。加强医务人员消毒隔离、无菌技术的教育,增强卫生、消毒洗手意识,减少交叉感染。

(5)长期系统地开展院内感染的监测,对医院感染发病率高的科室应开展目标性监测,将回顾性监测改为前瞻性监测,把现患率较高的科室作为今后目标性监测的重点科室。根据监测情况及时发现问题,限时予以整改,将各种问题扼杀在萌芽状态。

(6)加强对抗生素的合理使用,加强感染性疾病病原体的培养和药敏试验,提高病原学的送检率。积极开展细菌耐药性的监测,以监测数据指导抗生素的管理。

(7)严格把握侵入性操作的无菌环境,严格无菌操作,减少侵入性操作,加强对接受侵入性诊疗病人的护理。

(8)加强对危重病人和发病病人的护理和支持治疗,加强对有严重基础病的病人的监控,强调病种隔离,强化疾病分类管理,加强对慢性消耗性疾病、免疫低下、严重外伤病人的医院感染预防,加强手术病人的术前清创和术后护理,保护易感病人。

(9)改善医疗条件,改善病房环境,加强病房护理,病区内增加流水洗手设施,减少病室多余人员的探视及流动,缩短住院天数,合理调配膳食,加强营养,增强抗病能力。

(10)加强消毒灭菌工作,做好有关器具的消毒和内外环境消毒。

(11)加强新生儿皮肤护理、脐带护理以及对早产儿、低体重出生儿的监护。加强新生儿重症监护室的器械消毒,提倡母乳喂养,使新生儿获得抵抗多种感染的能力,减少新生儿医院感染发病率。

(12)做好导尿的无菌护理、选用尿液的其他引流方法及对尿液培养以助诊断是预防泌尿道感染的有效措施。

(13)卫生行政部门要切实加强对医院的督促和技术指导,定期召开医院感染管理工作会议和学术会议,传授新知识,解决新问题,提高医院感染管理工作的能力和水平。将医院感染率控制在国家规定标准之内,有效控制医院感染事件的发生。

3.7　小结

伤口感染是医院中最常见的一种现象之一,在延缓伤口愈合的同时也带来病区交叉感染等一系列不良后果。造成伤口感染的原因很多,其中手术间和无菌物品储存间的空气、物体表面、手术前刷手、医护人员的手、各种手术用品等的微生物感染是主要的感染源。除了采取药物治疗等措施外,有效控制感染的手段还包括通过抗菌材料的合理使用切断空气传播、接触传播等传播途径以及在创面上敷贴具有抗菌功效的医用敷料,由细菌已进入损伤部位再用药物杀灭转变为防止细菌进入伤口,预防细菌对机体造成伤害,从而使病人的安全得到更好的保障。

参考文献

[1]BOWLER P G, DAVIS B J. The microbiology of infected and non-infected leg ulcers[J]. Int J Dermatol,1999, 38: 573-578.

[2]DOW G. Bacterial swabs and the chronic wound: when, how, and what do they mean? [J]. Ostomy Wound Manage, 2003, 49(5A Suppl): 8-13.

[3]GERDING D N. Foot infections in diabetic patients: the role of anaerobes[J]. Clin Infect Dis,1995, 20(Suppl 2): 283-288.

[4]MCDONNELL G, RUSSELL A D. Antiseptics and disinfectants: activity, action, and resistance[J]. Clin Microbiol Rev, 1999, 12: 147-179.

[5]OVINGTON L G. The truth about silver[J]. Ostomy Wound Manage, 2004, 50(9A Suppl): 1S-10S.

[6]QIN Y. Medical Textile Materials[M]. Cambridge: Woodhead Publishing, 2016.

[7]ROBSON M C. Wound infection: a failure of wound healing caused by an imbalance of bacteria[J]. Surg Clin North Am, 1997,77: 637-650.

[8]WARRINER R, BURRELL R. Infection and the chronic wound: a focus on silver[J]. Adv Skin Wound Care, 2005, 18(Suppl 1): 1-12.

[9]安文洪, 向中勇. 30184 例住院病例医院感染调查[J]. 现代预防医学, 2008,35(12):2390-2392.

[10]梁建国,张才仕,王慧.2008-2009 年基层医院常见病原菌的分布及耐药性分析[J].中华医院感染学杂志, 2011, 21(1): 134-135.

[11]卓超,黄文祥,郑行萍,等.2004-2005 年我院临床常见细菌耐药性监测[J].中国抗生素杂志, 2007, 32(5): 308-312.

[12]曲彩红,郑琼良,席云.2006 年我院病原菌的检测情况及耐药性分析[J].中国医院用药评价与分析,2007, 7(5): 347-349.

[13]汪丽,吕婉飞,张媛媛,等.2007-2008 年医院常见病原菌的耐药性监测[J].中华医院感染学杂志, 2009, 19(23): 3244-3246.

[14]朱建未,张小军,左荣,等.泌尿系感染的病原菌分布及耐药性分析[J].实验与检验医学, 2008, 26(6): 694-695.

[15]张文庆,毛一鸣,熊桂贞,等.肺炎克雷伯菌多重耐药性及氨基糖苷类修饰

酶基因研究[J].实验与检验医学,2008,5(26):481-483.

[16]马骥,黄彬,蓝锴.重症监护室多重耐药铜绿假单胞菌耐药基因分型研究[J].广东医学,2010,31(10):1268-1269.

[17]叶应妩,王毓三,申子瑜.全国临床检验操作规程[M].3版.南京:东南大学出版社,2006.

[18]马越,李景云,姚蕾,等.1996-2001年内科、外科、ICU和门诊患者分离的金黄色葡萄球菌耐药性分析[J].中国抗生素杂志,2003,28(4):207-210.

[19]谢小毛,夏先考,罗志军,等.烧伤患者葡萄球菌医院感染及危险因素的调查[J].中华医院感染学杂志,2000,10(3):169-170.

[20]刘庆中,周铁丽,李超,等.耐甲氧西林金黄色葡萄球菌暴发流行菌株的基因分型研究[J].中华医院感染学杂志,2006,16(10):1086-1088.

[21]耿先龙,吴国荣,叶燕,等.耐甲氧西林金黄色葡萄球菌分布特征与耐药性分析[J].中华医院感染学杂志,2011,21(8):1661-1662.

[22]吴德群.103株金黄色葡萄球菌耐药性分析[J].检验医学与临床,2009,6(21):1811-1812.

[23]宣芸.利奈唑胺致导管感染患者高死亡率[J].药物不良反应杂志,2007,9(3):226.

[24]刘原,徐灵彬,耿燕,等.肠杆菌科细菌产超广谱β-内酰胺酶的流行病学特征研究[J].中华医院感染学杂志,2007,17(8):910-913.

[25]罗燕萍,张秀菊,徐雅萍,等.产超广谱β-内酰胺酶肺炎克雷伯菌和大肠埃希菌的分布及其耐药性研究[J].中华医院感染学杂志,2006,16(1):101-104.

[26]郭卫真,谢在春,刘妮,等.伤口分泌物的病原菌分布及常见菌耐药性分析[J].广东医学杂志,2010,31(16):2112-2113.

[27]芮勇宇,王前,裘宇容,等.伤口分泌物中1640株病原菌主要种类及药敏结果分析[J].中国热带预防杂志,2009,9(8):1572-1574.

[28]韩彬,刘丽萍,梁慧,等.伤口分泌物病原菌分布及耐药性分析[J].武警医学杂志,2009,20(4):354-355.

[29]陈刚,王玉春,高玲.伤口分泌物常见病原菌及优势菌的耐药性[J].实用医技杂志,2008,15(29):4064-4066.

[30]谢莎莎,郭庆昕.伤口分泌物病原菌分布和耐药性分析[J].医学综述杂志,2008,14(14):2215-2217.

[31]王彦平.住院病人伤口分泌物病原菌种类及药敏分析[J].医学综述杂志,2008,21(4):470-471.

［32］王临芳．浅谈全过程防控手术室医院感染［J］.全科护理，2012，10(1)：248-250.

［33］梁桂梅．浅谈外科伤口感染的预防［J］.医学信息，2010，23(8)：2987-2988.

［34］王君韬,李英,谈建．创伤患者伤口感染常见病原菌及抗生素的选择［J］.中华医院感染学杂志，2003，13(2)：168.

［35］徐秀华．临床医院感染学［M］.长沙：湖南科学技术出版社，1998.

［36］朱建东,阳竞．医院感染横断面调查研究［J］.现代医药卫生，2010，26(3)：380-381.

［37］刘曙正,赵霞．医院感染现患率调查分析［J］.中华医院感染学杂志，2009，19(19)：2561-2563.

［38］黄微．院内交叉感染的可能与对策［J］.内蒙古中医药，2012(3)：54-55.

［39］魏宗蕊．手外伤急诊处理时控制伤口感染的护理对策［J］.中国保健营养，2019，29(11)：221-222.

［40］张泽巍．探究普外科伤口感染的原因及临床治疗方法［J］.中国保健营养，2019，29(22)：104.

［41］刘伟．急诊外科创伤伤口感染的预防和控制研究［J］.家庭医药，2019(11)：151.

［42］钱欣．手外伤急诊处理时控制伤口感染的护理对策研究［J］.健康大视野，2019(23)：248.

［43］吴宁,张怡．普外科伤口感染原因分析及临床治疗研究［J］.健康必读，2020(3)：107-109.

第4章 抗菌医用敷料

4.1 引言

4.1.1 影响因素

细菌、真菌、病毒等微生物的生长和繁殖受外部条件的影响,其中主要的影响因素包括:

(1)温度和压力。温度是影响微生物存活的重要因素,其最适范围在 20~70℃,个别微生物可在 200~300℃ 的高温下生活。

(2)氧气。氧气并不是微生物生存的必要条件,有些微生物没有空气就不能生存,另外一些在通风条件下反而不能生存,还有一些通风或不通风都能生存。

(3)营养条件。微生物的生长繁殖需要水、无机盐、碳化物、氮化物、微量元素等营养物质,其中不同种类微生物所需要的营养条件有较大的差异,例如假单胞杆菌属的细菌可以利用 90 种以上的碳化物,而甲烷氧化菌却只能利用甲烷和甲醇。

(4)酸碱度。各种微生物均有最适酸碱度,其中酵母和霉菌适宜微酸性环境,一些微生物可以在强酸或强碱性环境中生存。

(5)有毒物质、辐射、超声波等环境因素对微生物生长也有重要影响。

环境条件的改变可以引起微生物形态、生理、生长、繁殖等特征的改变,或引发其抵抗、适应环境条件的改变。环境条件变化超过一定极限会导致微生物死亡,历史上人们很早就发展了杀灭和抑制微生物增长的方法和手段,例如通过盐腌、糖渍、烟熏、风干等方法保存食物。19 世纪 60 年代,法国科学家巴斯德(Louis Pasteur)首次通过试验证实腐败是由微生物造成的,并发明了加温处理的巴斯德消毒法。英国科学家李斯德(Joseph Lister)随后发明了用石炭酸喷洒手术室,煮沸手术用具进行灭菌以防止感染的方法。目前食品、医疗等行业通过控制温度、压力,采用电磁波、射线或切断细菌必需营养等物理方法以及调节体系酸碱度等化学方法进行杀灭或抑制微生物,其中最常见的方法包括医院中的高温湿热灭菌、食品消毒领域的巴斯德消毒法、用于一次性卫生用品的环氧乙烷消毒法和射线消毒法等许多种类的步骤和方法。

4.1.2 针对微生物的技术手段

(1)灭菌(sterilization)。是指将待处理体系中包括微生物孢子等生态形式的所有微生物完全除去或使之丧失活性的过程。

(2)杀菌(microbiocide)。是指将待处理体系中微生物营养体和繁殖体杀死的过程。

(3)消毒(disinfection)。是指破坏待处理体系中微生物的过程,但消毒过程一般对微生物孢子无效。消毒不需要杀灭体系中的所有微生物,只需要达到预定的处理要求,一般需要将体系中致病和条件致病的微生物除去或使之丧失活性。

(4)抑菌(bacteriostasis)。是指抑制微生物生长繁殖的作用,通过抑制待处理体系中微生物的活性,使之繁殖能力降低或停滞繁殖的过程。

(5)防腐(antisepsis)。是指采取一定措施防止物品性能因微生物的破坏而下降的过程和技术。

(6)抗菌(antimicrobial)。是一个泛指名词,包括灭菌、杀菌、消毒、抑菌、防霉、防腐等。

4.1.3 抗菌处理方法

在科研和生产实践中,目前已经有许多种方法应用于各种情景下的抗菌处理,主要包括化学法和物理法两大类。

4.1.3.1 化学法

(1)化学药品杀菌。包括 EO、PO、O_3 等气体杀菌剂、来苏水等液体杀菌剂、抗菌剂、二氧化氯等固体杀菌剂。

(2)pH。pH 调节剂、缓冲溶液。

(3)除氧法。真空法、除氧剂、氧化还原。

(4)气体置换法。用 CO_2、Cl_2、氟利昂置换。

(5)脱水法。

(6)控制营养法。

4.1.3.2 物理法

(1)电磁波。γ 射线、X 射线、紫外线等电磁波杀菌。

(2)粒子射线。电子流杀菌。

(3)温度。冷冻($-80\sim-20$℃)、冷藏($0\sim3$℃)、巴斯德法低温杀菌(100℃以下)、高温杀菌、湿热杀菌(121℃)、干热杀菌(160℃)、超高温杀菌($130\sim150$℃)。

(4)压力。高压力杀菌(50~200MPa)。

(5)阻隔。隔氧包装。

(6)除菌。洗涤、过滤、沉淀(凝聚沉淀、离心沉淀)、静电杀菌。

4.2　抗菌材料与抗菌剂

抗菌材料是能够杀灭或抑制微生物的材料,其拥有的抑制和杀灭微生物的功能被称为抗菌性能,其中抗菌是指抗各种微生物的功能,包括抗细菌、霉菌、立克次体、真菌甚至病毒等多种微生物。英语中广义的抗菌概念为"antimicrobial",狭义的抗菌可译作"antibacteria",类似的还有防霉"antifungi"、抗病毒"antivirus"等概念。

自然界有许多物质具有良好的杀菌和抑制微生物的功能,如带有特定基团的有机化合物、一些无机金属材料及其化合物、部分矿物和天然物质。埃及金字塔中的木乃伊包裹布可能是人类有意识使用的最早抗菌物品,其所用的植物浸渍液也成为人类最早使用的抗菌剂。1935 年,德国人 G.Domark 采用季铵盐处理军服以防止伤口感染,揭开了现代抗菌材料研究和应用的序幕。至今,利用抗菌材料抑制或杀灭细菌的能力开发出的新型功能材料涉及抗菌塑料、抗菌纤维、抗菌陶瓷等众多工业制品。由于抗菌材料能杀灭和抑制沾污在其表面的微生物,可保持材料表面的自身清洁状态,因而被广泛应用于制备包括医用敷料在内的各种卫生健康制品。

表 4-1 总结了抗菌材料的应用领域和相关产品。

表 4-1　抗菌材料的应用领域

应用领域	相关产品
生活用品	纸巾、牙刷、鞋、鞋垫、玩具等
厨房用品	砧板、洗碗海绵、洗菜盘、菜刀、水漏、垃圾桶等
纺织品	睡衣、内衣、浴巾、毛巾、袜子、医用绷带、消毒棉、医用和试验用大衣、医院用被褥、窗帘、地毯等
文具	圆珠笔、铅笔、儿童文具盒等
住宅设施	浴缸、洗脸池、坐便器、净水机等
家电	洗碗机、热水器、洗衣机、吸尘器、冰箱、空气清新机、电话等
建材	地板、壁纸、瓷砖、上下水管道、管件、涂料等

抗菌材料的核心是具有抗菌功能的抗菌剂,包括无机抗菌剂、有机抗菌剂、天然抗菌剂和高分子抗菌剂四大类。

4.2.1 无机抗菌剂

无机抗菌剂具有很悠久的发展历史,世界各地很早以前就有利用铜、银等金属及其化合物的杀菌功能的记载。4000多年前印度人开始用铜壶储水消毒,公元前5世纪的古希腊战士用银器盛水后饮用,蒙古人用银器储存马奶,均利用了铜和银的抗菌功能。金属离子在临床医学上也早有应用,如使用硝酸银溶液或胶态银处理伤口,用磺胺嘧啶银抗真菌、抑制病毒等。研究显示,金属离子杀灭和抑制细菌的活性按下列顺序递减:$Ag^+ > Hg^{2+} > Cu^{2+} > Cd^{2+} > Cr^{3+} > Ni^{2+} > Pb^{2+} > Co^{4+} > Zn^{2+} > Fe^{3+}$。考虑到金属离子对人体的毒性及颜色等问题,在抗菌材料中广泛使用的金属离子主要是银、铜、锌离子,其中银离子的抗菌活性强,而且无毒、无色,是目前制备无机抗菌剂最常用的金属离子之一,铜、锌离子在大多数情况下是与银离子共同使用以达到广谱抗菌效果。单独使用时,铜类化合物因带有较深的颜色而限制了其作为抗菌剂的使用范围。

4.2.1.1 银离子抗菌剂

银离子有很强的抗菌功效,是制备无机抗菌剂的优质原料。由于银盐具有很强的光敏反应,遇光或长期保存时会使材料变色,而且直接添加银盐制备的抗菌材料性能明显下降,接触水时 Ag^+ 易渗出而导致抗菌有效期短。为了解决这些问题,人们采用内部有空洞结构而能牢固负载金属离子的材料或能与金属离子形成稳定螯合物的材料作为载体附载金属离子等手段解决银离子变色的问题、控制银离子释放速度、提高银离子在材料中的分散性及其与材料的相容性。目前已生产的银离子抗菌剂有载银沸石、载银陶瓷、载银羟基磷灰石等,也有用纳米 SiO_2、ZnO、TiO_2 作载体。这些抗菌剂都是无机物粉末,其制备技术的关键是如何得到超微细粒子并使粒子能在材料中分散良好而不发生团聚,如在纤维中添加含银抗菌剂时要求粒径小于 $1\mu m$ 以满足纺丝工艺要求。实际使用中含银抗菌剂既可添加到纤维中,也可以应用在涂层织物上,但涂层会影响织物手感,其耐洗性不及抗菌纤维。对于抗菌纤维,添加 $0.5\% \sim 1\%$ 的含银抗菌剂即可具有广谱、高效、持久的抗菌效果。

4.2.1.2 纳米氧化铜

纳米氧化铜可以通过破坏氨基酸和 DNA 的合成抑制细菌增长繁殖。由于铜对氨基和羧酸基有很强的结合力,对于枯草芽孢杆菌等富含氨基和羧酸基的细菌,纳米铜的抗菌性能高于纳米银。氧化铜的化学和物理稳定性好,其价格低于银,在抗菌材料领域有很好的应用价值。

4.2.1.3　纳米氧化锌

纳米氧化锌对大肠杆菌等常见细菌有杀菌效果,是一种无毒、具有良好生物相容性的金属氧化物,已经用于化妆品添加剂、药物载体、医用填料,也用于农产品保鲜。与纳米银和纳米铜相比,纳米氧化锌的成本更低,同时具有白色的外观和抗紫外线功效。棉织物上负载纳米氧化锌可以使面料具有抗金黄色葡萄球菌的性能,在与细菌接触时,纳米氧化锌可以破坏细菌细胞膜,使养分从细胞内流失导致细菌的死亡。纳米氧化锌的抗菌作用也与其释放的锌离子及在光照下产生的过氧化氢密切相关。

4.2.1.4　纳米金

纳米金粉、棒、壳、笼等化学物具有吸收近红外射线的性能,可以通过一定波长的激光脉冲照射后用来处理细菌感染,其主要原理是纳米金通过很强的静电作用被吸附在带负电的细菌细胞膜上。在与壳聚糖、氨苄西林等抗菌剂复合后,纳米金具有更高的抗菌活性。用链霉素、庆大霉素、新霉素等抗生素涂层的纳米金对抗药性细菌有很好的抑制作用。

4.2.1.5　光催化型无机抗菌剂

光催化型抗菌剂的材料主要为 N 型半导体材料,如 TiO_2、ZnO、CdS、WO_3、SnO_2、ZrO_2 等,其中 TiO_2 是目前最常见的光催化型抗菌剂之一,其毒性低、对人体安全、对皮肤无刺激、抗菌能力强、抗菌谱广,具有即效抗菌效果。在光作用下,纳米 TiO_2 表面可以产生大量的羟基自由基和氧自由基,而这两种自由基都具有很强的化学活性,能与有机物质发生氧化反应。当这些自由基接触到微生物时,也能与微生物内的有机物反应,在较短时间内杀灭微生物。因为自由基和微生物内有机物反应没有特异性,光催化型抗菌剂具有广谱抗菌性能,实验结果也表明光催化型抗菌剂对细菌、霉菌、病毒等多种微生物都有较好的抑制和杀灭作用。TiO_2 抗菌作用的发挥是通过催化作用进行的,本身不会随着抗菌剂的使用逐渐消耗而效果下降,因此具有持久的抗菌性能。TiO_2 光催化型抗菌剂无毒、无味、无刺激性,本身为白色,而且颜色稳定性好,高温下不变色,并且价格低廉,资源丰富,已成为抗菌材料研究的热点。

4.2.1.6　石墨烯及其衍生物

石墨烯通过对细胞膜中脂质的过氧化反应使细菌失去活性,当分散在水溶液中后,石墨烯具有很强的广谱抗菌性能。羧基石墨烯可以通过嵌入细胞膜达到破坏细菌细胞膜的作用,羟基化石墨烯对一系列微生物有很强的抗菌作用,可以用作药物的载体。

4.2.1.7　一氧化氮

一氧化氮是一种无色无味的气体,难溶于水,有脂溶性,其化学结构中带有自由基,可快速透过生物膜扩散。NO可以产生于人体内多种细胞,当体内毒素或T细胞激活巨噬细胞和多形核白细胞时,能诱导合成大量的NO和H_2O_2,在杀伤入侵的细菌、真菌等微生物和肿瘤细胞、有机异物等方面起十分重要的作用。

4.2.2　有机抗菌剂

有机抗菌剂的种类繁多,包括具有抗菌作用的有机化合物以及与金属离子结合的有机金属化合物,福尔马林、有机汞化合物等是人类早期使用的有机类抗菌剂,新型的有机抗菌剂包括卤化物、异噻唑、咪唑酮、醛类、季铵盐等许多种类的有机物,其对微生物的毒杀和抑制性能一方面取决于抗菌化合物所携带的能够发挥毒性的基团,另一方面也与该化合物的取代基特性,如亲油性、亲水性等性能密切相关。抗菌剂的毒性反应约有75%在细胞内进行,而微生物细胞外膜一般是半透性的,要使有机化合物具有抑菌或杀菌作用,除了化合物本身具有化学毒性基团外,还需对微生物细胞有一定的渗透能力,通过增加抗菌剂的亲油性可以提高其对微生物细胞的渗透力。

不同种类的有机抗菌剂对微生物的抑制作用具有一定的特异性,可以被细分为抗细菌剂、防腐剂、防霉剂、防藻剂等,其作用机理也随品种不同而有很大的变化,抗菌途径主要包括以下几种:

4.2.2.1　破坏细胞壁的合成

微生物的细胞壁是其与外界进行新陈代谢、保持内部环境恒定的一种屏蔽物质,有机抗菌剂使细胞壁的形成受到破坏,导致细胞内物质外泄,使微生物死亡。

4.2.2.2　降低或消除微生物细胞内各种代谢酶的活性

酶类物质参与微生物的新陈代谢,在微生物呼吸时消耗糖类物质、释放能量以及维持细胞内各种成分的合成和利用、储存能量及转化能量方面起重要作用。酶是一种大分子蛋白质,带有巯基、氨基及微量金属离子,有机抗菌剂进入菌体后能与酶类物质结合,影响酶的活性,使其代谢体系的运转受到影响,呼吸作用被抑制或停止。硫氰酸酯类化合物进入菌体后与菌体内酶分子中的巯基、氨基起作用,使其失活而产生抗菌效果,铜、汞、砷等制剂及有机硫等抗菌剂均具有这种作用机制。

4.2.2.3　阻碍微生物核酸的生物合成

细胞蛋白质的合成受核酸控制,部分有机抗菌剂能破坏核酸的正常生成,从而破坏酶等蛋白质分子产生的物质基础,进而抑制微生物的生长和繁殖。

4.2.3　天然抗菌剂

天然抗菌剂是源于自然界的抗菌材料,例如,埃及金字塔中用于保存木乃伊的树胶就是一种天然抗菌剂。壳聚糖、茶树油、蜂蜜是目前在医疗卫生领域广泛使用的天然抗菌剂。壳聚糖的化学名称为(1,4)-2-氨基-2-脱氧-β-D-葡聚糖,是由甲壳素经脱乙酰基后得到的一种阳离子聚电解质。壳聚糖是一种取之不尽、用之不竭的天然可再生资源,具有良好的生物相容性,在食品、医药、化工、生物医学工程等领域有广泛的应用前景。在与细菌接触时,带正电荷的壳聚糖分子链与带负电荷的细胞壁通过库仑作用吸附,阻碍了细菌的活动,因此影响细菌的繁殖能力。壳聚糖有很强的广谱抗菌性能,可用于医用材料、化妆品的保湿剂、人体血脂吸附剂、食品添加剂等,应用在创面上可保持伤口的无菌状态并促进伤口愈合。

茶树油是另一种被广泛应用的天然抗菌剂。1770 年,英国的库克船长在登陆澳洲探险时发现当地毛利人采集一种气味浓烈的叶子煮茶喝,他将这种植物叫“茶树”。毛利人在野外工作意外割伤时,会随手摘下野生的茶树叶捣糊后敷贴在伤口使其很快痊愈,还会熏烧茶树叶以缓解充血现象。目前,已知茶树油主要来自桃金娘科(myrtaceae)白千层属(melaleuca)的数种植物,最主要的一种称为互叶白千层(melaleuca alternifolia),其他的还有包鳞白千层(melaleuca bracteata)、石南叶白千层(melaleuca ericifolia)、白油树(melaleuca quinquenervia)、绿花白千层(melaleuca viridiflora)等。互叶白千层的新鲜枝叶经水蒸气蒸馏可得无色至淡黄色的精油,即茶树油。

茶树油具有特征香气及抑菌、抗炎、驱虫、杀螨功效,其渗透性强,可用于治疗粉刺、痤疮等皮肤病。

除了壳聚糖和茶树油,蜂蜜也是一种具有优良抗菌性能的天然抗菌剂,在伤口护理中有很高的应用价值。

4.2.4　高分子抗菌剂

近年来,具有本质抗菌性能的高分子材料的制备和应用得到很大发展。这类高分子材料的结构中含有抗菌成分,加工成纤维、薄膜、海绵等各种形式的材料后可以起到持久抑制细菌增长的作用。在制备抗菌高分子的过程中,抗菌成分可以被加入单体后进行聚合,也可以通过接枝、化学改性等方法加入高分子结构中,目前有四种制备抗菌高分子的方法:

(1)通过制备具有抗菌性能的单体后进行聚合反应。首先把含有羟基、氨基、羧酸基等活性基团的抗菌剂与单体通过共价键结合,然后通过聚合反应合成高分子,使高分子结构中包含抗菌成分。

（2）在合成高分子中通过键合固定抗菌剂。

（3）在天然高分子中通过键合固定抗菌剂。

（4）在高分子主链上加入通过水解可以释放出抗菌成分的基团。

4.3　应用于创面护理的抗菌剂

对于伤口感染患者,临床上有两个基本的护理方法：一是给患者注射抗生素,二是在患者的创面局部使用抗菌剂。在这两个方法中,前者是基于患者病情的系统疗法,后者属于伤口护理的一部分。由于伤口涉及破损的皮肤,在创面上使用的抗菌剂直接与体液接触,并通过体液进入人体的新陈代谢过程,其安全性显得尤为重要。

尽管许多种类的抗菌剂对伤口上常见的细菌有很好的杀菌效果,临床上使用的抗菌剂主要包括以下几种：

4.3.1　双氯苯双胍己烷(又称洗必泰、氯己定)

双氯苯双胍己烷又称洗必泰、氯己定,是一种广谱抗生素,具有相当强的广谱抑菌、杀菌作用,是一种较好的杀菌消毒药,其对革兰氏阳性和阴性菌的抗菌作用比新洁尔灭等消毒药效强,即使在有血清、血液等存在时仍有效。醋酸洗必泰为白色晶粉,无臭、味苦、无吸湿性、性质稳定,在20℃水中的溶解度为1.9%,加入适当的阳离子或非离子表面活性剂或提高水温后可增加溶解度。葡萄糖酸洗必泰为20%无色或浅黄色水溶液,无气味、味苦、能与水、醇、甘油互溶,性质稳定、耐储存。国内一般采用醋酸洗必泰作为消毒洗手液的原材料,而国外4%的洗必泰消毒剂都是用葡萄糖酸洗必泰作为原材料制备。葡萄糖酸洗必泰的溶解性比醋酸洗必泰好,但价格较贵。图4-1为双氯苯双胍己烷的化学结构。

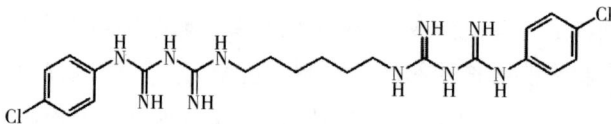

图4-1　双氯苯双胍己烷的化学结构

4.3.2　蜂蜜

蜂蜜是昆虫蜜蜂从开花植物的花中采得的花蜜在蜂巢中酿制出的蜜。蜜蜂从植物的花中采取含水量约为 80% 的花蜜或分泌物,存入自己胃中在体内转化酶的作用下经过 30min 的发酵,回到蜂巢中吐出后得到水分含量少于 20% 的蜂蜜。蜂蜜的成分除了葡萄糖、果糖之外还有各种维生素、矿物质和氨基酸,对链球菌、葡萄球菌、白喉等革兰阳性菌有较强的抑制作用。处理伤口时,将蜂蜜涂于患处可减少渗出、减轻疼痛、促进伤口愈合、防止感染。

蜂蜜的抗菌性能主要与渗透效能、酸碱度、过氧化氢的释放、特种植物的衍生因子等相关。蜂蜜由多种饱和糖组成,其高浓度糖形成高渗性,具有吸水性好、能破坏细菌赖以生存与繁殖的环境等特性。未稀释的蜂蜜的 pH 低,与渗透性结合在一起可以发挥优良的抗菌作用。此外,蜂蜜中的葡萄糖氧化酶一旦遇上伤口流体,会缓慢而不间断地释放出具有抗菌作用的过氧化氢。由于抗生素广泛的耐药性和社区疾病中耐甲氧西林金黄色葡萄球菌感染发生率的提高,治疗慢性伤口耐甲氧西林金黄色葡萄球菌感染变得更为困难,蜂蜜敷料作为非抗生素类的治疗药物已成为慢性感染性伤口处理的有效手段,浸透蜂蜜的敷料已成功应用于临床伤口护理。

4.3.3　过氧化氢和臭氧

过氧化氢的化学式为 H_2O_2,其水溶液俗称双氧水,是一种外观为无色透明液体的强氧化剂。双氧水的用途分医用、军用和工业用三种,其中日常消毒用的是医用双氧水,可杀灭肠道致病菌、化脓性球菌、致病酵母菌等微生物。双氧水具有氧化作用,医用时的浓度等于或低于 3%,擦拭到创面会有灼烧感并使皮肤表面氧化成白色,用清水清洗 3~5min 后可以恢复原来的肤色。

与过氧化氢相似,臭氧也是一种强氧化剂。感染的创面接触到臭氧时产生大量活性氧和氧自由基,并通过其氧化作用导致细胞膜中不饱和脂肪酸结构改变,引起细胞损伤,达到消灭细菌的作用。临床上将臭氧溶于纯水后就能生成臭氧水溶液,浓度超过 4mg/L 时即可进行刀伤、擦伤、烫伤、蚊虫叮伤后的创面消毒,浓度超过 6mg/L 时可作为消毒剂治疗各类细菌、真菌、病毒引发的妇科病、肛肠病、性病、皮肤病等疾病。臭氧疗法对外科及皮肤科各种病症都有良好的治愈作用,研究表明臭氧是一种广谱杀菌剂,短时间内可有效杀灭大肠杆菌、蜡杆菌、巨杆菌、痢疾杆菌、伤寒杆菌、流脑双球菌、金黄色葡萄球菌、沙门氏菌以及流感病毒、肝炎病毒等多种微生物。

4.3.4 碘化合物

元素周期表 53 号元素碘属于周期系ⅦA 族元素,于 1811 年由法国科学家库特瓦发现。单质碘呈紫黑色晶体,易升华,升华后易凝华,有毒性和腐蚀性,遇淀粉后变蓝紫色,主要用于制药、染料、碘酒、试纸、碘化合物等产品。碘是人体必需微量元素之一,健康成人体内的碘总量为 $20\sim50mg$,国家规定在食盐中添加碘的标准为 $20\sim30mg/kg$。碘在美国南北战争时就被用作为抗菌剂,但是纯碘产品引起伤口疼痛、皮肤刺激与变色。1949 年后聚维酮碘及卡地姆碘等碘化合物的应用使碘在抗菌领域中的应用变得更安全、无疼痛,两者均为碘的复合物,应用在创面上可持续释放出低浓度的碘。碘与蛋白质结合后使半胱氨酸和蛋氨酸中的—SH 基团氧化,与组酪氨酸中的酚、氨基酸中的—NH 基团及脂肪酸中的 C =C 键反应后使细菌细胞膜的结构产生变化,因此对细菌、分枝杆菌、真菌、原生动物、病毒等均具有抑制作用。

4.3.5 原黄素

原黄素的化学名称为 3,6-二氨基吖啶,是一种黄色针状结晶,溶于水和乙醇,不溶于苯和乙醚。原黄素在第二次世界大战中曾被广泛应用于伤口护理,目前主要作为预防剂用于浸泡手术纱布,其与微生物中的 DNA 结合后可以起到嵌合剂的作用,阻止 DNA 的复制及微生物的增长繁殖。

4.3.6 聚六亚甲基双胍盐酸盐

聚六亚甲基双胍盐酸盐是一种高分子阳离子化合物,具有比其他阳离子杀菌剂更好的抗菌性能,其独特的广谱抗菌功效在消费品领域已经有很长的应用历史,可与革兰阳性菌和革兰阴性菌的外壁迅速结合,也可以结合到胞质膜以及细胞壁中的肽聚糖和脂多糖,产生优良的抗菌功效。

4.3.7 葡萄糖氧化酶和乳过氧化物酶

美国 Crawford Healthcare 公司生产的 Flaminal 水凝胶含有葡萄糖氧化酶和乳过氧化物酶作为抗菌成分,其中乳过氧化物酶是一种从牛奶中提取的酶,被证明对革兰阳性菌具有抑菌作用,在过氧化氢和硫氰酸盐存在时对革兰阴性菌有杀菌作用。过氧化物酶存在于牛奶以及唾液、眼泪、肠道分泌物、宫颈黏液、甲状腺等外分泌腺,在与葡萄糖氧化酶结合后可以提供一种与人体白细胞类似的安全广谱的抗菌保障。

4.3.8　银化合物

金属银及银的各种化合物均具有广谱抗菌性能,可以起到抑制微生物生长繁殖和杀死微生物的作用。目前市场上有很多种类的银离子抗菌剂,其作用机理包括以下几个方面:

4.3.8.1　干扰细胞壁的合成

细菌细胞壁的重要组分为肽聚糖,银离子抗菌剂通过抑制多糖链与四肽交联而使细胞壁失去完整性,影响其对渗透压的保护作用,使菌体损害后死亡。

4.3.8.2　损伤细胞膜

细胞膜是细菌细胞生命活动的重要组成部分,银离子通过使细胞膜受损伤、破坏,导致细菌死亡。

4.3.8.3　抑制蛋白质的合成

银离子使蛋白质的合成过程变更、停止而使细菌死亡。

4.3.8.4　干扰核酸的合成

银离子通过阻碍 DNA、RNA 等遗传信息的复制,抑制细菌的生长繁殖。

水体中的微生物对银离子有吸附作用,随着生物富集作用的进行,吸附银离子的微生物中起呼吸作用的酶失去功效,使其迅速死亡。银离子的杀菌能力特别强,每升水中只要含亿万分之二毫克的银离子,即可杀死水中大部分细菌。正是由于银的杀菌能力很强,对人畜无任何伤害,目前世界上超过半数的航空公司已使用银制滤水器,许多国家的游泳池也用银净化,净化后的水不会像使用化学药品净化的水那样刺激游泳者的眼睛和皮肤。银离子抗菌剂也被应用于纺织面料的抗菌整理。

4.4　抗菌医用敷料的主要类别

微生物感染严重影响伤口的愈合,在医用敷料中合理添加抗菌剂可以使伤口上的微生物得到有效控制,为创面愈合提供一个更为理想的环境。应该指出的是,具有抗菌性能的医用敷料是抗菌剂与医用敷料的有效结合,其中载体材料对创面提供的保护、吸湿、低黏性等功能与抗菌剂提供的抑菌、杀菌作用同样重要。通过不同结构和性能的抗菌剂与载体材料的组合,医用卫生材料领域开发出多种抗菌医用敷料,包括以下几个主要类别。

4.4.1 抗菌霜剂和药膏

抗菌剂与合适的增稠剂或胶凝剂结合后可以制备具有抗菌作用的霜剂和药膏,例如含5%和10%聚维酮碘的溶液或凝胶可以有效抑制MRSA的增长繁殖。银离子也可以与水凝胶结合后制备具有抗菌作用的无定型水凝胶,应用在创面上可以在提供一个湿润愈合环境的同时,有效抑制细菌增长。

4.4.2 用抗菌剂浸泡的纱布敷料

棉纱布等传统敷料在用含有抗菌剂的溶液浸泡后可以制备具有抗菌性能的医用敷料,例如传统的石蜡纱布一般分为普通型和含抗菌材料的两类产品。Hoechst公司的Sofra-Tulle敷料含有新霉素B抗生素,Smith&Nephew公司的Bactigras敷料含有0.5%的洗必泰醋酸酯。Johnson&Johnson公司的Inadine抗菌敷料是由针织黏胶织物与聚维酮碘和聚乙二醇混合溶液浸泡后制备的,Urgo公司的Urgotul SSD敷料由聚酯网浸泡在含3.75%磺胺嘧啶银的羧甲基纤维素钠、凡士林混合物制成。

4.4.3 含有抗菌涂层的敷料

抗菌剂可以涂覆在载体材料的表面后获得抗菌敷料,例如Smith&Nephew公司的Acticoat敷料是由镀金属银的聚乙烯薄膜与黏胶纤维、聚酯纤维非织造布通过超声波复合后制备的。银通过等离子体喷涂到聚乙烯薄膜的表面后形成微小晶体,在与水分接触后可以持续释放出高浓度的银离子。银也可以通过氧化还原法镀在锦纶表面后通过针织制备敷料,由于纤维具有很高的比表面积,这样得到的产品也可以很快释放出具有很强抗菌作用的银离子。

4.4.4 包埋抗菌剂的纺织纤维

银具有很强的抗菌性能,也是一种有很强氧化性的材料,在与有机物接触时,银离子可以很容易使载体材料氧化变黑。为了保持载体材料白色的外观,市场上出现载银离子的无机盐纳米材料,这些载银颗粒可以与高分子材料在溶液、熔体中混合后制备纤维,使纤维在含有银离子的同时具有白色的外观。美国Milliken公司生产的AlphaSan RC5000是一种含银磷酸锆钠盐,其银含量约为3.8%。由于AlphaSan RC5000的颗粒很细,其可以很均匀地分散在纺丝溶液、熔体中后负载入纤维结构,起到良好的抗菌作用。

4.4.5　抗菌纤维与其他纤维复合后制备敷料

X-Static 镀银纤维是美国 Noble Fiber Technologies 公司开发出的一种表面镀有金属银的锦纶,其采用对人体毒性低、导电率高、抗菌性能优异的金属银作为抗菌剂,具有抗菌消炎、促进血液循环、调节体温、强力除臭、抗静电、医疗保健、防辐射、电磁屏蔽等普通纤维不具备的性能,在功能纺织品中得到广泛应用。美国 Johnson&Johnson 公司把 X-Static 镀银纤维与海藻酸盐纤维混合后制备敷料,生产的 Silvercel 敷料结合了银的广谱抗菌性能和海藻酸盐纤维的高吸湿性。在这种复合材料中,X-Static 纤维具有抗菌、防臭、调节温度的功能,而海藻酸盐纤维则在与伤口渗出液接触后形成水凝胶体,为创面提供一个良好的愈合环境。

4.4.6　其他产品

抗菌材料也可以通过其他方法结合进入医用敷料的结构中。Johnson&Johnson 公司的 Actisorb Silver 220 含银医用敷料把经硝酸银水溶液处理后的黏胶纤维碳化后得到含银活性炭织物,然后把该织物包埋在一个由纺粘锦纶非织造布制备的外套中,这样得到的敷料结合了活性炭的除臭功能、银离子的抗菌性以及锦纶非织造布的低黏性,在护理烧伤创面时有很好的疗效。Convatec 公司生产的 Aquacel Ag 把纤维素纤维羧甲基化处理后在纤维的结构中加入具有亲水性能的羧酸钠基团,然后与硝酸银水溶液处理后在纤维上负载银离子,该敷料具有很高的吸湿性和很强的抗菌性能,适用于渗出液较多的感染伤口。

4.5　小结

皮肤是人体应对外部环境的第一道防线,具有防护、调节体温、排泄、吸收等多种功能。在皮肤损伤后其屏障作用受到破坏的情况下,医用敷料起到保护人体、防止伤口感染的作用。具有抗菌性能的创面用敷料在为伤口提供促进愈合的环境的同时,能有效防止微生物的入侵、降低感染率。在临床使用的各种抗菌材料中,大量研究表明银是一种对人体毒性很低,并且具有优良广谱抗菌性能的材料,在伤口上使用含银医用敷料可以有效控制细菌增长、避免伤口感染和病区内交叉感染,促进伤口愈合。

参考文献

[1]ALTA V, BECHERT T, STEINRUCKE P, et al. An in vitro assessment of the antibacterial properties and cytotoxicity of nanoparticulate silver bone cement[J]. Biomaterials, 2004, 25(18): 4383-4391.

[2]AYTON M. Wound care: wounds that won't heal[J]. Nurs Times, 1985, 81 (46 suppl): 16-19.

[3]BALAMURUGAN A, BALOSSIER G, LAURENT-MAQUIN D, et al. An in vitro biological and anti-bacterial study on a sol-gel derived silver-incorporated bioglass system[J]. Dental materials, 2008, 24(10): 1343-1351.

[4]CARSON C F, COOKSON B D, FARRELLY H D, et al. Susceptibility of methicillin-resistant Staphylococcus aureus to the essential oil of Melaleuca alternifolia[J]. J Antimicrob Chemother, 1995, 35(3): 421-424.

[5]CARSON C F, RILEY T V. Non-antibiotic therapies for infectious diseases [J]. Commun Dis Intell, 2003, 27(Suppl): 143-146.

[6]CHARLEY R C, BULL A T. Bioaccumulation of silver by a multispecies population of bacteria[J]. Arch Microbiol, 1979, 123: 239-244.

[7]CHEN W, LIU Y, COURTNEY H S, et al. In vitro anti-bacterial and biological properties of magnetron co-sputtered silver-containing hydroxyapatite coating[J]. Biomaterials, 2006, 27(32): 5512-5517.

[8]CHEN W, OH S, ONG A P, et al. Antibacterialand osteogenic properties of silver-containing hydroxyapatite coatings produced using a sol gel process[J]. J Biomed Mater Res, 2007, 82(4): 899-906.

[9]CHEN Y, ZHENG X, XIE Y, et al. Anti-bacterial and cytotoxic properties of plasma sprayed silver-containing HA coatings[J]. J Mater Sci Mater Med, 2008, 19 (12): 3603-3609.

[10]CHUNG R J, HSIEH M F, HUANG C W, et al. Antimicrobial effects and human gingival biocompatibility of hydroxyapatite sol-gel coatings[J]. J Biomed Mater Res B Appl Biomater, 2006, 76(1): 169-178.

[11]DEMLING R H, DISANTI L. Effects of silver on wound management[J]. Wounds, 2001, 13: (Suppl A), 5-15.

[12]FALANGA V, GRINNELL F, GILCHREST B, et al. Workshop on the path-

ogenesis of chronic wounds[J]. J Invest Dermatol, 1994, 102(1): 125-127.

[13]FENG Q L, WU J, CHEN G Q, et al. A mechanistic study of the antibacterial effect of silver ions on Escherischia coli and Staphylococcus aureus[J]. J Biomed Mat Res, 2000, 52: 662-668.

[14]FONG J, WOOD F. Nanocrystalline silver dressings in wound management: a review[J]. Int J Nanomedicine, 2006, 1(4): 441-449.

[15]FOX C. Topical therapy and the development of silver sulphadiazine[J]. Surg Gynecol Obstet, 1968, 157: 82-88.

[16]GOLDENHEIM P D. In vitro efficacy of povidone-iodine solution and cream against methicillin-resistant Staphylococcus aureus[J]. Postgrad Med J, 1993, 69 (Suppl 3): S62-S65.

[17]GOTTARDI W. Iodine and iodine compounds. In: Block S, editor. Disinfectants, Sterilisation and Preservations (3rd edition)[M]. Philadelphia: Lea Febinger, 1983.

[18]HALCON L, MILKUS K. Staphylococcus aureus and wounds: a review of tea tree oil as a promising antimicrobial[J]. Am J Infect Control, 2004, 32(7): 402-408.

[19]HUTCHINSON J J, LAWRENCE J C. Wound infection under occlusive dressings[J]. J Hosp Infect, 1991, 17(2): 83-94.

[20]KAEHN K. An in-vitro model to evaluate the efficiency of wound rinsing solutions in removing adherent, hydrophobic, denatured proteins[J]. J Wound Care, 2009, 18(6): 229-236.

[21]KAWASHITA M, TSUNEYAMA S, MIYAJI F, et al. Antibacterial silver-containing silica glass prepared by sol-gel method[J]. Biomaterials, 2000, 21(4): 393-398.

[22]KINGSLEY A. A proactive approach to wound infection[J]. Nurs Stand, 2001, 15(30): 50-54.

[23]KLASEN H J. Historical review of the use of silver in the treatment of burns. I. Early uses[J]. Burns, 2000, 26: 117-130.

[24]KLASEN H J. A historical review of the use of silver in the treatment of burns. II. Renewed interest for silver[J]. Burns, 2000, 26: 131-138.

[25]KLINGE B, HULTIN M, BERGLUNDH T. Peri-implantitis[J]. Dent Clin North Am, 2005, 9(3): 61-76.

[26]LANSDOWN A B G. Physiological and toxicological changes in the skin re-

sulting from the action and interaction of metal ions[J]. CRC Crit Rev Toxicol, 1995, 25: 397-462.

[27]LANSDOWN A B, WILLIAMS A. How safe is silver in wound care? [J]. J Wound Care, 2004, 13(4): 131-136.

[28]LANSDOWN A B G, WILLIAMS A, CHANDLER S. et al. Silver absorption and antibacterial efficacy of silver dressings [J]. J Wound Care, 2005, 14 (4): 155-160.

[29]LI B, LIU X, CAO C, et al. Biological and antibacterial properties of plasma sprayed wollastonite/silver coatings[J]. J Biomed Mater Res B Appl Biomater, 2009, 91(2): 596-603.

[30]LJUNGH A, YANAGISAWA N, WADSTROM T. Using the principle of hydrophobic interaction to bind and remove wound bacteria[J]. J Wound Care, 2006, 15 (4): 175-180.

[31]MCDONNELL G, RUSSELL A D. Antiseptics and disinfectants: activity, action, and resistance[J]. Clin Microbiol Rev, 1999, 12(1): 147-179.

[32]MEAUME S, SENET P, DUMAS R. Urgotul: a novel non-adherent lipido-colloid dressing[J]. Br J Nurs, 2002, 11: 42-50.

[33]MIOLA M, FERRARIS S, DI NUNZIO S, et al. Surface silver-doping of biocompatible glasses to induce antibacterial properties. Part II: Plasma sprayed glass-coatings[J]. J Mater Sci Mater Med, 2009, 20(3): 741-749.

[34]MITCHELL G A G, BUTTLE G A H. Proflavine in closed wounds[J]. Lancet, 1943, ii: 749.

[35]MODAK S M, FOX C L. Binding of silver sulfadiazine to the cellular components of Pseudomonas aeruginosa [J]. Biochemical Pharmacology, 1973, 22: 2391-2404.

[36]MOLAN P C. The role of honey in the management of wounds[J]. J Wound Care, 1999, 8(8): 415-418.

[37]MOLAN P C. The antibacterial activity of honey. Part 1. Its use in modern medicine[J]. Bee World, 1992, 80(2): 5-28.

[38]MOORE O A, SMITH L A, CAMPBELL F, et al. Systematic review of the use of honey as a wound dressing[J]. BMC Complement Altern Med, 2001, 1(1): 2.

[39] NATIONAL AUDIT OFFICE. The management and control of hospital acquired infection in acute NHS trusts in England [M]. London: Stationery

Office, 2000.

[40]NATIONAL AUDIT OFFICE. Improving patient care by reducing the risk of hospital acquired infection: a progress report[M]. London: Stationery Office, 2004.

[41]NODA I, MIYAJI F, ANDO Y, et al. Development of novel thermal sprayed antibacterial coating and evaluation of release properties of silver ions[J]. J Biomed Mater Res B Appl Biomater, 2009, 89B(2): 456-465.

[42]OVINGTON L G. Nanocrystalline silver: where the old and familiar meets a new frontier[J]. Wounds, 2001, 13 (suppl B): 5-10.

[43]RAHN R O, SETKIW J K, LANDRY L C. Ultraviolet irradiation of nucleic acids complexed with heavy metals. Ⅲ Influence of Ag^+ and Hg^+ on the sensitivity of phage and of transforming DNA to ultraviolet radiation[J]. Photochem Photobiol, 1973, 18: 39-41.

[44]RUSSELL A D. Introduction of biocides into clinical practice and the impact on antibiotic-resistant bacteria[J]. J Appl Microbiol, 2002, 92(Suppl): 121S-135S.

[45]QIN Y. Medical Textile Materials[M]. Cambridge: Woodhead Publishing, 2016.

[46]QUIRYNEN M, VOGELS R, PEETERS W, et al. Dynamics of initial subgingival colonization of 'pristine' peri-implant pockets[J]. Clin Oral Implants Res, 2006, 7(1): 5-37.

[47]SAJI M. Effect of gentiana violet against methicillin-resistant Staphylococcus aureus (MRSA)[J]. Kansenshogaku Zasshi, 1992, 66(7): 914-922.

[48]SHIMAZAKI T, MIYAMOTO H, ANDO Y, et al. In vivo antibacterial and silver-releasing properties of novel thermal sprayed silver-containing hydroxyapatite coating[J]. J Biomed Mater Res B Appl Biomater, 2009, 92(2): 386-389.

[49] SHIRKHANZADEH M, AZADEGAN M, LIU G Q. Bioactive delivery systems for the slow release of antibiotics: incorporation of Ag^+ ions into micro-porous hydroxyapatite coatings[J]. Materials Letters, 1995, 24(3): 7-12.

[50] SONG W H, RYU H S, HONG S H. Antibacterial properties of Ag containing calcium phosphate coatings formed by micro-arc oxidation[J]. J Biomed Mater Res A, 2009, 88(1): 246-254.

[51]SPECK W T, ROSENKRANZ H S. Letter: Activity of silver sulphadiazine against dermatophytes[J]. Lancet, 1974, 2(7885): 895-896.

[52]STOBIE N, DUFFY B, MCCORMACK D E, et al. Prevention of Staphylo-

coccus epidermidis biofilm formation using a low-temperature processed silver-doped phenyltriethoxysilane sol-gel coating[J]. Biomaterials, 2008, 29(8): 963-969.

[53]SUSKA F, SVENSSON S, JOHANSSON A, et al. In vivo evaluation of noble metal coatings[J]. J Biomed Mater Res B Appl Biomater, 2010, 92(1): 86-94.

[54]SUSSMAN G. Innovations in topical antimicrobials[J]. Wounds International, 2013, 4(1): 12-14.

[55]THOMAS S, MCCUBBIN P. A comparison of the antimicrobial effects of four silver-containing dressings on three organisms[J]. J Wound Care, 2003, 12(3): 101-107.

[56]THOMAS S, MCCUBBIN P. An in vitro analysis of the antimicrobial properties of 10 silver-containing dressings[J]. J Wound Care, 2003, 12(8): 305-308.

[57]TONETTI M S. Determination of the success and failure of root-form osseointegrated dental implants[J]. Adv Dent Res, 1999, 3: 73-80.

[58]TREVORS J T. Silver resistance and accumulation in bacteria[J]. Enzyme Microb Technol, 1987, 9: 331-333.

[59] VAIDYANATHAN R, KALISHWARALAL K, GOPALRAM S, et al. Nanosilver-the burgeoning therapeutic molecule and its green synthesis[J]. Biotechnology Advances, 2009, 7(6): 924-937.

[60]WELLS T N, SCULLY P, PARAVICINI G, et al. Mechanisms of irreversible inactivation of phosphomannose isomerases by silver ions and flamazine[J]. Biochemistry, 1995, 34: 7896-7903.

[61]WHITE R. Flaminal: a novel approach to wound bioburden control[J]. Wounds UK, 2006, 2(3): 64-69.

[62]WLODKOWSKI T J, ROSENKRANZ H S. Antifungal activity of silver sulphadiazine[J]. Lancet, 1973, 2(7831): 739-740.

[63]WRIGHT J B, LAM K, BURRELL R E. Wound management in an era of increasing bacterial antibiotic resistance: a role for topical silver treatment[J]. Am J Infect Control, 1998, 26: 572-577.

[64]WRIGHT J B, LAM K, HANSEN D, et al. Efficacy of topical silver against fungal burn wound pathogens[J]. Am J Infect Control, 1999, 27: 344-350.

[65]YAM T S, HAMILTON-MILLER J M, SHAH S. The effect of a component of tea (Camellia sinensis) on methicillin resistance, PBP2′ synthesis, and beta-lactamase production in Staphylococcus aureus[J]. J Antimicrob Chemother, 1998, 42(2):

211-216.

[66]YIN H Q, LANGFORD R, BURRELL R E. Comparative evaluation of the antimicrobial activity of ACTICOAT antimicrobial barrier dressing[J]. J Burn Care Rehabil, 1999, 20: 195-200.

[67]ZHANG W, LUO Y, WANG H, et al. Ag and Ag/N$_2$ plasma modification of polyethylene for the enhancement of antibacterial properties and cell growth/proliferation [J]. Acta Biomater, 2008, 4(6): 2028-2036.

[68]朱梓园,张富强,郑学斌. 钛种植体载银抗菌羟基磷灰石涂层的制备与结构特征[J]. 上海口腔医学, 2006, 15(5): 543-546.

[69]阮洪江,刘俊建,范存义,等. 载银羟基磷灰石抗菌涂层体外抗菌性能及生物相容性研究[J]. 中国修复重建外科杂志,2009,23(2): 226-229.

[70]王玉琛,王家伟. 等离子喷涂 HA 涂层种植体的长期稳定性[J]. 中国口腔种植学杂志,2009,14: 41-44.

[71]耿志旺,王卉,林昌健. 电化学沉积含纳米银羟基磷灰石涂层及抗菌性能研究[J]. 电化学,2008,14(3): 243-247.

[72]胡燕,彭冰清,赵书云,等. 载银羟基磷灰石的制备及抗菌性能[J]. 2007, 43(2): 163-165.

[73]卢志华,孙康宁. 载银羟基磷灰石的制备与表征[J]. 稀有金属材料与工程, 2009, 38(1): 56-60.

[74]车炳坤,刘彩怡,龙峰.甲壳胺体外抑菌活性试验研究[J].中国公共卫生, 2000,16(3):212-213.

[75]宋献周,沈月新.不同平均分子量的 α-壳聚糖的抑菌作用[J].上海水产大学学报,2000,9(2):138-141.

[76]郑莲英,朱江峰,孙昆山.不同分子量壳聚糖的抗菌性能研究[C].第二届甲壳素化学与应用研讨会论文集.武汉:中国化学会,1999,311-315.

[77]杨冬芝,刘晓非,李治.壳聚糖抗菌活性的影响因素[J].应用化学, 2000, 17(6):601.

[78]诸葛毅,胡炜,祝进,等. 天然蜂蜜的抗菌机制研究与临床应用进展[J]. 中草药,2009,40(增刊): 61-63.

[79]张威,王雪山,徐业凯,等. 臭氧对感染创面治疗的探讨[J]. 医学信息, 2011,(5): 2013.

[80]丁明超. 种植体表面制备载银涂层的方法[J]. 中国口腔种植学杂志, 2011, 16(2): 139-143.

[81]杨嫚,武全莹.银离子藻酸盐抗菌敷料用于血液病患者 PICC 置管的效果观察[J].中华现代护理杂志,2014,20(11):1345-1347.

[82]郭春兰,席祖洋,王平,等.银离子藻酸盐敷料联合抗生素对糖尿病肢端感染的疗效[J].上海护理,2019,19(1):28-31.

[83]赵静静.对用银离子藻酸盐敷料进行治疗的下肢溃疡患者实施综合护理的效果研究[J].当代医药论丛,2016,14(16):174-175.

[84]黄锐娜,黄锐佳,牛彩丽,等.银离子敷料治疗糖尿病足溃疡疗效的 Meta 分析[J].中国组织工程研究,2019,23(2):323-328.

[85]秦益民.含银医用敷料的抗菌性能及生物活性[J].纺织学报,2006,27(11):113-116.

[86]秦益民.在医用敷料中添加银离子的方法[J].纺织学报,2006,27(12):109-112.

[87]秦益民.银离子的释放及敷料的抗菌性能[J].纺织学报,2007,28(1):120-123.

[88]秦益民.含银海藻酸纤维的制备方法和性能[J].纺织学报,2007,28(2):126-128.

[89]秦益民.功能性医用敷料[M].北京:中国纺织出版社,2007.

[90]秦益民,陈洁.海藻酸纤维吸附及释放锌离子的性能[J].纺织学报,2011,32(1):16-19.

[91]秦益民,蔡丽玲,朱长俊.海藻酸锌纤维的抗菌性能[J].纺织学报,2011,32(2):18-20.

[92]秦益民.含银海藻酸盐医用敷料的临床应用[J].纺织学报,2020,41(9):183-190.

第 5 章　银及纳米银的性能

5.1　引言

银是一种亮白色金属,与金、铂等元素一起被称为贵金属。因为在空气中不易被氧化,可以保持原有的色泽,加上产量少,银被广泛应用于精美饰品的制作。公元前 3000 年,西南亚一带的两河流域文明已经有银制的器皿,此后银在古罗马、古代中国及其他文明古国都有广泛应用。15～16 世纪欧洲人发现新大陆后,英国人从北美运回大量的贵金属,使当时的英国成为银器的重镇。同一时期的西班牙既有本国生产的白银又有从南美的墨西哥、玻利维亚、秘鲁等殖民地运回的数量庞大的银沙矿,使其占据银器市场的重要一席。到 20 世纪,意大利成为世界银制品制造业的领导者,20 世纪 90 年代意大利平均每年加工上千吨白银,其中约有 60%用于出口。

金属银在自然界以矿块和晶粒形的块状存在,也可能呈生硬的树枝状集合体。大部分银是开采铅矿的副产品,银也经常与铜伴生。世界上银的主要开采地在南美洲、美国、澳洲和苏联等地,其中最大的产银国为墨西哥,产状为缠绕金属丝状的上品天然银产于挪威的康斯堡。刚出土或新近抛光的银特别明亮,闪耀着银白色的金属光泽,但暴露在空气中后很快产生一层黑色的氧化物,使其表面失去光泽。

纯银的硬度不高,很难以纯质形式制作珠宝,通常与其他金属合铸或在其表面覆以黄金。古希腊时代起一直被人们使用的洋银是金与银的合金,含 20%～25%银。目前使用的标准银含 92.5%的纯银,加入 7.5%其他金属后得到的合金被称为925 银,是制作银饰品的国际标准银。925 银与 9.999 银有所不同,因为 9.999 银的纯度比较高,非常柔软,难以做成复杂多样的饰品。925 银中加入的铜等金属元素使银的光泽、亮度和硬度都有所改善。自 1851 年蒂芬妮推出第一套含银量925‰的银饰品后,925 银便开始流行,目前市场上的银饰品都以 925 作为鉴定是否为纯银的标准。

日常生活中除了银首饰、银餐具、银圆等常见的银制品,银也是制作导线、导电糊和触点的原料,在照相纸中卤化银被广泛用于制作胶卷。银的另一个重要用途是作为抗菌剂用于杀灭细菌、真菌和霉菌。银离子、可溶性银化合物、含银的离子交换剂、比表面极大的胶态银、纳米银等均可应用于各种形式的抗菌剂和抗菌材料。现代药典先后收载过硝酸银、蛋白银、砂炭银、磺胺嘧啶银四个含银药物,分别用于眼结膜炎、淋病、膀胱炎、痢疾、肠炎、烧伤等疾病的治疗。除了治疗疾病,活性银离子制剂也被用于消毒灭菌。用镀银纤维制作的银丝袜子可以通过抑制菌类的繁殖起到防治脚癣和臭脚的作用。国际上许多药物科研机构对活性银离子能够快速、持久杀灭细菌和病毒的性能表现出极大的兴趣,已经投入大量资金研究和开发含银抗菌制品。

5.2 银的基本特性

银的英文名称为 Silver,意为白色光辉,而银元素的代号 Ag 来自拉丁语的 Argentum,意指灰色闪亮的物质。由拉丁语衍生出的法语和意大利语中银的名称分别为 Argent 及 Argento。银在元素周期表中是第 47 个元素,是一种柔软、白色带光泽、导电性很强的过渡金属元素,其导电系数在所有金属中是最高的。自然界中银以纯净的状态存在,也与金等其他元素以合金的形式存在,或者在辉银矿和角银矿中以矿物质的形态存在。大多数银是提炼铜、金、铅、锌等金属时得到的副产品。表 5-1 显示了银的基本属性。

表 5-1　银的基本属性

指标	性能
氧化态	1, 2, 3(两性氧化物)
电离能/$(kJ \cdot mol^{-1})$	第一电离能: 731.0 第二电离能: 2070 第三电离能: 3361
原子半径/pm	144
共价半径/ pm	145±5
范德华半径/ pm	172
导热系数/$(W \cdot m^{-1} \cdot K^{-1})$	429
晶体类型	面心立方
原子量/$(g \cdot mol^{-1})$	107.8682

银是一种具有特殊性能的金属元素,其与纤维材料结合后可以产生许多优良的性能,如抗静电、除臭、促进血液循环、调节体温、防辐射、抗菌等。

5.2.1　抗静电

由于摩擦产生静电,聚酯类纤维、聚酰胺类纤维、聚烯烃纤维等在使用过程中产生吸尘、放电等现象。银有很高的导电性,在纤维中加入少量的银即可迅速消除摩擦产生的静电,使纤维制品更具舒适感。

5.2.2　除臭

袜子、内衣等与人体密切接触的纺织品在细菌作用下很容易产生臭味,从人体上脱落的蛋白质的质变也会在衣服、袜子等纺织品上产生臭味。含银纤维通过抑制细菌活性可以降低臭味的产生。

5.2.3　促进血液循环

当电流穿过传导媒介物时,会自然产生一个磁场。基于这个原理,当身体传导出的电流分布流动在含银纤维上时,也会在身体局部形成一个磁场。肢体运动尤其是脚底走动摩擦所产生的许多静电,在通过高导电的含银纤维时被转化为磁场,一方面消除静电带给人体的紧张感,另一方面磁力会推动因受地心引力作用集中于足部的血液。长途飞行时穿含银纤维袜子不会产生脚部浮肿,长时间走动后不产生疲劳。试验结果显示,穿含银纤维袜子有类似接受针灸的效果。

5.2.4　调节体温

人体对体温的调节主要依靠两种方法,即毛细孔张开使汗流蒸发后散除多余的热能以及通过传导或对流将人体中的热能自皮肤输送到外部环境中。金属银是地球上导热系数最高的元素之一,在炎热的夏天,含银纤维能迅速将皮肤上的热量通过传导散发,降低体温。在寒冷的冬天,含银纤维能把人体辐射的能量储存或反射回身体,起到保温作用。

5.2.5　防辐射

由于含银纤维可以非常快速且有效地把电传导出去,防止人体受到电击,它可以保护人体免受电磁波侵害。在 0.1MHz～20GHz 的电磁频率内,含银纤维具有很好的屏蔽功能。孕妇穿着含银纤维的服装可以保护腹中胎儿免受电磁波污染。

5.2.6　抗菌

银具有抵抗微生物的性能,含银纤维具有自然、安全、持久的抗菌、抗霉功效,可以有效抑制纺织品中产生臭味的细菌和真菌的生长。

5.3　银化合物

作为一种金属,银在纯净的空气和水中很稳定,但是在与含臭氧或硫化氢的水或空气接触后产生化学反应而变色。银有三个价态,一价银中最典型的是 $AgNO_3$。二价银不稳定,但是也可以存在,如 AgF_2。三价银比较罕见,但也存在,如 $K[AgF_4]$。

金属银与硝酸反应后得到的 $AgNO_3$ 是一种水溶性化合物,可应用于许多领域。金属银与硫酸不发生反应,但是与硫或 H_2S 反应后生成黑色的硫化银。银与硝酸和 H_2S 的反应分别如下:

$$3Ag+4HNO_3 \longrightarrow 3AgNO_3+2H_2O+NO\uparrow$$

$$4Ag+O_2+2H_2S \longrightarrow 2Ag_2S+2H_2O$$

氯化银是硝酸银水溶液与氯离子接触后得到的产物。与此类似,硝酸银与碘或溴离子接触后得到碘化银或溴化银,前者用于人工降雨,后者用于照相底片。硝酸银与碱反应后可以得到氧化银 Ag_2O,硝酸银与碳酸钠反应后可以得到碳酸银 Ag_2CO_3。

$$2AgNO_3+2OH^- \longrightarrow Ag_2O+H_2O+2NO_3^-$$

$$2AgNO_3+Na_2CO_3 \longrightarrow Ag_2CO_3+2NaNO_3$$

硝酸银与铜反应后可以还原出金属银:

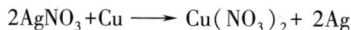

$$2AgNO_3+Cu \longrightarrow Cu(NO_3)_2+2Ag$$

受热时,硝酸银也可以分解出金属银:

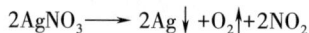

$$2AgNO_3 \longrightarrow 2Ag\downarrow+O_2\uparrow+2NO_2$$

硝酸银是少数的水溶性银化合物,绝大多数银化合物难溶于水和有机溶剂。表5-2显示了常见银化合物在水中的溶解系数。

表5-2　常见的银化合物的溶解系数

化合物	分子式	溶解系数 K_{sp}(25℃)
硝酸银(silver nitrate)	$AgNO_3$	51.6
醋酸银(silver acetate)	CH_3COOAg	1.94×10^{-3}

续表

化合物	分子式	溶解系数 K_{sp}(25℃)
砷酸银(silver arsenate)	Ag_3AsO_4	$1.03×10^{-22}$
溴酸银(silver bromate)	$AgBrO_3$	$5.38×10^{-5}$
溴化银(silver bromide)	$AgBr$	$5.35×10^{-13}$
碳酸银(silver carbonate)	Ag_2CO_3	$8.46×10^{-12}$
氯化银(silver chloride)	$AgCl$	$1.77×10^{-10}$
铬酸银(silver chromate)	Ag_2CrO_4	$1.12×10^{-12}$
氰化银(silver cyanide)	$AgCN$	$5.97×10^{-17}$
碘酸银(silver iodate)	$AgIO_3$	$3.17×10^{-8}$
碘化银(silver iodide)	AgI	$8.52×10^{-17}$
草酸银(silver oxalate)	$Ag_2C_2O_4$	$5.40×10^{-12}$
磷酸银(silver phosphate)	Ag_3PO_4	$8.89×10^{-17}$
硫酸银(silver sulfate)	Ag_2SO_4	$1.20×10^{-5}$
亚硫酸银(silver sulfite)	Ag_2SO_3	$1.50×10^{-14}$
硫化银(silver sulfide)	Ag_2S	$8×10^{-51}$
硫氰酸银(silver thiocyanate)	$AgSCN$	$1.03×10^{-12}$

银离子的化学性质比较活泼,对光和热较敏感,特别是经紫外线长时间照射后会还原成黑色的单质银,从而影响白色或浅色制品的外观。研究表明,用银络合离子替代银离子,或者使用变色抑制剂可以解决这一问题。Zn^{2+}、Al^{3+} 等不会变色的金属离子与银离子复合也可以起到抑制银变色的作用,同时还可以降低成本。

在与体液接触时,银离子与人体中的氯离子反应后生成氯化银沉淀。氯化银的光反应活性强,在可见光照射下其中的银离子被还原成褐色的非离子化的金属银,其反应机理如图 5-1 所示。

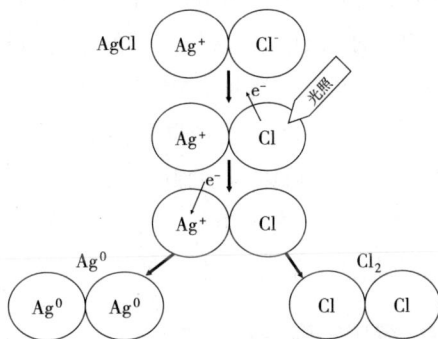

图 5-1　氯化银在光照后的分解步骤

5.4　银的抗菌性能

银有很强的广谱抗菌性能。从生物化学的角度看,在与细菌接触后,银离子可以与细菌细胞中酶蛋白上的活性巯基—SH 发生以下所示的反应,使酶蛋白沉淀而失去活性,病原细菌的呼吸代谢被迫终止,其生长和繁殖得到抑制。

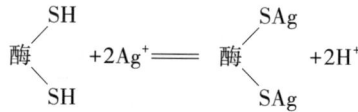

$$\text{酶}\begin{matrix}SH\\SH\end{matrix}+2Ag^+ \Longrightarrow \text{酶}\begin{matrix}SAg\\SAg\end{matrix}+2H^+$$

目前学术界对银离子在细菌细胞的表面吸附及其对细胞膜的破坏已经形成共识。在成分复杂的伤口渗出液中,银的最高含量约为 1mg/mL,高于这个浓度时银离子与渗出液中的氯离子结合成不溶于水的氯化银。由于细菌的细胞膜具有从溶液中富集银离子的作用,银在很低的浓度下即具有抗菌性能。被银离子杀死的细胞内含有 $10^5 \sim 10^7$ 个 Ag^+,与每个细胞内的酶蛋白分子的数量基本相同。有研究采用大肠杆菌和金黄色葡萄球菌为样本,在 $AgNO_3$ 处理后用电子显微镜和 X 射线微区分析方法观察两种细胞在处理后的形态变化。结果显示,处理后两种细菌显示了相似的形态变化,其细胞质膜从细胞壁上脱离,细胞的中间出现一个含浓缩 DNA 分子的区域,该区域的电子密度高。在细胞壁及细胞内也分布着许多小的电子密度高的颗粒,X 射线微区分析显示这些颗粒中含有银及硫。

把经 $AgNO_3$ 处理的细菌与未处理的对照组比较后可以看出,处理过程中 DNA 分子从松散状态变成浓缩状态,细胞内出现许多电子密度高的颗粒,并且发现银存在于浓缩的 DNA 和其他颗粒中。由此得出的结论是银离子使 DNA 变质后失去复制的能力,银与蛋白质中的硫醇反应后使细菌中的蛋白质也失去活性。有研究证明,银离子可以通过与蛋白质中的半胱氨酸结合而使 6-磷酸甘露糖异构酶失去活性。由于 6-磷酸甘露糖异构酶在细菌的细胞壁合成过程中起重要作用,它的破坏使细胞内的磷酸盐、谷氨酰胺以及其他一些重要的氧分流失,因此破坏细菌细胞的繁殖。正因为银可以与细胞中的很多部位结合,它对几乎所有的细菌都有很强的抗菌性能,并且不会产生耐药性。

综合各种文献资料,目前有以下四种与银离子相关的杀菌机理:

5.4.1　静电吸附杀菌

几乎所有细菌的细胞壁和细胞膜都带有负电荷,主要由 CO_3^{2-}、PO_4^{3-}、S^- 等阴离子基团产生,而银离子带有正电荷。由于异性电荷相吸,银离子很容易被各种细菌无选择地吸附后约束细菌的活动,使细菌生存的微环境紊乱失调,从而抑制其呼吸并最终导致细菌死亡。由于这一过程还会使细胞壁和细胞膜发生变形、蛋白质和酶的作用受阻、代谢功能受到破坏,引起物理性穿孔破裂后导致细胞质溢出,这种杀菌方式被称为溶解死亡。

5.4.2　金属溶出杀菌

在使用过程中,含银抗菌材料中的银离子逐渐从材料表面溶出后与细胞接触,依靠静电引力吸附在带有负电荷的细胞壁上,取代细胞膜表面阳离子的位置后与蛋白质或其他阴离子基团结合,使原有的生物功能消失,通过破坏细胞膜的代谢和功能达到抗菌目的。与此同时,细菌表面存在的过剩银离子还能穿透细胞膜渗入细胞与胞体的内部,与其中的蛋白质、核酸等结构中存在的—SH、—NH$_2$等含硫、含氨的官能团反应,使蛋白质凝固并破坏细胞合成酶的活性。由于酶控制着微生物的生化反应,酶的失活引起催化效率降低或催化功能丧失,使其催化的生化反应无法正常进行,导致微生物的能量代谢和物质代谢受阻,微生物正常的繁殖、生长、发育等过程受到严重影响,从而达到抗菌目的。此外,银离子在与细胞内的 DNA 反应后破坏了细胞中呼吸系统、电子传输系统、物质传输系统等一些功能系统的正常活动,妨碍代谢作用的正常进行。这些反应必然会消耗部分银离子,但当菌体失去活性后,银离子又会从菌体中游离出来,重复进行杀菌活动,因此它的抗菌作用可以持续进行。

5.4.3　光催化杀菌

银离子能起到催化活性中心的作用,在光的作用下激活空气或水中的氧,产生的羟基自由基 OH 和活性氧离子 O^{2-}能破坏微生物细胞的增殖能力,抑制或杀灭细菌。组成细菌细胞膜结构的主要成分之一是脂,其中大部分为磷脂,其分子是以磷酸基或磷酸胆碱基为主的极性基团构成脂分子的亲水头部,分布于细胞膜的内外表面,其长链脂肪酸烃基为中性的疏水基团构成脂分子的疏水尾部,分布于膜中心区。脂分子中的脂肪酸烃链的长短和双键的数目直接影响膜的性质,当细菌微生物靠近含银抗菌材料时,银离子催化产生的 O^{2-}和 OH 自由基攻击细菌细胞膜后导致蛋白质二级结构中的螺旋含量发生改变、甘油基骨架的取向发生变化、靠近极性区的 C＝O 基团增多、碳氢链不饱和度降低、膜蛋白二极结构产生损伤等一系列很难恢复、具有不可逆性的损伤,达到抗菌目的。

5.4.4 复合作用杀菌

结合以上几种抗菌机理,国内外众多学者提出了银的复合作用抗菌机理,即银在溶出抗菌的同时,还存在银的光催化抗菌、银的接触抗菌,其中接触抗菌机理与金属溶出抗菌机理大致相似,区别是抗菌剂中的银离子不需要溶出。周贯宇等的研究证实,在无光照条件下,对相同的菌液分别用载银抗菌剂的悬浊液和滤液进行抗菌检测,载银抗菌剂的悬浊液比载银抗菌剂的滤液具有更好的抗菌性能,这说明载银抗菌剂除了金属溶出抗菌外,还存在接触抗菌。同时,对相同的菌液,载银抗菌剂在荧光灯光照条件下的抗菌性能比在无光照条件下的抗菌性能更强,说明载银抗菌剂同时具有一定的光催化抗菌能力。

应该指出的是,尽管人们已经对银的抗菌机理开展了一系列研究,对具体的杀菌或抑菌过程至今尚未彻底了解。这是因为细菌的生存和繁殖需要合适的温度、湿度、酸碱度、压力以及其他物理环境条件,在满足这些条件的情况下单独观察和检测由抗菌银离子引起的细菌基体的生物学改变在技术上是困难的,而在不满足细菌生存条件的情况下所做的观察则无法准确判断细菌死亡的原因。

综上所述,银的抗菌机理主要有静电吸附杀菌、金属溶出杀菌、光催化杀菌和复合作用杀菌,其抗菌机理与抗菌材料的载体种类、细菌结构与成分及银的价态等因素有关。除了银的含量,含银抗菌材料的抗菌性能还取决于载体的组成、银的聚集状态以及细菌摄取抗菌剂中银离子的方式等很多因素。

目前,含银抗菌材料的载体种类很多,包括沸石、玻璃、瓷砖、不锈钢、纤维、海绵、薄膜、凝胶等各种材料,其抗菌机理因为载体的不同而有很大区别。Y型载银沸石的抗菌机理为活性氧抗菌机理,即光催化抗菌机理,在光的作用下载银抗菌剂与水或空气作用后生成活性氧离子和羟基自由基,通过很强的氧化还原能力使有害细菌分解后得以杀灭。A型载银沸石的抗菌机理为银离子缓释抗菌机理,即金属溶出抗菌机理,载银抗菌剂缓慢释放出的银离子通过破坏细胞的细胞膜或细胞原生质活性酶的活性,达到抗菌目的。载银抗菌瓷砖的抗菌机理为金属溶出抗菌机理,并不存在接触抗菌机理和光催化抗菌机理,而载银抗菌玻璃的抗菌机理为金属溶出抗菌、接触抗菌和光催化抗菌组成的复合作用抗菌机理。

载银抗菌剂的抗菌作用机理和菌体细胞的结构与成分有直接关系,不同的抗菌剂对同一种细菌有不同的抗菌作用机理和有效性,而同一种抗菌剂对于不同的细菌也有不同的抗菌作用机理和抑制范围。细菌的基本结构中细胞壁在最外层,它使细胞具有一定的形态且承担着保护菌体的作用。抗菌剂与细菌细胞接触的第一个部位是细胞壁,如果接触后受到损伤,细菌便难以生长,甚至死亡。采用载银抗菌剂处理不同的菌体时,因为细胞壁的厚度和化学成分随细菌种类的不同有很大差异,其抗菌作用也有很大的区别。金黄色葡萄球菌等革兰氏阳性菌的细胞壁中的肽聚糖层厚而且致密,内嵌有磷壁酸,较少甚至没有类脂质、脂多糖和脂蛋白,而大肠杆菌等革兰阴性菌的细胞壁薄而疏松,且由磷脂质、脂多糖及蛋白质形成外膜,因此更容易受到银离子接触后的破坏。

银的抗菌作用机理与自身的价态也有着紧密联系。相对于银单质,高价态银的还原势极高,更易使体系产生原子氧而具有高效抗菌作用,同时高价态银易强烈吸引细菌体内酶蛋白质,并迅速与之结合后使酶丧失活性,导致细菌死亡。

5.5 纳米银及其抗菌机理

纳米是一种计量单位,$1nm = 10^9 m$。氢原子的直径为 0.1nm,一般金属原子的直径为 0.3~0.4nm。纳米技术是指在纳米尺度范围内,通过操纵原子、分子、原子团或分子团使其重新排列组合成新物质的技术,是与一小堆原子或分子相关的技术。1974 年,日本人最早将"纳米"这个尺度术语用到工程技术上后,20 世纪 80 年代以"纳米"命名的材料开始出现,并在此后得到深入的研究和广泛的应用。作为一种材料,纳米颗粒涉及的材料直径在 1~100nm,每个颗粒中包含的原子在 20~15000 个。临床上常见的最小致病细菌的直径在 100nm 左右,是一般纳米颗粒直径的 20 倍以上,根据体积计算公式,细菌的体积是纳米颗粒的 8000 倍以上,因此纳米颗粒可以轻易穿过细胞壁侵入细菌体内。

纳米技术的发展为银抗菌剂的应用提供了新的动力。把金属银加工成纳米银颗粒后,由于其直径极其微小,银与细菌的有效接触面积大大增加。1g 球状银的表面积约为 $10.6cm^2$,而 1mg 纳米银颗粒的比表面积可以达到 $100m^2$ 以上,具有超强的活性和组织渗透性,其杀菌作用是普通银的成百上千倍。当纳米银颗粒的直径在 2~5nm 时,银达到原子状态,其界面效应、量子效应变得很明显,物质显得异常活跃、活性得到大幅提高,具有传统无机抗菌剂无法比拟的抗菌效果,使银所具有的强效消毒杀菌功能有质的飞跃。

纳米银的原子排列表面为介于固体和分子之间的"介态",活性极强的纳米银微粒具备超强的抗菌能力,可杀死细菌、真菌、支原体、衣原体等致病微生物。有关纳米银杀菌作用的机制,多数学者认为超细状态的银由于其表面积极大,遇水或在水溶液中发生反应后形成银离子,所以纳米银的杀菌作用主要与银离子有关。通常纳米银颗粒的直径在 10~100nm,凭借其独特的小尺寸效应和表面效应可以轻易进入病原体,与菌体的酶蛋白质中的巯基—SH迅速结合,使一些以此为必要基团的酶失去活力后使致病菌不能代谢而死亡,起到杀菌作用。此外,纳米银粒子还有止痛作用,其作用机理主要与银粒子阻断疼痛的传导、减少致痛物质的释放有关。

纳米银与银离子在发挥其生物活性时必须以溶液形式存在。水溶性的 Ag^+ 存在于硝酸银、磺胺嘧啶银和其他银离子化合物中,而纳米银提供 AgO 形式的银。AgO存在于金属或晶体中以不带电荷的形式存在,在溶液中它以亚晶体的形式存在,小于8个原子的大小。硝酸银、磺胺嘧啶银等释放出的银离子除了与细菌的一些成分结合外,也与血浆中的蛋白质结合或与 Cl^- 反应而沉淀,导致其抗菌能力下降。与银离子相比,纳米银大部分不与卤化物结合,在有机物质中灭活的速度大幅降低,有效银相对更多。

在使用过程中,纳米银中的银离子和银原子均可从其表面溶出后发挥抗菌作用。银原子的杀菌过程是通过与细胞膜作用使其失去正常传输介质的能力,最终导致细菌死亡。纳米银可产生自由基后直接破坏细胞膜或使细菌发生质壁分离,阻碍细胞壁的正常合成而导致细菌死亡。在伤口护理中,银离子与活性银的有效结合可为创面持续提供一定浓度的动态活性银。

综合各种文献资料,纳米银的抗菌机理主要包括以下两个方面:

一是接触反应。研究发现,99%以上的有害菌是单细胞体,必须依靠氧代谢酶的氧化作用进行呼吸,而氧代谢酶的氧化过程是从中性粒子中夺取一个电子的过程。当纳米银微粒靠近病菌时,由于库仑引力,纳米银微粒会吸附在细菌表面并进入细菌体内,细菌的氧代谢酶会夺取纳米银微粒中的一个电子,使纳米银微粒变成带正电荷的银离子,随后带正电荷的银离子与细菌蛋白酶中带负电荷的巯基发生反应,使蛋白酶因巯基的丧失而迅速失去活性,导致细菌无法进行分裂繁殖而被杀灭。当菌体失去活性后,银离子又会从菌体中游离出来,重复进行杀菌活动,因此其抗菌效果持久。由于银在纳米化后其粒径控制在一定范围内,表面活性大幅增强,极大提高了还原势及氧化能力,同时也大幅增加其对病原微生物 DNA 上—OH、—SH、—COOH及病原微生物蛋白酶的靶向结合能力,其杀菌能力产生质的飞跃。

二是光催化反应。在光的作用下,纳米银能起到催化活性中心的作用,激活水和空气中的氧,产生具有很强氧化能力的羟基自由基和活性氧离子,能在短时间内破坏细菌的增殖能力,使细菌死亡。

近年来,纳米银材料以其独特的理化性能已迅速发展成为一类新型的高效抗菌剂,全球各地在对纳米银的研究中也取得了很多研究成果。对不同粒径纳米银颗粒的抗菌性能研究表明,纳米银的抗菌性能与其粒径大小相关,平均粒径为 5nm 的颗粒的抗菌效果最好。对不同形貌的纳米银材料的抗菌研究显示,对于 $100\mu L$ 的 E 型大肠杆菌培养液,观察到抑菌生长现象所需的棒状、球形和三角形纳米银颗粒的添加量分别为 $50\sim100\mu g$、$12.5\mu g$ 和 $1\mu g$,说明纳米银颗粒的抗菌性能与其形貌密切相关。

一些报道称,纳米颗粒具有一种普通颗粒所不具有的生物特性,能以纳米颗粒状态而不是颗粒溶解后的离子状态进入生物体的循环系统并分布于全身,有时还能通过某些生理屏障,如血脑屏障、血睾屏障等进入普通颗粒无法到达的组织或脏器中。纳米颗粒的这种生物特性可能带来某些正效应,如可以制成具有特殊靶向性的药物释放体系,同时这种纳米颗粒独有的生物特性也可能会导致生物负效应的发生,如纳米颗粒能够到达普通颗粒无法到达的器官,并对这些器官产生毒性效应。有研究显示纳米银颗粒能够通过呼吸道进入肺部,然后从肺泡隔迁移到邻近毛细血管内的血液中并最终进入血液循环,在全身分布。

为了求证纳米银在杀菌过程中的作用机理,汤京龙等设计了一个体外模拟试验,考察纳米银颗粒在模拟体液中发生的表面化学反应。他们将纳米银颗粒放在模拟体液中反应 5min、30min、1h 和 4h 后利用 ICP—MS 测定溶解到模拟体液中的银离子浓度,再用 TEM 观察纳米银颗粒在模拟体液中的分散状态,同时利用 XPS 分析与模拟体液反应后纳米银颗粒表面的化学元素组成。结果显示,纳米银颗粒与体液接触后,体液中的蛋白质被吸附到纳米银颗粒表面,绝大部分纳米银颗粒转化成覆盖蛋白膜的颗粒,这些覆膜颗粒可以均匀分散在模拟体液中,只有极小一部分($<0.01\%$)的纳米银颗粒在初始阶段溶解为银离子。这个结果说明,纳米银颗粒在模拟体液中主要是以覆蛋白膜的纳米银颗粒形式存在,预示着在体内纳米银颗粒能以颗粒形态在全身分布。

从汤京龙等得到的实验结果可以看出,纳米银颗粒在接触模拟体液后立刻同时发生两种变化:第一,发生溶解,迅速向体液中逸出 Ag^+;第二,发生吸附,蛋白质不断被吸附在纳米银颗粒表面。因为第二个反应可以抑制第一个反应,因此 30min 后第一个反应基本停止。此后随着蛋白质吸附的增加,最终使大部分纳米银颗粒(超过 99.99%)的表面形成一层蛋白质膜,这些覆蛋白质膜的纳米银颗粒相互之间没有形成硬团聚,在模拟体液中以单颗粒形式均匀分散。根据这一结果可以断定,纳米银颗粒是以颗粒状态在全身分布,可能具有在体内迁移的生物特性。应该指出的是,上述研究只采用了体外模拟的试验方法,而体外试验环境与体内实际环境有一定差距,如在体内环境下,纳米银颗粒可能不会均匀地与体液接触,因此不会像体外试验那样形成完全分散的覆蛋白膜颗粒。

5.6 纳米银的抗菌特性及其制备

5.6.1 纳米银的抗菌特性

纳米银对细菌有特殊的杀菌性能。99%的有害菌为单细胞体,寄生在人体内,而有益菌大多是多细胞体,以菌群的形式在人体内存活。纳米银的抗菌原理是通过纳米颗粒与蛋白酶结合,产生物理、化学反应后分解蛋白酶,使细菌失去活性。单细胞体用蛋白酶呼吸,而多细胞体有专门的呼吸系统组织,因此纳米银对单细胞体的有害菌有特殊的杀菌作用。

与其他抗菌材料相比,作为新一代抗菌剂,纳米银具有以下特点:

(1)广谱抗菌。杀菌且无任何耐药性。

(2)强效杀菌。可在数分钟内杀死多种对人体有害的病菌。

(3)渗透性强。可由毛孔迅速渗入皮下杀菌,对普通细菌、顽固细菌、耐药菌以及真菌引起的感染具有良好的抑制作用。

(4)抗菌持久。纳米银颗粒可在人体内逐渐释放,抗菌效果持久。

(5)促进伤口愈合。可以改善创伤周围组织的微循环,有效激活并促进组织细胞生长,加速伤口愈合,减少瘢痕生成。

5.6.2 纳米银的制备

按照制备机理、反应条件和反应前驱体类别的不同,纳米银的制备方法主要包括以下几种。

5.6.2.1 化学还原法

化学还原法是制备纳米银最常用的方法之一,其原理是硝酸银和硫酸银等银盐与锌粉、水合肼、柠檬酸钠等适当的还原剂在液相中反应,将 Ag^+ 还原为 Ag^0,并生长为单质银颗粒。化学还原法制备的纳米银的杂质含量较高、粒度分布宽、易团聚,因此该方法使用时常需加入分散剂,如聚乙二醇、聚乙烯吡咯烷酮、苯胺、甲醛磺酸萘钠盐等降低银颗粒的团聚。采用不同的还原剂和分散剂可以合成粒径大小不同的水溶性银纳米颗粒,如采用柠檬酸钠可以合成出颗粒直径为 $40 \sim 60nm$ 的浅绿色水溶性胶态银溶液,用 $NaBH_4$ 作还原剂可合成出平均粒径在 $10nm$ 左右的黄色银颗粒水溶液。

5.6.2.2 光还原法

光还原法的机理是通过光照使有机物产生自由基后还原金属阳离子。用不同

浓度的 Ag^+ 在 TiO_2 上进行光还原反应可以制备纳米银载量不同的 Ag/TiO_2 褐色样品,负载在 TiO_2 表面的银粒子的粒径小于 10nm。用紫外线照射硫酸银和聚丙烯酸(配位稳定剂和表面活性剂)的混合液可以制成配位稳定的纳米银颗粒蓝色胶体,将这些胶体电泳沉积后可以制得类似球形的配位稳定的纳米银颗粒沉积体。

5.6.2.3　电化学法

电化学法具有简单、快速、无污染等优点,是合成纳米材料的一种有效方法。在超声波辅助作用下,从含有 EDTA 的 $AgNO_3$ 水溶液中电化学沉积银纳米线,在溶液温度为 30℃、超声波为 50Hz 和 100W 的条件下,控制沉积电流不变,可得到直径约 40nm、长度大于 6μm 的纳米线。研究发现,配体对纳米粒子的形成起非常关键的作用。配体存在条件下用电化学法制备纳米银是一种简单、无污染的方法。

5.6.2.4　激光烧蚀法

用激光照射金属表面制备"化学纯净"的金属胶体,即为激光烧蚀法,此法避免了其他方法中电离出的阴离子或阳离子杂质的影响。用激光器以波长 1064nm 的激发光照射金属银表面,通过控制光照时间,可以制备出 5~20nm 的银胶体粒子。实验过程中很少观测到处于凝聚状态的银胶颗粒,将制得的银胶体放置数周也未出现聚沉物,说明该法制备的银胶体稳定性较好。

5.6.2.5　化学电镀法

以多孔金属为模板,通过化学电镀的方法可以在多孔膜板内沉积一层纳米银材料。例如,以多孔铝阳极氧化膜(Al_2O_3/Al)为模板,采用交流电沉积的方法可以制备平均长度约 5μm、直径 25nm 的银线。

5.6.2.6　辐射法

在 γ 射线辐照下,水和乙醇等溶剂可产生具有很强还原能力的溶剂化电子,将金属离子还原成金属单质。利用 γ 射线这一特点,在 $AgNO_3$ 溶液中加入适量的异丙醇和聚乙烯醇或其他表面活性剂和添加剂,用 $Co^{60}γ$ 射线源辐照,可以制得粒径分布比较均匀、平均粒径 10nm 的银颗粒。

5.6.2.7　微乳液法

该法是将表面活性剂溶解在有机溶剂中,当表面活性剂浓度超过临界胶束浓度时形成亲水极性头向内、疏水有机链向外的液体颗粒结构,其内核可增溶水分子或亲水物质。微乳液一般由表面活性剂、助表面活性剂(一般为脂肪醇)、有机溶剂(一般为烷烃或环烷烃)和水四种组分组成,是一种热力学稳定体系,可合成大小均匀、粒径为 10~20nm 的液滴。利用此方法,用环己烷作溶剂,聚环氧乙烯基壬苯醚作表面活性剂,与银盐水溶液混合制成微乳液及用同样方法制得 $NaBH_4$ 微乳液后将两种乳液混合,反应进行到一定时间后离心分离可制得纳米银。

5.6.2.8 晶种法

该方法以纳米粒子为晶种,在晶种表面用还原剂还原银离子后制得纳米银粒子,还原过程中可通过控制晶种和银离子的比例控制所得银粒子的直径。

5.6.2.9 相转移法

相转移法是通过使用季铵盐等相转移剂把金属离子从水相中转移到有机相中,在有机相中被还原后制得纳米金属颗粒,或者是在极性溶剂中合成的金属颗粒被转移到非极性溶剂中。这种方法的优点是还原剂及其氧化产物不会随金属粒子一起被转移走而起到分离纯化作用,另外还可以在相界面处制得纳米颗粒薄膜。

5.7 纳米银材料的形貌

采用不同的反应试剂和反应条件可以得到不同形貌的银纳米粒子,其中合成出的纳米粒子以球形颗粒居多,其他特殊形貌的水溶性银纳米材料也逐渐被合成出来,如三角形、立方体形、线形、树枝晶形等。图 5-2 显示不同形态的纳米银材料。

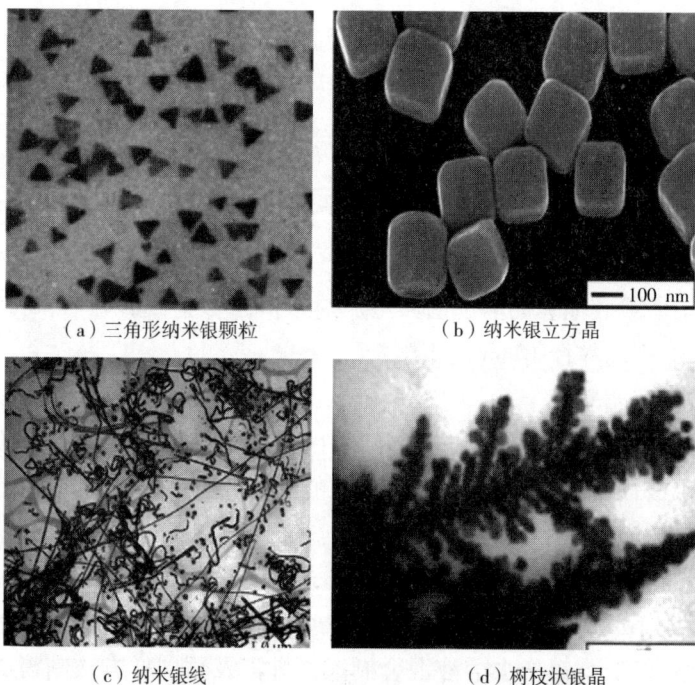

（a）三角形纳米银颗粒　　　　　（b）纳米银立方晶

（c）纳米银线　　　　　　　（d）树枝状银晶

图 5-2　不同形态的纳米银材料

制备过程中,用一定的光束对预先合成的纳米颗粒进行照射可以使粒子的形态和尺寸产生变化。将柠檬酸钠修饰的粒径小于 10nm 的球形银颗粒用日光灯进行照射后可以得到三角形的大颗粒,而用紫外灯对粒子进行照射时粒子集结成较大粒径的球形颗粒。在 PVP 存在下利用乙二醇还原 $AgNO_3$ 可以制备立方晶的纳米银,这个方法中乙二醇兼作还原剂和溶剂,PVP 与 $AgNO_3$ 的配比对粒子形状和尺寸有很大影响。当 PVP 与 $AgNO_3$ 的摩尔比为 1.5 时可制得单晶银纳米立方晶,其平均边长约为 175nm,具有很好的单分散性。在 AgBr 乳胶剂中,利用柠檬酸盐还原 $AgNO_3$ 溶液可以快速合成银纳米线,其平均直径为 80nm,长度在 50～100μm。利用甲酰胺还原 $AgNO_3$、PVP 作修饰剂,可以合成出树枝银晶,其中修饰剂 PVP 控制银纳米晶的成核和定向生长,促进银纳米树枝晶的生成。

5.8　银离子的缓释机制

用于抗菌材料时,为了持续提供稳定的杀菌作用,含银抗菌剂必须缓慢释放出银离子并长期保持有效银离子浓度。下面介绍四种银离子的缓释机制。

5.8.1　离子键和配位键作用

作为阳离子,银离子能与羧酸根等阴离子发生静电作用,同时银离子有未饱和的配位能力,可以与含孤对电子的氮、氧、硫等原子发生配位作用。银离子与海藻酸钠、羧甲基纤维素钠、壳聚糖等常用的高分子载体结合后,由于载体材料含有羧基、氨基等与银离子产生化学束缚作用的基团,在以离子键和配位键形式形成羧酸银和氨基络合银后阻碍银离子由化学束缚状态迅速转入自由离子状态。这些官能团的存在使银离子的释放受到阻碍,延迟其释放速度,达到缓释效果。

5.8.2　调节载体的亲水性

银离子从载体材料释放的过程中,水分子起到溶解和传输银离子的作用。通过改变载体材料的相对疏水性可以调节其吸水速度,达到银离子缓释的目的。有研究将磺胺嘧啶银分散于疏水的聚亮氨酸载体中后与尼龙网结合,利用聚亮氨酸的疏水性得到银离子缓释医用敷料。

5.8.3　交联作用

银离子的释放是在载体分子的链段之间通过扩散运动进行的。因此,使载体分子之间发生交联,缩小载体分子链段间的孔隙、限制分子链段的拓扑结构,也是减缓银离子释放的方法。有研究将胶原质、透明质酸颗粒和磺胺嘧啶银制备成双分子层膜后经紫外线照射发生交联,并比较其与未交联的膜的释放速度。结果显示,未交联的膜在 6h 后释放出 62.7% 的 AgSD,之后释放速率大幅降低,3d 后已经释放 96.5% 的银离子。而交联后的膜 6h 时有 48.5% 的 AgSD 被释放,3d 时只有89.6% 的释放量。

5.8.4　调节载体材料中的结晶和非结晶态

相对于高聚物的非结晶态,晶态有更强的耐溶剂腐蚀能力。通过提高载体材料的结晶度、削弱水分子破坏载体材料内部结构的能力可以减缓银离子从载体中的溶出速度。有研究将聚酰胺与银粉的混合物在 230℃ 下用挤出机挤出,调整聚酰胺的结晶度后发现,银离子的释放速度很大程度上依赖于聚酰胺的结晶度,结晶度越低,银离子释放速度越快。

5.8.5　其他

由于载体材料之间差别较大,阻碍银离子释放的因素也有很多,加工过程中可以采用多种方式达到缓释银离子的作用。除了改变载体材料的结构和性能,通过改变银的负载方式也可以实现缓释银离子的作用。

美国诺贝尔纤维科技公司开发的 X-Static 纤维是一种表面镀银的纤维,在与体液接触时,纤维表面的金属银与接触液中的各种组分发生反应,使银离子释放到液体中起强烈的抗菌作用。图 5-3 显示当 22mg 的 X-Static 纤维与 10mL 生理盐水在 37℃ 下接触后溶液中银离子浓度的变化,接触 24h 后溶液中银离子的浓度达

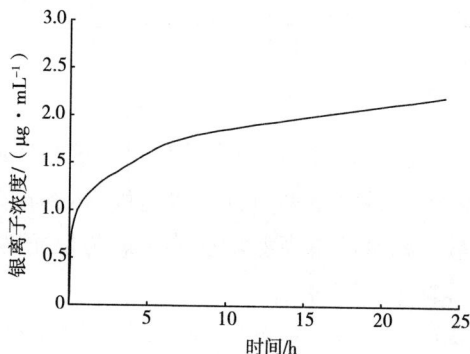

图 5-3　X-Static 镀银纤维与生理盐水接触后溶液中银离子浓度的变化

到 2.15μg/mL。把纤维与溶液分离,再加入新鲜的 X-Static 纤维后发现,溶液中的银离子浓度增加不大,说明金属银在与生理盐水接触后,溶液中银离子的浓度有一定的平衡数。而把已经与生理盐水接触过的纤维与新的生理盐水溶液接触后发现,溶液中的银离子浓度在 24h 后接近 2.15μg/mL,说明纤维可以重复使用而不影响银离子的正常释放。

5.9　小结

银是一种具有很强抗菌功效的材料,可以有效抑制微生物的生长繁殖。银及其各种化合物的抗菌性强、对人体的毒副作用小,特别适用于感染伤口所需的抗菌剂。临床使用含银抗菌敷料在抑制细菌增长的同时,能为创面提供良好的愈合环境,促进伤口愈合。

参考文献

[1]BAKER C, PRADHAN A, PAKSTIS L, et al. Synthesis and antibacterial properties of silver nanoparticles[J]. J Nanosci Nanotechnol, 2005, 5(2): 244-249.

[2]BEGUMA N A, MONDALB S, BASUB S, et al. Biogenic synthesis of Au and Ag nanoparticles using aqueous solutions of black tea leaf extracts[J]. Colloid Surfaces B, 2009, 71(1): 113-118.

[3]BERGER T J, SPADARO J A, CHAPIN S E, et al. Electrically generated silver ions: quantitative effects on bacterial and mammalian cells[J]. Antimicrob Agents Chemother, 1976, 9(2):357-358.

[4]BESSON C, FINNEY E E, FINKE R G, et al. A mechanism for transition metal nanoparticle self assembly[J]. J Am Chem Soc, 2005, 127(22): 8179-8184.

[5]CHEN S, CARROLL D L. Synthesis and characterization of truncated triangular silver nanoplates[J]. Nano Lett, 2002, 2(9): 1003-1007.

[6]CHEN X, SCHLUESENER H J. Nanosilver: A nanoproduct in medical application[J]. Toxicology Letters, 2008, 176: 1-12.

[7]CHOPRA I. The increasing use of silver based products as antimicrobial agents: a useful development or a cause for concern[J]. J Antimicrob Chemother, 2007, 59(4): 587-590.

[8]CHOU K S, LU Y C, LEE H H. Effect of alkaline ion on the mechanism and kinetics of chemical reduction of silver[J]. Mater Chem Phys, 2005, 94(2-3): 429-433.

[9]CHRISTOPHER J A, PABLO D J, ROGER D K. Thiolate ligands for synthesis of water soluble gold clusters[J]. J Am Chem Soc, 2005, 127(18): 6550-6551.

[10]DAN Z G, NI H W, XU B F, et al. Micro structure and antibacterial properties of AISI 420 stainless steel implanted by copper ions[J]. Thin Solid Films, 2005 (492): 93-100.

[11]DAVIES R L, ETRIS S F. The development and functions of silver in water purification and disease control[J]. Catalysis Today, 1997, 36(1): 107-114.

[12]DEITCH E A, MARINO A A, GILLESPIE T E, et al. Silver-nylon: a new antimicrobial agent[J]. Antimicrob Agents Chemother, 1983, 23(3): 356-359.

[13]EROKHINA S, EROKHIN V, NICOLINI C. Microstructure origin of the conductivity differences in aggregated CuS films of different thickness[J]. Langmuir, 2003, 19(3): 766-771.

[14]FELDHEIM D L, FOSS C A. Metal nanoparticles: synthesis, characterization, and applications[M]. New York: Marcel Dekker Inc, 2002.

[15]FENG Q L, WU J, CHEN G Q, et al. A mechanistic study of the antibacterial effect of silver ions on Escherichia coli and Staphylococcus aureus[J]. J Biomed Mater Res,2000,52: 662-668.

[16]FOX C L. Silver sulfadiazine-a new topical therapy for Pseudomonas in burns [J]. Arch Surg, 1968, 96(2):184-188.

[17]FURNO F, MORLEY K S, WONG B, et al. Silver nanoparticles and polymeric medical devices: a new approach to prevention of infection[J]. J Antimicrob Chemother, 2004, 54(6): 1019-1024.

[18]HORNSTEIN B J, FINKE R G. Transition metal nanocluster kinetic and mechanistic studies emphasizing nanocluster agglomeration: demonstration of a kinetic method that allows monitoring of all three phases of nanocluster formation and aging[J]. Chem Mater, 2004, 16(1): 139-150.

[19]HUANG H Z, YANG X R. Synthesis of polysaccharide stabilized gold and silver nanoparticles: a green method[J]. Carbohyd Res, 2004, 339(15): 2627-2631.

[20]INOUE Y, HOSHINO M, TAKAHASHI H, et al. Bactericidal activity of Ag

zeolite mediated by reactive oxygen species under aerated conditions[J]. Journal of Inorganic Biochemics, 2002, 92(1): 37-42.

[21]JEON H J, GO D H, CHOI S Y. Synthesis of poly(ethylene oxide) based thermoresponsive block copolymers by RAFT radical polymerization and their uses for preparation of gold nanoparticles[J]. Colloid Surfaces A, 2008, 317(1-3): 496-503.

[22]JIN R, CAO Y W, HAO E, et al. Cont rolling anisotropic nanoparticle growth through plasmon excitation[J]. Nature, 2003, 425(6957): 487-490.

[23]JIN R, CAO Y W, MIRKIN C A, et al. Photoinduced conversion of silver nanospheres to nanoprisms[J]. Science, 2001, 294(5548): 1901-1903.

[24]KAMAT P V, FLUMIANI M, HARTLAND G V. Picosecond dynamics of silver nanoclusters. photoejection of electrons and fragmentation[J]. J Phys Chem B, 1998, 102(17): 3123-3128.

[25]KVITEK L, PRUCEK R, PANACEK A, et al. The influence of complexing agent concentration on particle size in the process of SERS active silver colloid synthesis[J]. J Mater Chem, 2005, 15(10): 1099-1105.

[26]LEDWITH D M, WHELAN A M, KELLY J M. A rapid, straight forward method for controlling the morphology of stable silver nanoparticles[J]. J Mater Chem, 2007, 17(23): 2459-2464.

[27]LEE P C, MEISEL D. Adsorption and surface enhanced Raman of dyes on silver and gold sols[J]. J Phys Chem, 1982, 86(17): 3391-3395.

[28]LI W G, JIA Q X, WANG H L. Facile synthesis of metal nanoparticles using conducting polymer colloids[J]. Polymer, 2006, 47(1): 23-26.

[29]LIAU S Y, READ D C, PUGH W J, et al. Interaction of silver nitrate with readily identifiable groups relationship to the antibacterial action of silver ions[J]. Letters in Applied Microbiology, 1997, 25(4):279-283.

[30]LIU S W, WEHMSCHULTE R J, LIAN G D, et al. Room temperature synthesis of silver nanowires from tabular silver bromide crystals in the presence of gelatin[J]. J Solid State Chem, 2006, 179(3): 696-701.

[31]LIU S W, WEHMSCHULTE R J, LIAN G D, et al. Room temperature synthesis of silver nanowires from tabular silver bromide crystals in the presence of gelatin[J]. J Solid State Chem, 2006, 179(3): 696-701.

[32]LIU Y S, CHEN S M, ZHONG L, et al. Preparation of high stable silver nanoparticle dispersion by using sodium alginate as a stabilizer under gamma radiation

[J]. Radiat Phys Chem, 2009, 78(4): 251–255.

[33]MACKEEN P C, PERSON S, WARNER S C, et al. Silver coated Nylon fiber as an antibacterial agent[J]. Antimicrobial Agents and Chemotherapy, 1987, 31 (1): 93–99.

[34]MDLULI P S, REVAPRASADU N. Time dependant evolution of silver nano-dendrites[J]. Mater Lett, 2009, 63(3–4): 447–450.

[35]MANOTH M, MANZOOR K, PATRA M K, et al. Dendrigraft polymer based synthesis of silver nanoparticles showing bright blue fluorescence[J]. Mater Res Bull, 2009, 44(3): 714–717.

[36]MEAUME S, VALLET D, MORERE M N, et al. Evaluation of a silver–releasing hydroalginate dressing in chronic wounds with signs of local infection[J]. J Wound Care, 2005, 14(9):411–419.

[37]MISRA T K, LIU C Y. Surface functionalization of spherical silver nanoparticles with macrocyclic polyammonium cations and their potential for sensing phosphates [J]. J Nanopart Res, 2009, 11(5): 1053–1063.

[38]MORONES J R, ELECHIGUERRA J L, Camacho A, et al. The bactericidal effect of silver nanoparticles[J]. Nanotechnology, 2005, 16(10): 2346–2353.

[39]OZKAR S O, FINKE R G. Nanocluster formation and stabilization fundamental studies: ranking commonly employed anionic stabilizers via the development, then application, of five comparative criteria[J]. J Am Chem Soc, 2002, 124(20): 5796–5810.

[40]PAL S, TAK Y K, SONG J M. Does the antibacterial activity of silver nanoparticles depend on the shape of the nanoparticle? A study of the gram negative bacterium escherichia coli[J]. Appl Environ Microbiol, 2007, 73(6): 1712–1720.

[41]PANACEK A, KIVTEK L, PRUCEK R, et al. Silver colloid nanoparticles: synthesis, characterization, and their antibacterial activity[J]. J Phys Chem B, 2006, 110(33): 16248–16253.

[42]PERCIVAL S L, BOWLER P G, RUSSELL D. Bacterial resistance to silver in wound care[J]. Journal of Hospital Infection, 2005, 60: 1–7.

[43]PRASAD B L V, ARUMUGAM S K, BALA T, et al. Solvent adaptable silver nanoparticles[J]. Langmuir, 2005, 21(3): 822–826.

[44]SARATHY K V, KULKARNI G U, RAO C N R. A novel method of preparing thiol derivatised nanoparticles of gold, platinum and silver forming superstructures

[J]. Chem Commun, 1997(6): 537-538.

[45]SARKAR A, CHADHA R, BISWAS N, et al. Phase transfer and film formation of silver nanoparticles[J]. J Colloid Interface Sci, 2009, 332(1): 224-230.

[46]SCHOFIELD C L, HAINES A H, FIELD R A, et al. Silver and gold glyconanoparticles for colorimetric bioassays[J]. Langmuir, 2006, 22(15): 6707-6711.

[47]SHIRAISHI Y, TOSHIMA N. Colloidal silver catalysts for oxidation of ethylene[J]. J Mol Catal A: Chem, 1999, 141(1-3): 187-192.

[48]SONDI I, SALOPEK SONDI B. Silver nanoparticles as antimicrobial agent: a case study on E. coli as a model for gram negative bacteria[J]. J Colloid Interface Sci, 2004, 275(1): 177-182.

[49]SUN Y G, XIA Y N. Shape controlled synthesis of gold and silver nanoparticles[J]. Science, 2002, 298(5601): 2176-2178.

[50]TSUJI M, NISHIZAWA Y, MATSUMOTO K, et al. Effects of chain length of polyvinylpyrrolidone for the synthesis of silver nanostructures by a microwave polyol method[J]. Mater Lett, 2006, 60(6): 834-838.

[51]WILEY B, SUN Y, MAYERS B, et al. Shape controlled synthesis of metal nanostructures: the case of silver[J]. Chem Eur J, 2005, 11(2): 454-463.

[52]WILCOX M, KITE P, DOBBINS B. Antimicrobial int ravascular catheters which surface to coat? [J]. J Hospital Infec, 1998, 38(4): 322-324.

[53]WITTEN T A, SANDER L M. Diffusion limited aggregation, a kinetic critical phenomenon[J]. Phys Rev Lett, 1981, 47(19): 1400-1403.

[54]XIONG Y, WASHIO I, CHEN J, et al. Poly (vinyl pyrrolidone): a dual functional reductant and stabilizer for the facile synthesis of noble metal nanoplates in aqueous solutions[J]. Langmuir, 2006, 22(20): 8563-8570.

[55]YANG J, LU L, WANG H, et al. Glycyl glycine templating synthesis of single crystal silver nanoplates[J]. Cryst Growth Des, 2006, 6(9): 2155-2158.

[56]YEO S Y, JEONG S H. Preparation and characterization of polypropylene/silver nanocomposite fibres[J]. Polymer International, 2003, 52(7): 1053-1057.

[57]温昕,安胜军,侯志飞,等. 载银缓释型抗菌敷料[J]. 化学进展, 2009, 21(7/8): 1644-1654.

[58]汤京龙,奚廷斐,魏丽娜,等. 纳米银颗粒在模拟体液中的表面吸附特性[J]. 无机化学学报,2008, 24(11):1827-1831.

[59]何伟,张发明,范志宁. 纳米银抗菌技术在临床医疗中的应用[J]. 中国

组织工程研究与临床康复, 2010, 14(42): 7899-7902.

[60]殷焕顺, 艾仕云, 钱萍, 等. 纳米银的制备方法及其应用[J]. 材料研究与应用, 2008, 2(1): 6-10.

[61]孙磊, 刘爱心, 陶小军, 等. 水溶性银纳米材料的制备及抗菌性能研究进展[J]. 化学研究, 2010, 21(3): 106-112.

[62]墙蔷, 倪红卫, 幸伟, 等. 银的抗菌作用机理[J]. 武汉科技大学学报(自然科学版), 2007, 30(2): 121-124.

[63]杨庆, 沈新元, 谭秀红. 镀银导电纤维的研制与开发[J]. 国际纺织导报, 1999, (4): 10-13.

[64]焦红娟, 郭红霞, 李永卿, 等. 镀银导电纤维的制备和性能[J]. 华东理工大学学报(自然科学版), 2006, 32(2): 173-176.

[65]周群, 孙孝琴, 张声俊, 等. 傅立叶变换显微红外光谱法研究羟基自由基与红细胞膜脂和膜蛋白的二级结构的作用机制[J]. 光谱学与光谱分析, 1998(2): 162-166.

[66]周贯宇. 复合银系无机抗菌剂的制备及应用[D]. 杭州: 浙江大学, 2003.

[67]冯晋阳, 吴建峰, 徐晓红. 沸石抗菌剂[J]. 陶瓷, 2001(5): 18-21.

[68]严建华, 冯乃谦, 封孝信, 等. 抗菌瓷砖的制备及性能研究[J]. 建筑材料学报, 2000, 3(4): 340-344.

[69]严建华, 冯乃谦, 封孝信. 磷酸盐多孔微晶玻璃的研制及其在无机抗菌剂方面的应用[J]. 玻璃与搪瓷, 2000, 28(4): 15-21.

[70]夏金兰, 王春, 刘新星. 抗菌剂及其抗菌机理[J]. 中南大学学报(自然科学版), 2004, 35(1): 31-38.

[71]王维清, 冯启明, 董发勤. 银系抗菌材料及其研发应用现状[J]. 应用化工, 2004, 33(4): 1-3.

[72]杨辉, 王可, 丁新更, 等. 无机抗菌粉体中银价态与抗菌性能研究[J]. 硅酸盐学报, 2002, 30(5): 585-596.

[73]余海霞. 载银型累托石抗菌剂的研制[D]. 武汉: 武汉化工学院, 2003.

[74]邢彦军, 宋阳, 吉友美, 等. 银系抗菌纺织品的研究进展[J]. 纺织学报, 2008, 29(4): 127-133.

[75]金桥, 刘湘圣, 徐建平, 等. 磷酸胆碱两性离子修饰的水溶性纳米银[J]. 中国科学(B辑: 化学), 2008, 38(9): 782-786.

[76]王世森, 许伯藩, 倪红卫, 等. 渗铜法制备抗菌不锈钢渗层工艺的研究

［J］. 金属热处理, 2003, 28(2):49-51.

　　［77］李东, 许伯藩, 倪红卫, 等. 沉积扩散法制备不锈钢抗菌渗铜层的研究［J］. 金属热处理, 2005, 30(2):8-11.

　　［78］倪红卫, 但智钢, 许伯藩, 等. 铜离子注入 AISI304 不锈钢的抗菌性能研究［J］. 功能材料, 2005, 36(12):1906-1908.

　　［79］刘康时, 江显异, 赵英. 银系无机抗菌剂作用机理的研究进展［J］. 佛山陶瓷, 2000, 56(11):1-5.

　　［80］陈四红, 吕曼祺, 张敬党, 等. 含 Cu 抗菌不锈钢的微观组织及其抗菌性能［J］. 金属学报, 2004, 40(3):314-318.

　　［81］康湛莹, 李瑞增, 车承斌. 重金属杀菌作用的机理［J］. 哈尔滨科学技术大学学报, 1995, 19(3):103-105.

　　［82］孙磊, 刘爱心, 陶小军, 等. 水溶性银纳米材料的制备及抗菌性能研究进展［J］. 化学研究, 2010, 21(3):106-112.

　　［83］冯乃谦, 严建华. 银型无机抗菌剂的发展及其应用［J］. 材料导报, 1998, 12(4):1-3.

　　［84］季君晖, 史维明. 抗菌材料［M］. 北京: 化学工业出版社, 2003.

　　［85］曹雪玲, 陆书来, 张东杰, 等. 纳米银作为抗菌剂的抗菌性能研究［J］. 吉林化工学院学报, 2017, 34(11):30-34.

　　［86］乌力吉图, 宝力道, 宝音巴图. 纳米银系抗菌剂在口腔粘接材料中的研究现状及展望［J］. 赤峰学院学报(自然科学版), 2019, 35(7):102-104.

第 6 章　银在伤口护理中的应用

6.1　引言

自古以来银就被用于净化水、保存饮料、加速伤口愈合、治疗感染,其用于防治疾患已经有很长的历史。公元前 550 年,波斯王国把煮沸的水装在银器中用四轮货车运送到任何地方不变质。公元前 338 年,马其顿人征战希腊时用银片覆盖伤口加速愈合。古代腓尼基人为了保鲜,在航海过程中用银质器皿盛水、酒、醋等液体,生活在地中海附近的居民把银币放入木水桶中阻止细菌、海藻等腐败微生物的生长。《本草纲目》中有"生银,味辛,寒,无毒""银屑,安五脏,定心神,止惊悸,除邪气,久服轻身长年"等记载。李时珍曾在书中记录:"银本无毒,其毒则诸物之毒也。"中国民间长期有用银碗、银器、银筷等处理食物,用银做的首饰也可以起到美容、保健等功效。

银在护理皮肤感染的应用中也有很长的历史。西方新生儿在接受洗礼时的圣水中常加入稀释的硝酸银以防感染,中世纪人们常用银箔敷裹伤口以加速伤口愈合。第一次世界大战时,人们用银线缝合伤口以防止交叉感染。用银针针灸、用银线缝合伤口和结缔组织、用银做引流管、用银合金做外科手术等在古代中国也有广泛应用。

进入 21 世纪,银在抗菌领域得到重视的原因一方面是抗生素滥用后引起的细菌耐药性使许多抗生素难以应对微生物感染;另一方面,全球人口密度的升高及各种类型的微生物感染迫切需要高效、具有广谱抗菌性能的抗菌材料。据美国疾病控制及预防中心统计,65% 的人类细菌性感染都与生物膜的形成有关,因此预防感染发生的关键在于防止生物膜的形成。生物膜是附着于有生命或无生命物体表面的被细菌胞外大分子包裹的有组织的细菌群体,是细菌在物体表面形成的高度组织化的多细胞结构,是细菌具有的一种非常重要的环境适应机制。一旦形成这种自我保护的"外壳"后,即使药物或其他抗菌产品清除了膜表面的细菌,也难以清除包埋在膜内的细菌。银离子具有广谱抗菌活性,其组织耐受性好,与大多数医疗设备材料的兼容性强,复合到基质中或涂在表面上可以有效预防和控制细菌感染。

银离子有很强的杀菌性,在所有金属中其杀菌活性是汞之后最强的,但没有汞的毒副作用。研究表明,银离子对革兰阴性菌、革兰氏阳性菌、霉菌均有强烈的杀灭作用,而纳米银颗粒的抗菌性能优于硝酸银、磺胺嘧啶银等传统的银离子杀菌剂。作为新型抗菌材料,纳米银是应用范围比较广泛的一种生物材料,临床上已经应用的纳米银抗菌制品包括妇科用纳米银凝胶、含纳米银颗粒的创伤贴、纳米银医用导管等,其中妇科用纳米银凝胶在临床上的使用最为常见,它是以纳米银颗粒和生物相容性良好的溶剂为原料制成的凝胶,临床使用时主要采用阴道给药的方式,可以有效治疗宫颈炎、宫颈柱状上皮异位等疾病。

6.2　银用于伤口护理的发展

Klasen 在其发表的论文中详细总结了银在伤口护理中的应用。早在 17 世纪,英国东印度公司的外科医生 Woodall(1569—1643)就曾在航船上使用硝酸银护理伤口。德国医生 Heister(1683—1758)把硝酸银应用于治疗皮肤肉赘。此后,Richter(1742—1812)也把硝酸银粉末或溶液用于治疗皮肤增生,到 19 世纪时欧洲医疗界曾使用灌装硝酸银溶液的水笔处理感染伤口(图 6-1)。1880 年,德国产科医生 Crede 把浓度为 2% 的硝酸银水溶液滴入新生儿眼中预防新生儿结膜炎导致的失明,使婴儿失明的发生率从 10% 降到 0.2%,至今许多国家仍在使用这种 Crede 预防法。

J. Woodall (1569—1643)　　L. Heister (1683—1758)　　A.G. Richter (1742—1812)

图 6-1　在伤口护理中应用银的早期医护工作者

1893 年,Von Naegeli 经过系统的研究,首次报道了金属(尤其是银)对细菌和其他低等生物的致死效应,并用微动作用(oligodynamic action)描述微量金属元素的抑菌机理,明确了硝酸银的抗菌功效主要源于银离子的作用。此后银在医疗卫生领域中的应用进入现代时期,但作为一种贵重金属,银的成本较高,随着 20 世纪40 年代后抗生素领域的快速发展,银的药用量曾一度减少。直到 20 世纪 80 年代,人们逐渐发现抗生素虽然价廉、方便,却有致命弱点,即产生耐药性及毒副作用,只有银才是真正天然的抗生素,它在克服抗生素弱点的基础上,具有广谱杀菌、无刺激、无任何交叉药物感染等性能,再次引起医疗卫生领域的广泛关注。

目前银以多种形式应用于现代医学,其中主要的银化合物包括:

6.2.1　银盐

0.5%的硝酸银水溶液是治疗烧伤和创伤的标准溶液;用 10%～20%的硝酸银水溶液涂抹可治疗宫颈柱状上皮异位。

6.2.2　磺胺嘧啶银

美国哥伦比亚大学的 Fox 教授将银与磺胺嘧啶结合后得到磺胺嘧啶银(silver sulfadiazine),发现其活性比单独的磺胺活性至少高 50 倍。1967 年,磺胺嘧啶银进入市场,由于其对各种细菌、真菌都有高效的杀灭作用,可以自然、无痛地对伤口起保护作用,目前已成为治疗烧伤等外伤的重要药物。磺胺嘧啶银已被列入国家基本医疗保险药品目录。

6.2.3　胶体银或银蛋白

Albert Barnes 首先在 20 世纪初使用胶状的银悬浮液护理伤口,该产品以 Argyrol 品牌在美国市场销售,直到 50 年代仍被使用。胶体银是有效的局部抗感染物质,可用于妇科洗涤、消毒、杀菌。

6.2.4　镀银材料

美国 Flick 博士在绷带上镀一层银后首次制备了镀银敷料,受他研究的启发,许多研发人员利用银的抗菌性,陆续开发了镀银缝合线、镀银导管等产品。美国已有几十种含银产品作为医疗器械获得 FDA 上市批准,包括银敷料、银凝胶、银粉末和其他类型的含银医疗产品。

进入 21 世纪,含银缓释型抗菌敷料因其优良特性,在医药、卫生等领域引起科学家的广泛关注。银的各种化合物在与生物高分子、合成高分子、高分子共混材料、有机硅材料等结合后制备的含银抗菌医用敷料以其优良的抗菌和抑菌性能在医疗、卫生等领域得到广泛应用,具有良好的组织适应性、血液适应性、可吸收性、缩短伤口愈合时间、不粘连伤口新生组织等优点,成为功能性医用敷料领域的一个重要发展方向。

应该指出的是,含银医用敷料的广泛应用与其优良的广谱抗菌性能和耐药性密切相关。临床上革兰阴性杆菌是伤口感染的主要致病菌,约占70%,革兰阳性球菌约占30%。革兰阴性菌以铜绿假单胞菌为主,其次为大肠杆菌,而革兰阳性菌以金黄色葡萄球菌为主。革兰阴性杆菌中的大肠杆菌的菌株由质粒介导或通过其他形式使耐药基因在细菌间扩散,能水解第三代头孢菌素及氨曲南等抗菌剂,导致临床上感染伤口的菌株不仅对青霉素类、头孢菌素类产生耐药,而且也对其他药物耐药,表现为多药耐药现象。在革兰阳性球菌中,耐甲氧西林金黄色葡萄球菌(MRSA)对大多数 β-内酰胺类、大环内酯类、喹诺酮类药物具有较强的耐药性。与此同时,医院对抗生素的滥用又加剧了细菌对传统抗生素的耐药性,并通过质粒介导或其他形式使耐药基因在细菌间扩散,最终导致临床面临“无药可用”的尴尬局面。而银离子及纳米银抗菌剂通过破坏细胞膜及细胞内酶的作用达到杀菌效果,具有优良的耐药性,可在临床上长期使用并具有稳定的疗效,是治疗创面局部感染的优质材料。

6.3　传统含银伤口护理产品

医疗界最早使用硝酸银水溶液作为抗菌剂应用于创面,很早以前就有医生用硝酸银溶液浸泡的纱布敷贴在创面上,起到杀菌及抑制微生物增长的作用。Ricketts 等在 1970 年的报道中详细研究了硝酸银水溶液的抗菌作用,他们用电极测试溶液中的有效银离子浓度,发现当用 0.5% 硝酸银水溶液浸泡过的纱布覆盖在烧伤创面上后,伤口渗出液中的氯离子迅速与银离子结合后形成不溶于水的氯化银,使溶液中银离子的浓度降低至 10^{-10} mol。

图 6-2 显示在浓度为 40mg/L 的硝酸银水溶液中加入不同浓度氯化钠后溶液中银离子浓度的变化。Ricketts 等的研究结果显示,溶液中的银离子浓度随着氯化钠添加量的增加而迅速下降,银离子与氯离子的反应在一定程度上影响了硝酸银水溶液在创面上的临床应用性能。

表 6-1 显示在低浓度的硝酸银水溶液中银离子对金黄色葡萄球菌的杀菌作用。可以看出,当硝酸银的浓度在 1μg/mL 时,银离子即具有很快杀死细菌的能力。Ricketts 等在用不同浓度的含银溶液测试金黄色葡萄球菌的抑菌性能后,总结

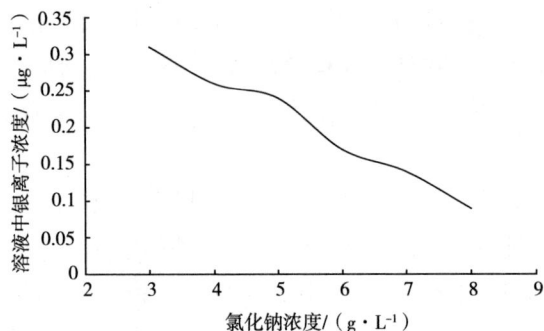

图 6-2　硝酸银水溶液中加入氯化钠后溶液中银离子浓度的变化

出最低抑菌浓度为 20~40μg/mL 的硝酸银,对应的银离子浓度为 $(1×10^{-9})$ ~ $(3×10^{-9})$ mol。

表 6-1　硝酸银水溶液的杀菌作用

把细菌加入溶液后的时间/min	溶液中金黄色葡萄球菌的存活率/%			
	1μg/mL AgNO₃		0.5μg/mL AgNO₃	
	样品 1	样品 2	样品 1	样品 2
1	43	45	88	91
5	1.7	3.3	72	40
15	<0.003	<0.004	4.6	8.6
30	<0.003	<0.004	0.7	1.1
60	<0.003	<0.004	<0.003	<0.004

注　表中对应的银离子浓度分别为 $5.8×10^{-6}$ mol 和 $2.9×10^{-6}$ mol。

　　由于硝酸银与伤口渗出液中的氯化钠形成不溶于水的氯化银,并且氯化银的化学性质不稳定,存在变色、引起电解质紊乱、操作烦琐等缺点,1970 年代后,磺胺嘧啶银逐步取代硝酸银成为医疗界普遍使用的银抗菌剂。与硝酸银相比,磺胺嘧啶银有较强的抑菌、杀菌作用及特有的穿透能力,可以渗透进入皮肤深层,起到有效的抗菌作用。图 6-3 为磺胺嘧啶银的化学结构。

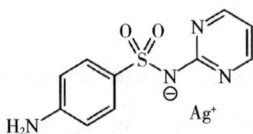

图 6-3　磺胺嘧啶银的化学结构

磺胺嘧啶银别名烧伤宁,英文名称 Silver Sulfadiazine,简称 SSD,是由硝酸银和磺胺嘧啶化合而成的、主要用于烧伤创面治疗的外用药。第二次世界大战后大量烧、烫伤患者的出现,对烧、烫伤的治疗提出了很高的要求,一些新药陆续应用于临床烧烫伤治疗。尽管 0.5% 硝酸银溶液无毒且具有抗菌作用,但因为穿透力差,不适用于有感染的创面。而磺胺药中的甲磺灭脓穿透力很强,伤口吸收快,曾用于烧伤治疗,但因为敷用时疼痛明显并容易导致电解质紊乱,目前已较少用于烧伤治疗。磺胺嘧啶银是一种白色或类白色针状结晶性粉末,是一种遇光或热易变质,在水、乙醇、氯仿或乙醚中均不溶的银化合物。它保持了磺胺嘧啶和硝酸银两者的抗菌作用,局部应用在创面上时除有一些疼痛外,其他副作用较少。磺胺嘧啶银用于烧伤暴露疗法,能预防和控制创面感染,同时有收敛作用,促进创面干燥、结痂。磺胺嘧啶银应用于烧伤护理已经有几十年的历史,直到今天仍是大多数正规烧伤治疗单位首选的创面外用药。

磺胺嘧啶银可以被制成各种类型的制剂应用于创面,包括磺胺嘧啶银软膏、磺胺嘧啶银乳膏、磺胺嘧啶银混悬液、磺胺嘧啶银散剂等,也可以直接撒布于创面,在创面上涂药后遇光渐变成深棕色。临床上,磺胺嘧啶银具有磺胺嘧啶的抗菌作用和银盐的收敛作用,对绿脓杆菌具有强大抑制作用,是烧伤治疗中的常用药物之一。

由于磺胺嘧啶银不溶于水,其制剂中的银离子浓度低于同等银含量的硝酸银溶液。0.1% 硝酸银溶液中的银离子浓度达到 597mg/kg,而 2% 磺胺嘧啶银溶液中的银离子浓度为 270mg/kg。但是与硝酸银不同的是,磺胺嘧啶银用于治疗创面感染时可以持续释放出银离子,除了控制伤口感染,还可使创面干燥、结痂、促进愈合,见表 6-2。

表 6-2　两种溶液中银离子浓度的测定结果

银离子浓度	0.1%硝酸银溶液	2%磺胺嘧啶银溶液
	597mg/kg	270mg/kg

Smith & Nephew 公司的 Flamazine 产品是市场上最常用的以磺胺嘧啶银为活性成分的伤口护理产品,含有 1%(质量分数)的微粒化磺胺嘧啶银以及单硬脂酸甘油酯、聚山梨酸酯、鲸蜡醇、液状石蜡、丙二醇和纯净水等成分,是一种乳白色的亲水性药膏。图 6-4 显示 Flamazine 磺胺嘧啶银药膏的使用效果图。

与 Flamazine 磺胺嘧啶银药膏相似,第二军医大学长海医院自行研制的医院制剂磺胺嘧啶银、地塞米松尿素乳膏等水包油型乳膏已在临床使用多年,具有很好的

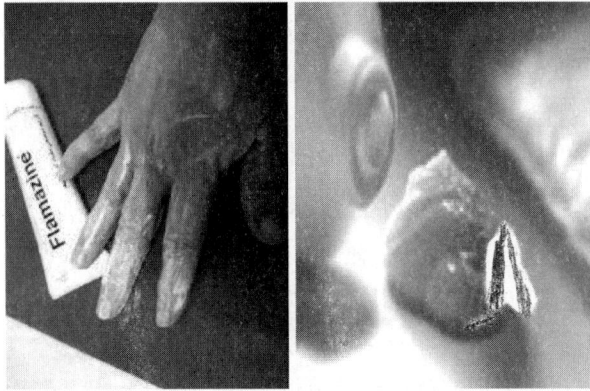

图 6-4   Flamazine 磺胺嘧啶银药膏的使用效果图

疗效。当药膏与创面渗出液接触时,部分药物可自局部吸收入血液,其吸收量一般低于给药量的 1/10,使用后磺胺嘧啶血药浓度可达 10~20mg/L。当创面广泛、用药量大时,其吸收量增加,血药浓度也可变得更高。

磺胺嘧啶银药膏应用于烧伤创面后,银在创面表层组织内大量聚集,深层组织内的含银量较少,表明银离子穿透组织的能力较弱。此外,银是否能穿透创面表层与创面是否去除腐皮关系密切,皮肤的透明层因烧伤后胶原增加也使药物难以穿透,成为阻止药物穿透的主要屏障。真皮与脂肪层的交界面为一疏水层,此层也可以阻止银的透入。创面深层是有生机的组织,渗透至深层组织内的银由于进入人体的循环而丧失,故创面深层的银含量相对很低。与银离子相比,磺胺嘧啶银中分解出的磺胺嘧啶可迅速吸收进入血液循环后发挥抑菌作用,吸收的磺胺嘧啶大部分从尿内排泄,剩余的在肝内分解。

李丽娥把磺胺嘧啶银粉与新洁尔灭混合后制成糊剂涂抹在疮面上,其涂抹范围大于疮面 1~2cm,厚度 1~2mm。涂抹后用红外线照射 15~20min,然后用无菌纱布覆盖,胶布固定。与传统的疗法相比,该方法中的磺胺嘧啶银对绿脓杆菌、金黄色葡萄球菌、大肠杆菌等致病菌有中度以上敏感的抗菌作用,并具有很强的收敛作用,使疮面干燥结痂,促进炎症吸收和肉芽组织迅速生长从而使疮面愈合。李新芳等利用成膜材料制备了磺胺嘧啶银膜剂,其配方包括磺胺嘧啶银 1g、盐酸丁卡因 0.4g、冰片 0.2g、聚乙烯醇 5g、羧甲基纤维素钠 1.5g、糖精钠 0.06g、甘油 2g,加入适量蒸馏水后制成 100g 混合物,搅拌均匀后在阴凉避光下制成膜。该膜应用在 96 例病例后的观察结果表明,含磺胺嘧啶银的膜对溃疡和肿瘤化疗引起的溃疡均有效,特别是对创伤性的口腔溃疡疗效好。

6.4 含银功能性医用敷料的主要类别

随着"湿润愈合"理论和"湿性疗法"产品的普及,银在医用敷料领域得到越来越多的应用。在伤口的护理过程中,"湿润愈合"为创面提供的温暖潮湿环境有利于细菌的繁殖,为了控制伤口上的细菌、防止其扩散,许多种类的医用敷料中加入了各种类型的抗菌材料。银有很好的抗菌作用并且不会产生细菌耐药性,已经被广泛应用于抗菌医用敷料的生产,国际市场上也已经有很多种类的含银医用敷料。锌、铜等具有抗菌作用的无机金属离子也越来越多地被应用在功能性医用敷料的生产中。除了具有优良的抗菌作用,锌和铜离子在人体皮肤、软骨等结缔组织的新陈代谢中起重要作用。美国卡普诺公司以聚酯、聚酰胺等纤维为基材,在纤维中加入纳米氧化铜,得到的 Cupron 铜基抗菌纤维结合了铜离子的抗菌性能和生物活性,能刺激皮肤生成新的毛细血管,应用在慢性伤口上能加快伤口的愈合。

Johnson & Johnson 公司的 Actisorb Silver 220 是 20 世纪 90 年代开发出的新型含银抗菌敷料,是国际市场上第一个取得商业成功的含银医用敷料,由含银活性炭织物作为主要成分。制造过程中,用银离子浸渍过的黏胶织物高温下炭化,形成含银的活性炭织物。这层织物被包在一个用熔喷法制备的聚酰胺非织造布中,敷料的四边被热压封闭,以方便产品的使用、减少活性炭颗粒的流失。应用在伤口上后,这种敷料能吸收伤口产生的毒素和坏死组织腐烂过程的产物以及伤口产生的具有挥发性的胺类物质和脂肪酸,同时伤口上的细菌也被吸附到敷料表面后被其中的银离子杀死。图 6-5 显示 Actisorb Silver 220 含银敷料的截面结构示意图。

图 6-5　Actisorb Silver 220 含银敷料的截面结构示意图

Smith & Nephew 公司的 Acticoat 含银敷料是由两层镀银的高密度聚乙烯网中间夹一层黏胶纤维和聚酯纤维组成的非织造布复合后制成的,三层材料通过超声波焊合而成。银被气相沉积在聚乙烯网上,在网的表面形成金属银的细小结晶体。Acticoat-7 是采用相同方法制备的,但是这个产品中有三层镀银聚乙烯网夹带两层非织造布。与水分接触后,银离子被释放出来,在敷料的内部和表面起到杀菌作用。Acticoat 产品 1995 年获美国 FDA 许可销售,1998 年进入北美市场,2001 年开始由 Smith & Nephew 公司经营。图 6-6 显示 Acticoat-7 含银敷料的结构示意图。

图 6-6　Acticoat-7 含银敷料的结构示意图

ConvaTec 公司的 Aquacel Ag 含银敷料是由含 1.2%离子银的羧甲基纤维素钠纤维组成的非织造布制备的。与伤口渗出液接触后,羧甲基纤维素钠纤维吸收大量水分后形成凝胶,银离子从纤维中释放出来,起到抗菌作用。Aquacel Ag 含银产品与不含银的产品相比,带有一定的灰色,一定程度上这种灰色可以帮助护理人员区别含银产品。

Coloplast 公司的 Contreet Foam 含银敷料是由含银的亲水性聚氨酯泡绵材料制备的。聚氨酯泡绵有很高的吸湿性,银离子有很强的抗菌性能,因此含银聚氨酯泡绵敷料可用于护理细菌感染严重、渗出液多的伤口。在与水分接触后,银离子可以很容易"活化"后释放,实验数据证明这种材料可以在 7 天中持续释放银离子,其释放出的银离子与敷料吸收的液体量成正比。Coloplast 公司的另一个含银敷料 Contreet Hydrocolloid 是在传统的水胶体敷料中加入含银化合物,在与水分接触后释放出银离子,起到优良的抗菌作用。

Argentum Medical 公司的 Silverlon 含银敷料是在针织物上用还原—氧化法镀上一层金属银。由于整个材料中的纤维表面上均匀镀上银,使用过程中银与液体的接触面很大,加快了银离子的释放。

Medline 公司的 SilvaSorb 含银敷料是一种水凝胶材料,可以为干燥的伤口提供一个湿润的愈合环境,同时通过释放银离子起到抗菌作用。

Laboratoires Urgo 公司的 Urgotul SSD 含银敷料把聚酯网浸渍在羧甲基纤维素钠、凡士林和磺胺嘧啶银(3.75%)组成的混合物中,这个产品中磺胺嘧啶具有抑菌作用,而银具有杀菌作用,两种材料的联合作用使产品具有良好的抗菌性能。

Lendell Manufacturing 公司的 Microbisan 含银敷料是一种具有高吸湿性的聚氨酯泡绵材料,其在合成聚氨酯的过程中加入具有抗菌作用的 Alphasan 含银化合物,使抗菌颗粒均匀分散在聚氨酯泡绵中。

Medline 公司的 Arglaes 含银敷料由海藻酸盐粉末和含银的无机高分子混合后制成,在与水分接触后,海藻酸盐吸收水分形成凝胶,银化合物分解后释放出银离子。在另外一种 Arglaes 产品中,含银无机高分子的粉末与聚氨酯溶液混合后制成薄膜,得到含银高透气性医用敷料。

Covalon Technologies 公司的可妥银敷料(ColActive Plus Ag)以明胶为载体材料,加入乙二胺四乙酸二钠、乳酸银、1-乙基-(3-二甲氨基)碳酰二亚胺盐酸盐、羧甲基纤维素钠、海藻酸钠等活性成分后进行化学交联,冷冻干燥后得到高吸湿性含银敷料。表 6-3 为可妥银敷料(ColActive Plus Ag)的化学组成。

表 6-3　可妥银敷料的化学组成

成　分	质量分数/%
猪明胶(变性胶原蛋白)	54.98
乙二胺四乙酸二钠	9.48
乳酸银	9.18
1-乙基-(3-二甲氨基)碳酰二亚胺盐酸盐	8.65
羧甲基纤维素钠	10.78
海藻酸钠	0.57
氯化钠	2.75
氢氧化钠	2.28
N-羟基丁二酰亚胺	1.33

Johnson & Johnson 公司的 Silvercel 含银敷料结合了银的广谱抗菌性能和海藻酸盐纤维的高吸湿性,采用美国诺贝尔纤维科技公司开发的 X-static 镀银锦纶负

载金属银,与海藻酸盐纤维共混后制成的含银敷料具有很高的吸湿性和优良的抗菌功效。

6.5 小结

银有很好的抗菌功效,负载入医用敷料后已经广泛应用于治疗烧伤、烫伤、褥疮等创面护理。含银抗菌剂是目前伤口护理领域性能最好的金属离子抗菌剂之一,具有良好的机械可加工性、生物相容性、安全性等特性,适用于规模化生产高科技含银功能性医用敷料,在医疗卫生领域起到越来越重要的作用。

参考文献

[1]BISHOP J B, PHILLIPS L G, MUSTOE T A, et al. A prospective randomized evaluator-blinded trial of two potential wound healing agents for the treatment of venous stasis ulcers[J]. J Vasc Surg, 1992, 16: 251-257.

[2]BLAIR S D, BACKHOUSE C M, WRIGHT D D, et al. Do dressings influence the healing of chronic venous ulcers? [J]. Phlebology, 1988, 3: 129-134.

[3]BOOSALIS M G, MCCALL J T, ARENHOLTZ D H, et al. Serum and urinary silver levels in thermal injury patients[J]. Surgery, 1987, 101: 40-43.

[4]BUCKLEY W R. Localized argyria[J]. Arch Dermatol, 1963, 88: 531-539.

[5]BUCKLEY S C, SCOTT S, DAS K. Late review of the use of silver sulphadiazine dressings for the treatment of fingertip injuries[J]. Injury, 2000, 31: 301-304.

[6]BURRELL R. Efficacy of silver-coated dressings as bacterial barriers in a rodent burn sepsis model[J]. Wounds, 1999, 11(4): 64-71.

[7]CALLAM M. Chronic ulceration of the leg: extent of the problem and provision of care[J]. British Medical Journal, 1985, 290(6485): 1855-1856.

[8]COLOPLAST. Contreet Foam Dressing. Product data[M]. Peterborough: Coloplast Ltd, 2003.

[9]CONVATEC. Scientific Background. Aquacel Ag[M]. Uxbridge: Convatec Ltd, 2004.

[10]DEALEY C. The Care of Wounds: A Guide for Nurses[M]. Oxford: Blackwell Science, 2002.

［11］DE HANN B. The role of infection in wound healing［J］. Surgery, Gynecology and Obstetrics, 1974, 138(5): 693-700.

［12］DEMLING R H, DISANTI L. The role of silver technology in wound healing［J］. Wounds, 2001, 13(1): 5-15.

［13］DOLLERY C. Therapeutic Drugs［M］.2nd ed. London: Churchill Livingstone, 1999.

［14］DOW G. Infection in chronic wounds: controversies in diagnosis and treatment［J］. Ostomy Wound Management, 1999, 45(8): 23-40.

［15］DOWSETT C. An overview of Acticoat dressing in wound management［J］. British Journal of Nursing, 2003, 19(Suppl): 44-49.

［16］DUPUIS L L, SHEAR N H, ZUCKER R M. Hyperpigmentation due to topical application of silver sulfadiazine cream［J］. J Am Acad Dermatol, 1985, 12 (6): 1112-1114.

［17］ENNIS W, MENESES P. Wound healing at the local level: the stunned wound［J］. Ostomy Wound Management, 2000, 46(1A Suppl): 36-48.

［18］FAKHRY S M, ALEXANDER J, SMITH D. Regional and institutional variations in burn care［J］. J Burn Care Rehabil, 1995, 16: 86-90.

［19］FOX C L. The human pharmacology of silver sulphadiazine［J］. J Burns Inc Therm Injury, 1985, 11(4): 306-307.

［20］FOX C J. Silver sulfadiazine: A new topical therapy for pseudomonas in burns［J］. Arch Surg, 1968, 96: 184.

［21］FUNG M C, BOWEN D L. Silver products for medical indications: risk-benefit assessment［J］. Clin Toxicol, 1986, 34(1): 119-126.

［22］FURR J R, RUSSELL A D, TURNER T D, et al. Antibacterial activity of Actisorb Plus, Actisorb and silver nitrate［J］. J Hosp Infect, 1994, 27: 201-208.

［23］GEORGE N, FAOAGALI J, MULLER M. Silvazine (silver sulfadiazine and chlorhexidine) activity against 200 clinical isolates［J］. Burns, 1997, 23 (6): 493-495.

［24］GETTLER A O, RHOADS C P, WEISS S. A contribution to the pathology of generalized argyria with a discussion on the fate of silver in the human body［J］. Am J Pathol, 1927, 3: 631-651.

［25］GOODMAN L, GILMAN A. The Pharmacological Basis of Therapeutics. Fifth edition［M］. New York: Macmillan, 1975.

[26] HALSTEAD W S. The operative treatment of hernia[J]. Am J Med Sci, 1895, 110: 13-17.

[27] HAMILTON-MILLER J M, SHAH S, SMITH C. Silver sulphadiazine: a comprehensive in vitro assessment[J]. Chemotherapy, 1983, 39: 405-409.

[28] HOFFMANN S. Silver sulfadiazine: an antibacterial agent for topical use in burns[J]. Scand J Plast Reconstr Surg, 1984, 18: 119-126.

[29] HUNT T, HOPF H. Wound healing and wound infection: what surgeons and anesthesiologists can do [J]. Surgical Clinics of North America, 1997, 77 (3): 587-606.

[30] KARLSMARK T. Clinical performance of a new silver dressing, Contreet Foam, for chronic exuding venous leg ulcers[J]. Journal of Wound Care, 2003, 12 (9): 351-354.

[31] KERSTEIN M. The scientific basis of healing[J]. Advances in Wound Care, 1997, 10(3): 30-36.

[32] KJOLSETH D, FRANK J M, BARKER J H, et al. Comparison of the effects of commonly-used wound agents on epithelialization and neovascularization[J].J Am Coll Surg, 1994, 179: 305-312.

[33] KLASEN H. Historical review of the use of silver in the treatment of burns. 1. Early uses[J]. Burns, 2000, 26(2): 117-130.

[34] KLASEN H J. A historical review of the use of silver in the treatment of burns. Renewed interest for silver[J]. Burns, 2000, 26: 131-138.

[35] KULICK M I, WONG R, OKARMA T B, et al. Prospective study of side effectsassociated with the use of silver sulfadiazine in severely burned patients[J]. Ann Plast Surg, 1985, 14(5): 407-418.

[36] LANSDOWN A. A review of the use of silver in wound care: facts and fallacies[J]. British Journal of Nursing, 2004, 13(6 Suppl): 6-17.

[37] LANSDOWN A. Silver. 1: Its antibacterial properties and mechanism of action[J]. Journal of Wound Care, 2002, 11(4): 125-129.

[38] LANSDOWN A B G. Physiological and toxicological changes in the skin resulting from the action and interaction of metal ions[J]. Crit Rev Toxicol, 1995, 25 (5): 397-462.

[39] LANSDOWN A B G, SAMPSON B, LAUPATTARAKSEM P, et al. Silver aids healing in the sterile skin wound: experimental studies in the laboratory rat[J]. Br

J Dermatol, 1997, 137: 728-735.

[40]LAWRENCE J C, PAYNE M J. Wound Healing[M]. London: The Update Group, 1984.

[41]LI X. Silver-resistant mutants of Escherichia coli display active efflux of Ag^+ and are deficient in porins[J]. Journal of Bacteriology, 1997, 179(19): 6127-6132.

[42]LOCKHART S P, RUSHWORTH A, AZMY A A F, et al. Topical silver sulphadiazine: side-effects and urinary excretion[J]. Burns, 1983, 10: 9-12.

[43]MARGRAF H W, COVEY T H. A trial of silverzinc-allantoinate in the treatment of leg ulcers[J]. Arch Surg, 1977, 112: 699-704.

[44]MARONE P, MONZILLO V, PERVERSI I, et al. Comparative in vitro activity of silver sulfadiazine alone and in combination with cerium nitrate against staphylococci and gram negative bacteria[J]. J Chemother, 1998, 10(1): 17-21.

[45]MARSHALL C R, KILLOH G B. The bactericidal action of collosols of silver and mercury[J]. Br Med J, 1915, 16(1): 102-1044.

[46]MARSHALL J P, SCHNEIDER R P. Systemic argyria secondary to topical silver nitrate[J]. Arch Dermatol, 1977, 113: 1077-1079.

[47]MILLWARD P. Comparing treatment for leg ulcers[J]. Nurs Times, 1991, 87(13): 70-72.

[48]MONAFO W, MOYER C. The treatment of extensive thermal burns with 0.5% silver nitrate solution[J]. Ann NY Acad Sci, 1968, 150: 937-945.

[49]MONTES L F, MUCHINIK G, FOX C L. Response to varicella-zoster virus and herpes zoster to silver sulfadiazine[J]. Cutis, 1986, 38(6): 363-365.

[50]MOYER C, BRENTANO L, GRAVENS D L, et al. Treatment of large human burns with 0.5% silver nitrate solution[J]. Arch Surg, 1965, 90: 812-867.

[51]O'MEARA S. Systematic review of antimicrobial agents used for chronic wounds[J]. British Journal of Surgery, 2001, 88(1): 4-21.

[52]O'MEARA S. Systematic reviews of wound care management: (3) antimicrobial agents for chronic wounds; (4) diabetic foot ulceration[J]. Health Technology Assessment, 2000, 4(21): 1-237.

[53]OSOL A, FARRAR G E. The Dispensary of the United States of America [M]. 25th ed. Philadelphia: Lippincott, 1960.

[54]PARISER R J. Generalized argyria [J]. Arch Dermatol, 1968, 114: 373-377.

［55］POLLOCK S. The wound healing process［J］. Clinical Dermatology, 1984, 2: 8.

［56］Qin Y. Silver containing alginate fibres as wound management material［J］. Textile Asia, 2004(11): 25-27.

［57］RICKETTS C R, LOWBURY E J L, LAWRENCE J C, et al. Mechanism of prophylaxis by silver compounds against infection of burns［J］. British Medical Journal, 1970, 2: 444-446.

［58］RUSSELL A, HUGO W. Antimicrobial activity and action of silver［J］. Progress in Medicinal Chemistry, 1994, 31: 351-370.

［59］RUSSELL A D, HUGO W B, AYLIFFE G A J. Principles and Practice of Disinfection, Preservation and Sterilization［M］. 2nd ed. Oxford: Blackwell Scientific, 1992.

［60］SCHULTZ G. Wound bed preparation: a systematic approach to wound management［J］. Wound Repair and Regeneration, 2003, 11(Suppl 1): 1-28.

［61］STERN H S. Silver sulphadiazine and the healing of partial-thickness burns: a prospective clinical trial［J］. Br J Plast Surg, 1989, 42: 581-585.

［62］STONE L. Bacterial debridement of the burn eschar: the in vivo activity of selected organisms［J］. Journal of Surgical Research, 1980, 29(1): 83-92.

［63］THOMAS S, MCCUBBIN P. A comparison of the antimicrobial effects of four silver-containing dressings on three organisms［J］. Journal of Wound Care, 2003, 12 (3): 101-107.

［64］THOMAS S, MCCUBBIN P. An in vitro analysis of the antimicrobial properties of 10 silver-containing dressings［J］. Journal of Wound Care, 2003, 12(8): 305-308.

［65］THURMAN R B, GERBA C P. The molecular mechanisms of copper and silver ion disinfection of bacteria and viruses［J］. CRC Critical Reviews in Environmental Control, 1989, 18(4): 295-315.

［66］TREDGET E E, SHANKOWSKY H A, GROENVALD A, et al. A matched-pair, randomized study evaluating the efficacy and safety of Acticoat silver-coated dressing for the treatment of burn wounds［J］. J Burn Care Rehabil, 1998, 19(6): 531-537.

［67］WARD R S, SAFFLE J R. Topical agents in burn and wound care［J］. Phys Ther, 1995, 75(6): 526-538.

［68］WHITE R J, COOPER R, KINGSLEY A. Wound colonization and infection: the role of topical antiseptics［J］. Br J Nurs, 2001, 10(9): 563-578.

［69］WILLIAMS C. Actisorb Plus in the treatment of exuding infected wounds［J］. Br J Nurs, 1994, 3(15): 786-788.

［70］WILLIAMS C. Arglaes controlled release dressing in the control of bacteria ［J］. Br J Nurs, 1997, 6(2): 114-115.

［71］WRIGHT J. Wound management in an era of increasing bacterial antibiotic resistance: a role for topical silver treatment［J］. American Journal of Infection Control, 1998, 26(6): 572-577.

［72］WRIGHT J B, LAM K, BURRELL R E. Wound management in an era of increasing bacterial antibiotic resistance: a role for topical silver treatment［J］. Am J Infect Control, 1998, 26(6): 572-577.

［73］WRIGHT J B, LAM K, HANSEN D, et al. Efficacy of topical silver against fungal burn wound pathogens［J］. Am J Infect Control, 1999, 27(4): 344-350.

［74］WUNDERLICH U, ORFANOS C E. Behandlung der ulcera cruris venosa mit trockenen Wundauflagen. Phasenubergreifende Anwendung eines silber-impragnierten Aktivkohle-Xerodressings［J］. Hautarzt, 1991, 42: 446-450.

［75］YIN H Q, LANGFORD R, BURRELL R E. Comparative evaluation of the antimicrobial activity of Acticoat antimicrobial barrier dressing ［J］. J Burn Care Rehabil, 1999, 20(3): 195-200.

［76］廖立新,刘仔兰,赵英,等. 硝酸银软膏抗菌作用的研究［J］. 江西医学检验,2001,19(6):349.

［77］孔祥伟,王惠兰. 1%磺胺嘧啶银混悬液致烧伤创面加深 3 例［J］. 滨州医学院学报, 1999,22(5):438.

［78］李丽娥. 磺胺嘧啶银糊剂治疗褥疮的疗效观察［J］. 中国误诊学杂志, 2008,8(30): 7358-7359.

［79］李新芳, 木哈拜提. 磺胺嘧啶银膜剂的制备及临床观察［J］. 西北药学杂志,2005,20(2):82.

［80］魏坤,吴远,席云,等. 复方纳米银抗菌乳液杀菌效果的研究［J］. 中国消毒学杂志,2010,27(5): 521-523.

［81］李辉. 磺胺嘧啶银临床应用回顾［J］. 河北北方学院学报(医学版), 2005,22(2):71-74.

［82］杨藻宸. 药理学和药物治疗学［M］. 北京:人民卫生出版社, 2000.

[83]温昕,安胜军,侯志飞,等.载银缓释型抗菌敷料[J].化学进展,2009,21(7-8):1644-1654.

[84]刘丽亚,杜玲,曾莉.银离子联合藻酸盐敷料用于术后感染伤口的疗效分析[J].四川医学,2014,35(2):195-197.

[85]郭春兰,赵安珍,付向阳.两种银敷料在下肢静脉溃疡治疗中应用效果观察[J].海南医学,2015,26(2):188-191.

[86]苏怡芳,马俊,章左艳,等.银离子藻酸盐敷料在糖尿病合并压疮患者中的应用效果[J].解放军护理杂志,2016,33(4):61-67.

[87]张婷,刘松梅,林权.银离子藻酸盐抗菌敷料对腿部静脉溃疡的减痛促愈效果[J].中西医结合心血管病杂志,2016,4(33):194.

[88]胡志芳,骆小燕.银离子藻酸盐抗菌敷料治疗2级糖尿病足伤口的应用效果观察[J].糖尿病天地,2018,15(6):69-70.

[89]郑雪晶,郭文安,邱雪梅,等.海藻酸盐银离子敷料在老年糖尿病足溃疡中的应用[J].中国卫生标准管理CHSM,2019,10(5):165-166.

[90]林燕清,黄惜珍.健康教育联合银离子藻酸盐抗菌敷料在手术伤口愈合不良中的应用[J].国际护理学杂志,2016,35(24):3317-3320.

[91]伍碧贞,刘庆,杨文祥.银离子抗菌敷料结合中西医护理对慢性感染伤口愈合的影响[J].护理实践与研究,2019,16(7):147-148.

[92]秦益民.含银医用敷料的抗菌性能及生物活性[J].纺织学报,2006,27(11):113-116.

[93]秦益民.在医用敷料中添加银离子的方法[J].纺织学报,2006,27(12):109-112.

[94]秦益民.银离子的释放及敷料的抗菌性能[J].纺织学报,2007,28(1):120-123.

[95]秦益民.含银海藻酸纤维的制备方法和性能[J].纺织学报,2007,28(2):126-128.

[96]秦益民.含银海藻酸纤维的制备方法和性能[J].纺织学报,2007,28(2):126-128.

[97]秦益民.功能性医用敷料[M].北京:中国纺织出版社,2007.

[98]秦益民.含银海藻酸盐医用敷料的临床应用[J].纺织学报,2020,41(9):183-190.

第7章　含银医用敷料的制备及载体材料

7.1　引言

银及其各种化合物具有优良的抗菌性能,已经在医疗、卫生等健康领域得到广泛应用,其在伤口护理领域中的应用也变得越来越重要。银的广谱抗菌性能与现代医用敷料良好的组织适应性、血液相容性、可吸收性、不粘连伤口新生组织等优异性能结合后制备的含银医用敷料在伤口护理中有特殊的应用价值,特别适用于烧伤及感染伤口的护理。与此同时,"湿润愈合"在伤口护理领域的普及也为具有抗菌性能的功能性医用敷料的发展提供了新的动力,使含银抗菌医用敷料成为功能性医用敷料领域的一个重要发展方向。

含银医用敷料在使用过程中持续释放出具有抑菌、杀菌功效的银离子或原子,其释放性能取决于银化合物与载体材料之间的相互作用、聚合物载体的吸水性能以及银化合物的理化特性等很多因素。近年来,含银缓释医用敷料在材料选择、制备技术、生产应用等方面取得了很大的进展,全球各地的很多科研院所和生产企业针对不同的临床需求开发出了很多种类的含银缓释型功能性医用敷料。

7.2　用于医用敷料的银化合物

在含银医用敷料中,银起到重要的抗菌作用。银的氧化性能很强,在与有机的载体材料结合后很容易使载体材料氧化变黑。为了更好地控制含银医用敷料的性能,国内外市场上采用很多种类的银化合物作为抗菌剂,加入不同种类的载体材料中。

在元素周期表中,银是 Ib 组的金属元素。银有两种同位素,即^{107}Ag 和^{109}Ag,两者以相同的比例存在。在溶液中,银以三种氧化态形式存在,即 Ag^+、Ag^{2+} 和 Ag^{3+},每种都可以与有机和无机化合物形成复合物。由于含有 Ag^{2+} 或 Ag^{3+} 的化合物在水中是不稳定的,医用敷料中涉及的银离子一般为 Ag^+。除了银离子,金属银也有很好的抗菌作用。

目前应用于含银医用敷料中的银化合物可以分为以下三大类:

(1)元素银。如纳米银颗粒、银箔等。

(2)无机化合物或复合物。如硝酸银、磺胺嘧啶银、氧化银、磷酸银、氯化银、银锆化合物等。

(3)有机复合物。如胶状银、银锌尿囊素、蛋白质银等。

1960年前使用的银基本上是以胶状银的形式使用的。在胶状银中,纯银颗粒在静电作用下互相排斥,以 $3\sim5mg/L$ 的浓度悬浮在溶液中。这种材料的抗菌性能很强,并且不会产生细菌耐药性,但是由于暴露在阳光后的稳定性很差,其实用价值不高。银与小分子量的蛋白质结合后在溶液中变得更稳定,但是抗菌性能比纯银差。

20世纪60年代后许多银的无机盐被开发应用。当与 Cl、NO_3、SO_4 等阴离子结合后,银离子变得更为稳定,因此改善了使用性能。$AgNO_3$ 是应用最多的银盐,但是在浓度超过2%后对人体有一定的毒性。0.5%的 $AgNO_3$ 水溶液一度是治疗烧伤病人的标准溶液。但是硝酸基团对伤口和人体细胞有毒性,能延缓伤口的愈合。磺胺嘧啶银在1967年后开始应用于烧伤患者的治疗,在含1%磺胺嘧啶银的乳液中,银离子与丙二醇、硬脂醇、异丙基十四烷酯等结合后使用在伤口上,通过银离子持续、缓慢地释放起到抗菌作用。

许多研究证明纯银离子的抗菌性能比银的复合物强,并且能在一定程度上促进伤口愈合。正因为如此,目前临床上使用的含银医用敷料中的银化合物多能在伤口上持续释放银离子,例如,美国 Milliken 公司开发的 Alphasan 系列含银磷酸锆钠化合物在与体液或伤口渗出液中的钠离子接触后能通过离子交换持续释放出银离子,而在加工过程中,银离子被包埋在磷酸锆钠化合物中,因此能避免载体材料的氧化变黑。

表7-1总结了国际市场上主要含银医用敷料中使用的银化合物。表7-2显示几种含银医用敷料中的银含量。

表7-1 含银医用敷料中使用的银化合物

生产厂家	产品名称	银化合物
Argentum	Silverlon	金属银
Smith & Nephew	Acticoat	金属银

生产厂家	产品名称	银化合物
Medline	SilvaSorb	氯化银
ConvaTec	Aquacel Ag	羧甲基纤维素银
Medline	Arglaes	磷酸钙银
Coloplast	Contreet	银氨化合物
Johnson & Johnson	ActiSorb	活性炭银
SSL International	Avance	磷酸锆钠银
Johnson & Johnson	Silvercel	镀银聚酰胺纤维
Laboratoires Urgo	Urgotul SSD	磺胺嘧啶银

表 7-2　含银医用敷料的银含量

产品名称	银化合物	银含量/$(\mu g \cdot cm^{-2})$
Acticoat	电镀金属银	1040
Comfeel Ag	磷酸锆钠银	770
Covalon	乳酸银	330
UrgoSorb Ag	磺胺嘧啶银	140
Aquacel Ag	羧甲基纤维素银	90
SilvaSorb	氯化银	60

7.3　含银医用敷料的制备

国际市场上的含银医用敷料选用的银化合物不同,在其载体材料和负载银的方法上也有很大区别。目前有五种方法可用于含银医用敷料的制备,即混合法、化学处理法、物理处理法、共混法和生物法。

7.3.1　混合法

银有很强的抗菌性能,同时也是一种具有很强氧化性能的金属离子。在与有机物接触时,银离子很容易使载体材料氧化变黑。为了使载体材料保持白色的外观,市场上出现了负载银离子的无机盐纳米材料。这些载银颗粒可以与高分子材料混合后制备薄膜、海绵、纤维等材料后加工成具有抗菌性能的含银医用敷料。

美国 Milliken 公司生产的 AlphaSan RC5000 是一种含银的磷酸锆钠盐。这是一种无机高分子材料,其银含量约为 3.8%。由于 AlphaSan RC5000 的颗粒很细,当与海藻酸钠水溶液在高剪切下混合时,细小的含银颗粒可以均匀分散在黏稠的纺丝溶液中,通过湿法纺丝制备含银的海藻酸钙纤维。如图 7-1 所示,含磷酸锆钠银化合物的海藻酸钙纤维中均匀分布着含银颗粒,由于银离子被包埋在磷酸锆钠颗粒中,这种含银纤维即使在用 γ 射线灭菌后也能保持其白色的外观。采用类似方法可以在加工壳聚糖和其他医用纤维时加入具有抗菌功能的银化合物。

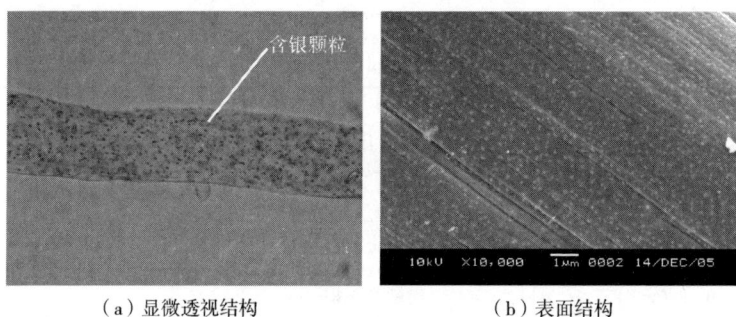

（a）显微透视结构　　　　　（b）表面结构

图 7-1　含银磷酸锆钠盐颗粒与海藻酸钙共混纤维的结构

混合法中使用的银离子通常被负载在超细粉末后加入纤维等功能材料,其中涉及的超细粉末包括很多种类的有机和无机材料,例如刘菁等研究了载银沸石抗菌剂的制备,实验中使用的沸石含有 37.64%SiO_2、22.58%Al_2O_3、0.373%CaO、2.26%MgO、1.05%Fe_2O_3、0.0106%P_2O_5、0.0997%TiO_2、0.26%K_2O、18.12%Na_2O 和 0.016%MnO,其工艺流程如下:

磷酸三钠预处理沸石细粉→浸渍于金属银可溶性盐的水溶液→调节 pH →保温、搅拌→洗涤→干燥→载银沸石抗菌剂

具体的生产方法包括:

(1)沸石的预处理。将一定量沸石磨细后加入 0.5mol/L 的磷酸三钠溶液中,70℃下处理 6h,过滤洗涤至洗液中无 PO_4^{3-} 后烘干研细待用。

(2)载银沸石抗菌剂的制备。配制不同浓度的 $AgNO_3$ 水溶液,按固液比为 1∶10 的比例将沸石粉体加入 $AgNO_3$ 溶液中,使沸石与 $AgNO_3$ 溶液发生离子交换和吸附作用后通过离心分离得到固体产物,用蒸馏水反复洗涤至洗液中无 Ag^+ 后,在 100℃下烘干磨细。其中最佳的处理条件为:$AgNO_3$ 初始浓度为 0.05mol/L、pH 为 6~8、反应温度为 60℃、搅拌时间为 4h。

载银超细颗粒的直径很小,很容易在高剪切搅拌下分散在纺丝溶液中,通过纺丝工艺负载到纤维中。除了湿法纺丝、熔融纺丝等传统的纺丝方法,静电纺丝也被用来制备含银纤维。图 7-2 为一种静电纺丝装置的示意图。以甲酸和水作溶剂分别制备丝素和聚乙烯醇溶液进行共混后加入一定量的载银超细颗粒,通过静电纺丝可以制得含银的聚乙烯醇丝素共混纤维。

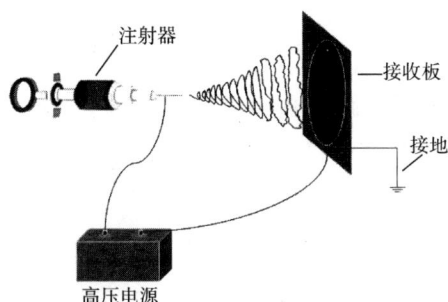

图 7-2　静电纺丝装置示意图

7.3.2　化学处理法

化学处理法通常采用含银离子的溶液处理载体材料,通过离子交换在材料上加入银离子。例如,用 $AgNO_3$ 溶液处理壳聚糖纤维,通过纤维中的氨基对银离子的螯合作用可以使纤维吸附具有很强抗菌性能的银离子。当与生理盐水接触时,含银壳聚糖纤维上的银离子被释放到溶液中,起到抗菌作用。

在一个制备含银壳聚糖纤维的方法中,称取 5 份各 1g 的壳聚糖纤维,分别与 50mL 浓度为 0.01g/L、0.02g/L、0.03g/L、0.05g/L、0.5g/L 的硝酸银水溶液混合后室温下处理 24h,充分水洗后可以制备含不同量银的壳聚糖纤维。与此类似,用同一浓度的 $AgNO_3$ 溶液在不同的反应时间下也可以制备含不同量银的壳聚糖纤维。称取 4 份各 1g 的壳聚糖纤维,分别与 4 份 50mL 含 0.5g/L 的硝酸银溶液在室温下混合,反应 0.25h、0.5h、5h、24h 后水洗,可以制备含不同量银的壳聚糖纤维。表 7-3 和表 7-4 分别显示溶液浓度和处理时间对壳聚糖纤维中银离子含量的影响。

表 7-3　$AgNO_3$ 溶液浓度对壳聚糖纤维中银离子含量的影响

$AgNO_3$ 浓度/$(g \cdot L^{-1})$	纤维中银离子含量/$(\mu g \cdot g^{-1})$	50 mL 溶液中银离子总量/mg	1g 纤维中银离子总量/mg	纤维对溶液中银的吸附率/%
0.01	5.0	0.32	0.005	1.56%
0.02	20.6	0.64	0.0206	3.22%

续表

AgNO₃ 浓度/(g·L⁻¹)	纤维中银离子含量/(μg·g⁻¹)	50 mL 溶液中银离子总量/mg	1g 纤维中银离子总量/mg	纤维对溶液中银的吸附率/%
0.03	47.2	0.95	0.0472	4.97%
0.05	69.0	1.59	0.069	4.34%
0.5	1496.0	15.9	1.496	9.40%

表7-4 处理时间对壳聚糖纤维中银离子含量的影响

0.5g/L 硝酸银处理时间/h	纤维中银离子含量/(μg·g⁻¹)
0.25	402
0.5	502
5	968
24	1496

以海藻酸钠为原料制备纺丝溶液,把海藻酸钠水溶液通过喷丝孔挤入含有硝酸银的凝固液后可以制备含银的海藻酸盐纤维。表7-5显示在使用氯化钙和硝酸银混合水溶液作为凝固液时得到的海藻酸盐纤维中的钙和银离子含量。

表7-5 海藻酸钙银纤维的制备条件及性能

样品序号	1	2
纺丝液中海藻酸钠浓度/%	6	6
凝固时间/s	30	600
纤维中银离子含量/%	5.12	7.3
纤维中钙离子含量/%	4.98	6.18
纤维强度/(cN·dtex⁻¹)	1.09	1.15
断裂伸长/%	10.5	8.9

通过化学电镀的方法也可以在高分子材料的表面负载金属银。曹云娜研究了化学镀层非织造布的抗菌性,用硝酸银、氢氧化钠、氨水组成的水溶液与葡萄糖水溶液混合后将前处理过的织物在蒸馏水中清洗后浸渍到该混合溶液中3min后立即在蒸馏水中清洗,然后于80℃下烘干后得到镀银的非织造布材料。采用类似的方法,以硝酸铜替代硝酸银后可以得到镀铜的非织造布。

7.3.3　物理处理法

与银离子相似,金属银也有良好的抗菌作用。用物理涂层的方法在载体材料表面负载金属银后可以获得具有广谱抗菌性能的医用敷料。由于涂层制备技术的不同,涂层中银的存在方式很不相同,有些以氧化银晶相或银晶相存在,有些以非晶相存在。银可位于涂层底部、涂层表面或贯穿涂层。

目前在材料表面物理涂银的方法很多,主要有等离子喷涂、电化学沉积、溶胶凝胶、微弧氧化、热喷涂等技术。

7.3.3.1　等离子喷涂

等离子喷涂(plasma spraying)技术是由直流电驱动的等离子电弧作为热源,将陶瓷、合金、金属等材料加热到熔融或半熔融状态后高速喷向经过预处理的工件表面,形成附着牢固的表面涂层的方法。有研究将粒径为 $15\sim50\mu m$ 的羟基磷灰石粉末与粒径为 $40\sim100\mu m$ 的纯银粉末按质量比 99∶1、97∶3 和 95∶5 混合后在纯钛表面制备载银涂层,得到的含银量分别为 0.64%、2.44% 和 4.09%,该材料对大肠埃希杆菌、绿脓杆菌和金黄色葡萄球菌的抑菌率均超过 95%,在模拟体液中检测显示该涂层可以持续释银 50 天左右,没有发现溶血性和细胞毒性。

等离子喷涂技术已经广泛应用于医用植入材料的表面处理,其缺点在于喷涂为线性工艺,对多孔或形状复杂的种植体涂层不很均匀,另外由于喷涂时温度较高,材料的结构容易产生变化,并且由于金属基底与涂层之间的热膨胀系数差异,冷却时涂层内部产生残余热应力,不利于稳定。涂层的致密度较低,容易腐蚀、剥脱。采用磁控溅射技术可以在丙纶非织造布等基材表面沉积厚度为 $0.5\sim2nm$ 的银薄膜。磁控溅射镀膜法是利用高频电场使氩气发生电离,电离产生的正离子高速轰击靶材,在磁场的控制下使靶材上的银原子溅射出来,并沉积在丙纶非织造布基材上形成薄膜。原子力显微镜(AFM)分析表明,经氩等离子体处理后的纤维表面有明显的刻蚀痕迹,沉积的银粒子分布均匀、不易团聚。X 射线能谱仪(EDX)分析表明,经氩等离子体预处理后,丙纶非织造布表面沉积的银粒子总量增加,表面沉积 1nm 厚的银薄膜,对大肠杆菌和金黄色葡萄球菌的抑菌率分别达到 99.96% 和 100%。

7.3.3.2　电化学沉积

电化学沉积(electrochemical deposition)的基本原理有阴极沉积和阳极沉积两种情况。

(1)阴极沉积。阴极沉积还原机理认为在 pH 低于 7 的溶液中进行阴极电沉积时,溶液的氧化剂首先在电极表面还原并形成 OH^-,随后溶液中的金属离子或络合物与吸附在电极表面的 OH⁻ 发生反应,生成金属氢氧化物并随着金属氢氧化物的进一步脱水生成氧化物薄膜。阴极电沉积制备陶瓷材料包括三个方式:电泳沉积、电解沉积和复合电沉积。有研究用柠檬酸钠还原硝酸银制得纳米银胶体溶液后经乙醇稀释配成系列浓度的电泳沉积液,以钛板为阳极、钛板片为阴极,施加 25V 电压,电泳沉积 15min 后钛板上沉积有纳米银。以此为阴极,电解液为 $CaCl_2$、NaH_2PO_4 和 NaCl,电流密度 $1A/cm^2$,120℃电沉积 20min,制备的涂层中的银以纳米亚晶状存在于种植体的表面,在涂层中沉积量很少,但仍对大肠杆菌显示明显的抗菌性。此涂层具有很高的生物相容性和生物活性,能抑制银离子释放,延长抗菌性能。

(2)阳极沉积。阳极氧化法指用电化学技术在金属表面原位生长制备金属氧化物薄膜的一种方法,其中微弧氧化法(MAO)是在普通阳极氧化基础上,进一步提高电压使电压超出法拉第区,达到金属阳极表面生长的钝化氧化膜的击穿电压,这时在阳极上可以观察到弧光放电现象,大量火花在阳极表面游动,弧光放电产生的瞬时高温高压作用引起各种热化学反应,在阳极表面原位生长氧化物陶瓷膜。

7.3.3.3 溶胶—凝胶法

溶胶—凝胶法(sol—gel)是将涂层配料制成溶胶后使之均匀覆盖于基底的表面,由于溶剂挥发,配料发生缩聚反应而胶化,再经干燥和热处理后获得涂层。通过改变热处理的温度、保温时间以及涂层溶液中的有机添加剂,可以改变涂层中生成物相的种类、结晶度等。有研究将硝酸银粉末加入溶胶体后置于 70℃ 干燥 12h,然后在 650℃ 高温下处理 3h 后在钛表面制备出银含量为 1.0%(质量分数)和 1.5%(质量分数)的涂层,该材料具有明显的抑菌性而无细胞毒性。

溶胶—凝胶法的制备温度相对较低,材料制备过程易于控制、产物纯度高、体系中组分的分布均匀、涂层厚度薄且可以控制,可以形成数微米甚至低于 $1\mu m$ 厚度的涂层。这种厚度的涂层大大降低了涂层开裂、崩解的可能性,但溶胶—凝胶法中凝胶在烧结过程中有较大收缩,涂层易开裂,需要探索涂层工艺使生成的涂层均匀、致密、无裂痕。

7.3.3.4 热喷涂法

热喷涂(thermal spraying)技术是一种高温处理方法,可以将含银的熔体喷涂在经过喷砂处理的材料表面,形成一层具有抗菌性能的表面涂层。有研究将含 3%(质量分数)Ag_2O 粉末的熔体于 2700℃ 下喷涂至经喷砂处理的钛基体上制备出载银涂层后将试件植入小鼠背部皮下监测血清银离子浓度。结果显示,植入 48h 后血清银离子浓度超过 50mg/kg,说明该材料能有效释放银离子。

7.3.3.5　共溅射法

射频磁控溅射(co-sputtering)是在陶瓷和金属基体上制备涂层的成熟技术,具有沉积速度快、涂层成分均匀、性能稳定、结合强度高、工业规模化生产程度高等优点。有研究在钛基体上使用超高真空双靶磁控溅射系统沉积,持续溅射 3h,400℃下热处理 4h 使涂层晶体化后得到含银量为 $2.05\% \pm 0.55\%$ 的载银涂层。试验结果显示,金黄色葡萄球菌和表皮葡萄球菌在载银涂层表面的黏附量明显减少。

7.3.3.6　等离子体浸没离子注入

等离子体浸没离子注入技术(plasma immersion ion implantation)的概念在 20世纪 80 年代末提出,该过程通过施加一连串负脉冲偏压后使等离子体事先产生或由高压脉冲诱导产生,在工件周围形成一定厚度的等离子体鞘层,离子在鞘层作用下从各个方向注入工件表面,具有复杂形状表面的工件无须操作即可进行全表面处理。有研究以银为阴极弧等离子源、$300\mu s$ 弧脉冲宽度启动、频率 30Hz、弧电流 1A、脉冲偏压幅值 $-5kV$,在聚乙烯表面制备出载银的涂层。XPS 显示银主要集中在涂层的表面,且银的导入使涂层表面的接触角减小,不利于细胞和细菌的吸附。

7.3.4　共混法

把含银纤维或其他形式的材料与不含银的材料混合后可以制备含银的复合材料。Johnson & Johnson 公司在制备 Silvercel 含银海藻酸盐医用敷料的过程中,把高吸湿的海藻酸钙纤维与含银的 X-static 纤维混合后加工成含银的高吸湿敷料。Smith & Nephew 公司的 Acticoat 含银医用敷料由镀银的聚乙烯薄膜与非织造布材料复合后制成,由两层载银、低粘连高密度聚乙烯网中间夹一层黏胶纤维和聚酯纤维组成的非织造布组成。微晶银(直径小于 20nm)是用气相沉积的方法涂在聚乙烯网上,通过释放银离子起到抗菌作用,而黏胶纤维和聚酯纤维具有辅助维护伤口湿润环境的功效。在与水分接触后,银离子从材料中释放出来,在敷料内部和表面起杀菌作用。

7.3.5　生物法

生物技术的发展为含银医用材料的发展提供了新的动力,利用生物质的还原性可以制备具有优良抗菌性能的含银功能材料。周婷婷等利用芦荟中一些还原性多糖将银氨络离子还原为纳米单质银,同时由线型 β-(1,4)-D-甘露糖单基连接成的多糖中的羟基以及芦荟苷、芦荟大黄素等芦荟中蒽醌类化合物母核上的羟基与银离子配位,使其吸附到纳米银的表面后稳定纳米银、防止团聚,得到稳定的纳米银溶液。林源等研究了以中草药丁香、山茱萸、地榆和乌梅提取液为还原剂和保护剂合成的纳米银颗粒,利用紫外—可见吸收光谱、透射电镜以及 X 射线粉末衍射等方法对产物进行表征的结果表明,采用生物质还原得到的纳米银颗粒呈近球形,通过提高提取液的 pH 可获得粒径较小、分散性好、稳定性高的纳米银颗粒,其对大肠杆菌和金黄色葡萄球菌有很强的抑制作用,最小抑菌质量浓度(MIC)分别为 1.69mg/L 和 3.38mg/L。

作为一种富含海藻酸的海洋植物,海带对银离子有很强的吸附能力。有研究以海带干粉为吸附剂测试其对银离子的吸附性能,结果表明,海带对银离子的最大吸附量可达 273mg/g 干重,该吸附在 20~40℃ 范围内是一个不依赖于温度的快速过程,对溶液 pH 有较宽的适应范围。通过 TEM 观察可以发现吸附后的海带细胞周围生成大量电子不透明颗粒,说明银离子与海带细胞接触后被还原成纳米金属银。

Ravindra 等利用桉树和无花果属植物提取液的还原性能,成功地在棉花纤维中负载了具有抗菌性能的纳米银。处理过程中,棉纤维首先在硝酸银水溶液中处理后使银离子进入纤维结构,然后用不同浓度的植物提取液处理,使银离子还原成金属银后在棉纤维的结构中加入直径约 20nm 的纳米银颗粒。这样得到的纤维对大肠杆菌有很好的抗菌作用。图 7-3 显示用不同浓度(2%、4%、6%)的美叶桉树叶提取液处理后得到的含银棉纤维的表面结构。

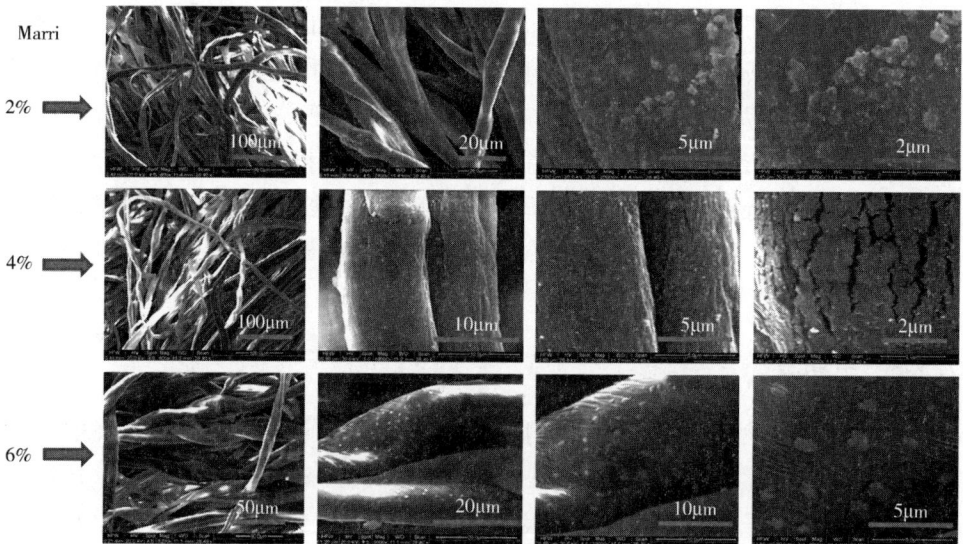

图 7-3　用不同浓度的美叶桉树叶提取液处理后得到的含银棉纤维的表面结构

7.4　含银医用敷料的载体材料

经过多年的创新发展,全球各地的医疗卫生企业已经开发出了很多种类的含银医用敷料,在载体材料、抗菌剂种类、抗菌性能等方面有很大区别,形成一系列具有稳定、持续缓释银离子的抗菌敷料,其中载体材料是影响银离子释放及敷料综合性能的重要因素。从形态上看,载体材料可分为纤维、薄膜、海绵、粉末等多种类型,在材料的结构和来源上也有很大区别,包括以下三个主要类别。

7.4.1　生物高分子材料

用于制备医用敷料的生物高分子材料包括壳聚糖、海藻酸钠、羧甲基纤维素钠、细菌纤维素等高分子多糖以及胶原蛋白、明胶等蛋白质,具有无毒、免疫原性低、生物相容性好、来源广泛等优点。由于富含亲水性基团,生物高分子材料释放银离子的速度比合成高分子更容易控制。

壳聚糖是自然界中少见的直链阳离子碱性聚合物,具有止血、抗菌、抑菌功效。将壳聚糖溶液与载银抗菌剂均匀混合后经过冻干、交联等处理可以得到含银的海绵或薄膜敷料。有研究将壳聚糖溶液与磺胺嘧啶银均匀混合后经过凝胶化、除水、冷冻干燥等工艺制得壳聚糖海绵。为了达到理想的银离子释放速度、有效控制银离子杀菌浓度,可采用壳聚糖与海藻酸盐高分子聚电解质之间的静电作用使载体材料发生交联,阻碍银离子的迅速溶出。为解决银离子浓度过高对人体产生毒性以及敷料暴露在空气中容易变色的问题,可以将具有钠离子响应、光稳定性的载银磷酸锆钠粉体与壳聚糖或海藻酸钠复合后制备光稳定的抗菌医用敷料,其中载银磷酸锆钠抗菌剂与伤口渗液接触后被其中的钠离子激活,使创面上的钠离子与银离子达到动态平衡,实现银离子的微量缓释并抑制银离子氧化敷料载体而变色。

胶原蛋白、明胶、透明质酸、细菌纤维素等生物高分子也被广泛应用于含银医用敷料的制备。有研究以磺胺嘧啶银与胶原蛋白为原料制备抗菌人造皮肤,在进行银离子释放速度测试时发现,人造皮肤的银含量与银离子释放速度在一定范围内成反比,其主要原因是银离子使降解人造皮肤的酶活性降低,从而使原来与银离子螯合的胶原蛋白降解速度减慢,银离子不能迅速摆脱胶原蛋白分子的束缚,导致银含量越高释放速度反而减缓。

Medline 公司生产的 Arglaes 含银敷料的主要成分是海藻酸盐粉末和磷酸钙银,在与伤口渗出液接触后,通过海藻酸盐颗粒吸收水分形成凝胶,而银化合物在与水接触后,5 天内可持续有效释放银离子,为高渗出伤口、深层感染伤口的愈合提供良好的愈合环境。Medline 公司生产的另一种产品 Extra Ag Silver Alginate 是由高 G 型海藻酸钙、高吸水性羧甲基纤维素钠和抗菌剂磷酸锆钠银共混后制备的纤维制成,其中羧甲基纤维素钠的加入增强了敷料的柔韧性和吸水性,而磷酸锆钠银具有钠离子响应功能,在与含钠离子的伤口渗出液接触时,银离子通过离子交换释放,伤口渗出液的量越大,银离子的溶出越多。

ConvaTec 公司生产的 Aquacel Ag 是由含 1.2%离子银的羧甲基纤维素钠纤维制成的,具有很强的吸湿性和抗菌性,可避免伤口因过于潮湿而感染伤口边缘的风险。在与伤口渗出液接触后,羧甲基纤维素钠纤维可吸收自身重量 20 倍以上的水分而形成凝胶,其中与羧酸基团结合的银离子可持续释放,起到良好的抗菌作用。

7.4.2 合成高分子材料

合成高分子材料是制备含银抗菌敷料的重要载体,其中包括聚酰胺、聚乙烯醇、聚氨酯、聚丙烯酸酯、聚乙烯吡咯烷酮、聚谷氨酸、超支化聚合物或树枝状聚合物等各种类型的功能材料。对于含银合成高分子材料,银离子的释放速度可以通过材料的化学结构和物理特征得到有效调控,这些理化指标包括高分子的分子结构、结晶度、比表面积、浸透时间、载银量、分散度、水在复合物中的扩散速度以及材料的微观形貌等。研究显示,纳米级和微米级载银聚酰胺抗菌材料在银离子释放速度上有本质性区别,由于比表面积的不同,载银量低的纳米级载银聚酰胺材料的释放速度远高于载银量高的微米级载银聚酰胺材料,说明对于亲水性相对低的合成高分子材料,其比表面积是影响银离子释放的最重要因素。

聚氨酯是含银医用敷料重要的载体材料,主要以聚氨酯泡绵形式使用,产品包括 Contreet Foam、Acticoat Moisture Control、ALLEVYN Ag Adhesive、Avance、Biatain Ag、Mepilex Ag、Optifoam、Urgocell Silver 等,其生产过程主要以传统的聚氨酯泡绵敷料为基础,在配方中加入各种类型的银化合物。Coloplast 公司生产的 Contreet Foam 将银氨化合物分散在 3D 发泡亲水性聚氨酯材料中,基于聚氨酯泡绵有较好的吸湿性,在与伤口渗出液接触后其负载的银离子很快被激活。Lendell Manufacturing 公司生产的 Microbisan 是一种具有高吸湿性的聚氨酯泡绵材料,在合成聚氨酯的过程中即加入具有抗菌作用的含银 Alphasan 化合物,使抗菌颗粒均匀分散在聚氨酯泡绵中。Smith&Nephew 公司的 Acticoat Moisture Control 由一层载银聚氨酯网和白色的聚氨酯泡绵及防水聚氨酯膜层组成,产品具有很强的吸收能力和快速杀菌特性,在有压力时可以保持其吸收能力,持续释放银离子的功能长达 7 天。

用高分子互穿网络(IPN)制备水凝胶的技术已经广泛应用于生物医学领域,其中聚乙烯基吡咯烷酮、聚丙烯酰胺等制备的半互穿网络水凝胶可作为载体负载银化合物后获得具有抗菌功效的含银水凝胶敷料。

树枝状和超支化聚合物在抗菌材料领域有特殊的应用价值。与线型聚合物相比,树枝状和超支化聚合物的结构中有孔穴存在,在设计纳米容器、药物缓释载体、分子自组装、生物酶载体等方面有独特的应用价值。以树枝状和超支化聚合物为银抗菌剂的载体,通过银离子原位生成纳米银颗粒可以控制银的释放速度。

7.4.3　生物高分子与合成高分子的共混材料

生物高分子与合成高分子的复合可以结合两者的优点,制备生物相容性更好、机械强度更高的医用敷料。有研究将聚氨酯与海藻酸盐、透明质酸及磺胺嘧啶银复合后制备了具有优良护理功能的含银敷料,可以为伤口提供理想的愈合环境。Johnson&Johnson 公司生产的 Silvercel 含银敷料结合了银的广谱抗菌性能和海藻酸盐纤维的高吸湿性,其中采用的含银纤维是通过电镀技术在表面负载金属银的尼龙纤维,具有抗菌、防臭、调节温度的功能,而复合材料中的海藻酸钙纤维在与伤口渗出液接触后能形成凝胶,为伤口提供良好的愈合环境。为了进一步降低敷料与创面的粘连,Silvercel 含银敷料的表面复合了一层多孔乙烯—丙烯酸甲酯共混膜,这层隔离膜在降低敷料黏附创面的同时通过其多孔结构为伤口渗出液提供通透性,内层非织造布中的镀银锦纶可以持续释放银离子,在海藻酸盐非织造布吸收大量渗出液的基础上为敷料提供抗菌性能。图 7-4 为 Silvercel 含银复合抗菌敷料的示意图。

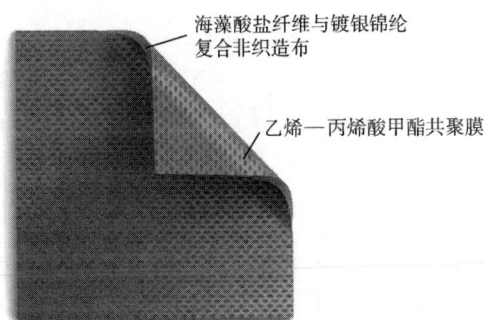

海藻酸盐纤维与镀银锦纶复合非织造布

乙烯—丙烯酸甲酯共聚膜

图 7-4　Silvercel 含银复合抗菌敷料的示意图

7.5 小结

全球市场上有很多种类的含银抗菌敷料,在基础材料、负载银化合物的种类以及负载技术等方面有很大变化。银抗菌剂是已知抗菌性能最好的金属离子抗菌剂,其种类繁多,在银离子释放速度等方面有很大区别。此外,载银敷料会引起皮肤变色、造成电解质紊乱以及引发患者不适等一定的副作用,这些问题可以通过制备技术和载体材料的合理选用、抗菌剂的正确选择等得到有效解决。随着人们对医疗卫生条件要求的提高,含银医用敷料在医疗卫生领域中将起到越来越重要的作用,并且由于新型高效载银化合物的不断出现以及材料的生物相容性、机械加工性、安全性的持续提高,更多新型、高效含银抗菌医用敷料将在临床应用中发挥其独特的伤口护理功效。

参考文献

[1]AGREN M S. MIRASTSCHIJSKI U, KARLSMARK T, et al. Topical synthetic inhibitor of matrix metalloproteinases delays epidermal regeneration in human wounds [J]. Exp Dermatol, 2001, 10: 337-348.

[2]BAXTER C R. Topical use of 1% silver sulphadiazine. In: POLK H C, STONE H H (eds). Contemporary Burn Management [M]. London: Little Brown, 1971.

[3]BLEEHAN S S, GOULD D J, HARRINGTON C I, et al. Occupational argyria: light and electron microscopic studies and x-ray microanalysis[J]. Br J Dermatol, 1981, 104: 19-26.

[4]BREMNER I, BEATTIE J H. Metallothionein and the trace metals[J]. Ann Rev Nutr, 1990, 205: 25-35.

[5]BUCKLEY W R, OSTER C F, FASSETT D W. Localised argyria Ⅱ. Chemical nature of the silver containing particles[J]. Arch Dermatol, 1965,92: 697-704.

[6]CHARLEY R C, BULL A T. Bioaccumulation of silver by a multispecies population of bacteria[J]. Arch Microbiol, 1979,123: 239-244.

[7]COOMBS C J, WAN A T, MASTERTON J P, et al. Do burns patients have a silver lining[J]. Burns, 1992, 18(3): 179-184.

［8］DEITCH E A, MARINO A A, MALAKANOK V, et al. Silver nylon cloth: in vitro and in vivo evaluation of antimicrobial activity［J］. J Trauma, 1987, 27 (3): 301-304.

［9］DI VINCENZO G D, GIORDIANO C J, SCHREIVER L S. Biologic monitoring of workers exposed to silver［J］. Int Arch Occup Environ Health, 1985, 56 (3): 207-215.

［10］DOLLERY C. Silver sulphadiazine. In: Therapeutic Drugs［M］. London: Churchill Livingstone, 1991.

［11］ELLIS G P, LUSCOMBE D K. Progress in Medicinal Chemistry［M］. London: Elsevier Science, 1994.

［12］ERSEK R A, DENTON D R. Cross-linked silver-impregnated skin for burn wound management［J］. J Burn Care Rehabil, 1988, 9(5): 476-481.

［13］FURR J R, RUSSELL A D, TURNER T D, et al. Antibacterial activity of Actisorb Plus, Actisorb and silver nitrate［J］. J Hospital Infection, 1994, 27 (3): 201-208.

［14］HOFFMANN S. Silver sulfadiazine: an antibacterial agent for topical use in burns. A review of the literature［J］. Scand. J. Plast. Reconstr. Surg, 1984, 18: 119-126.

［15］HOLLINGER M A. Toxicological aspects of silver pharmaceuticals［J］. Crit Rev Toxicol, 1996, 26: 255-260.

［16］HOSTYNEK J J, HINZ R S, LORENCE C, et al. Metals and the skin［J］. Crit Rev Toxicol, 1993, 23(2): 171-235.

［17］KIRSNER R S, ORSTED H, WRIGHT J B. Matrix metalloproteinases in normal and impaired wound healing: a potential role of nanocrystalline silver［J］. Wounds, 2001, 13(2): 4-12.

［18］MODAK S M, FOX C L. Binding of silver sulfadiazine to the cellular components of Pseudomonas aeruginosa［J］. Biochemical Pharmacology, 1973, 22 (19): 2391-404.

［19］LANSDOWN A B G. Silver 1: its antimicrobial properties and mechanism of action［J］. J Wound Care, 2002, 11: 125-131.

［20］LANSDOWN A B G. A review of silver in wound care: facts and fallacies ［J］. Br J Nurs, 2004(13 Suppl): 6-19.

［21］LANSDOWN A B G, JENSEN K, JENSEN M Q. Contreet Hydrocolloid and

Contreet Foam: an insight into new silver-containing dressings[J]. J Wound Care, 2003,12(6): 205-210.

[22]LANSDOWN A B G, SAMPSON B, LAUPATTARAKASEM P, et al. Silver aids healing in the sterile wound: experimental studies in the laboratory rat[J]. Brit J Dermatol, 1997, 137: 728-735.

[23]LANSDOWN A B G, SAMPSON B, ROWE A. Sequential changes in trace metal, metallothionein and calmodulin concentrations in healing wounds[J]. J Anat, 1999, 195: 375-386.

[24]LANSDOWN A B, WILLIAMS A. How safe is silver in wound care[J]. J Wound Care, 2004, 13(4): 131-136.

[25]LANSDOWN A B G, WILLIAMS A, CHANDLER S, et al. Silver absorption and antibacterial efficacy of silver dressings[J]. J Wound Care, 2005, 14(4): 205-210.

[26]LE Y, ANAND S C, HORROCKS A R. Medical Textiles'96[M]. Cambridge: Woodhead Publishing Ltd, 1997.

[27]MEAUME S, SENET P, DUMAS R, et al. Urgotul: a novel non-adherent lipido-colloid dressing[J]. Br J Nurs, 2002, 11(16): 42-50.

[28]OLSON M E, WRIGHT J B, LAM K, et al. Healing of porcine donor sites covered with silver-coated dressings[J]. Eur J Surg, 2000, 166(6): 486-489.

[29]OVINGTON L G. Nanocrystalline silver: where the old and familiar meets a new frontier[J]. Wounds, 2001,13(suppl B): 5-10.

[30]QIN Y, GROOCOCK M R. Polysaccharide fibres: PCT, WO/02/36866A1 [P]. 2002.

[31]QIN Y. Silver containing alginate fibers and dressings[J]. International Wound Journal, 2005, 2(2): 172-176.

[32]QIN Y, ZHU C, CHEN Y, et al. The absorption and release of silver and zinc ions by chitosan fibers[J]. Journal of Applied Polymer Science, 2006, 101(1): 766-771.

[33]Ravindra S, Mohan Y M, Reddy N N, et al. Fabrication of antibacterial cotton fibers loaded with silver nanoparticles via"Green Approach"[J]. Colloids and Surfaces A: Physicochem. Eng. Aspects, 2010, 367: 31-40.

[34]THOMAS S. Alginate dressings in surgery and wound management[J]. J Wound Care, 2000, 9(3): 115-119.

[35]THOMAS S, MCCUBBIN P. A comparison of the antimicrobial effects of four silver-containing dressings on three organisms[J]. J Wound Care, 2003, 12(3): 101-107.

[36]THOMAS S, MCCUBBIN P. An in vitro analysis of the antimicrobial properties of 10 silver-containing dressings[J]. J Wound Care, 2003, 12(8): 305-308.

[37] TREDGET E E, SHANKOWSKY H A, GROENEVELD A, et al. A matched-pair, randomized study evaluating the efficacy and safety of Acticoat silver-coated dressing for the treatment of burn wounds[J]. J Burn Care Rehabil, 1998, 19(6): 531-537.

[38]WELLS T N, SCULLY P, PARAVICINI G, et al. Mechanisms of irreversible inactivation of phosphomannose isomerases by silver ions and flamazine[J]. Biochemistry, 1995, 34: 7896-7903.

[39]WRIGHT J B, HANSEN D L, BURRELL R E. The comparative efficacy of two antimicrobial barrier dressings: in vitro examination of two controlled release silver dressings[J]. Wounds, 1998,10(6): 179-188.

[40]WRIGHT J B, LAM K, BURRELL R E. Wound management in an era of increasing bacterial antibiotic resistance: a role for topical silver treatment[J]. Am. J Infect. Control, 1998, 26(6): 572-577.

[41]WRIGHT J B, LAM K, HANSEN D, et al. Efficacy of topical silver against fungal burn wound pathogens[J]. Am. J. Infect. Control, 1999, 27(4): 344-350.

[42]YIN H Q, LANGFORD R, BURRELL R E. Comparative evaluation of the antimicrobial activity of ACTICOAT antimicrobial barrier dressing[J]. J Burn Care Rehabil, 1999, 20(3): 195-200.

[43]王鸿博,高秋瑾,王银利,等. 等离子体预处理对丙纶基材溅射银薄膜的影响[J]. 印染,2009(15):10-12.

[44]刘菁,张建强,邓苗. 沸石载银制备抗菌剂的研究[J]. 非金属矿,2011,34(2): 22-27.

[45]王琳,李清彪,傅谋兴,等. 海带吸附 Ag(I)的物理化学特性研究[J]. 离子交换与吸附,2004,20(1): 32-39.

[46]孙道华,李清彪,王琳,等. 海带吸附银离子机制的研究[J].化学工程,2007,135(1): 1-4.

[47]李文莉,顾明波,张巍巍,等. 含银聚乙烯醇/丝素共混纤维中银离子分布的研究[J]. 合成纤维,2010(3): 31-34.

[48]曹云娜. 化学镀层非织造布的抗菌性研究[J]. 非织造布,2008,16(1): 31-33.

[49]周婷婷,黄小萃,林红,等. 芦荟纳米银处理对真丝织物抗菌性能的影响 [J].丝绸,2011,48(2):1-4.

[50]林源,林丽芹,林文爽,等. 中草药还原法制备银纳米颗粒及其抗菌性能 [J]. 精细化工,2011,28(8):774-779.

[51]林爱红,秦彦珉,黄惠英,等. 纳米抗菌剂抑菌杀菌性能研究[J].实用预 防医学,2003,10(2):168-170.

[52]程家宠,余敏. 纳米银抗菌非织造材料展现的新市场空间[J].非织造布, 2004,12(2):31-32.

[53]陈炯,韩春茂,余朝恒. 纳米银用于烧伤患者创面后银代谢的变化[J].中 华烧伤杂志,2004,20(3):161-163.

[54]朱长俊,秦益民. 甲壳胺纤维和含银甲壳胺纤维的抗菌性能比较[J]. 合 成纤维, 2005, 34(3): 15-17.

[55]秦益民,陈燕珍,张策. 抗菌甲壳胺纤维的制备和性能[J].纺织学报, 2006,27(3):60-62.

[56]秦益民. 海藻酸纤维的成胶性能[J]. 产业用纺织品,2003,4:17-20.

[57]秦益民. 功能性医用敷料[M]. 北京:中国纺织出版社,2007.

[58]秦益民. 含银医用敷料的抗菌性能及生物活性[J]. 纺织学报,2006,27 (11):113-116.

[59]秦益民. 在医用敷料中添加银离子的方法[J].纺织学报,2006,27(12): 109-112.

[60]秦益民. 银离子的释放及敷料的抗菌性能[J].纺织学报,2007,28(1): 120-123.

[61]秦益民. 含银海藻酸纤维的制备方法和性能[J]. 纺织学报,2007,28 (2):126-128.

[62]秦益民,李可昌,邓云龙,等. 先进技术在医用纺织材料中的应用[J].产 业用纺织品,2015,33(5):1-6.

[63]秦益民. 海藻酸盐医用敷料的临床应用[M]. 北京:知识出版社,2017.

[64]秦益民. 生物活性纤维的研发现状和发展趋势[J].纺织学报,2017,38 (3):174-180.

第8章 含银医用敷料的性能

8.1 引言

伤口表面一般温暖潮湿,使细菌繁殖加快,成为病区交叉感染的一个重要渠道。随着全球气候变暖以及城市化和全球化带来的人口流动的增加,日益增多的细菌感染使抑菌技术变得越来越重要。临床上,为了控制伤口细菌感染及预防病区内交叉感染,许多种类的医用敷料中被加入各种类型的抗菌材料。但是,一方面,由于抗菌材料的作用有限而细菌种类繁多,含抗菌材料的医用敷料的作用十分有限;另一方面,细菌很快对抗菌材料产生耐药性,使医疗卫生行业疲于开发更多的抗菌材料。

作为对人体毒性很低的重金属离子,银是一种具有广谱抗菌性能的无机抗菌材料,其对几乎所有的细菌都有抑制作用并且不会产生耐药性。银及其化合物已经越来越多地应用于医用敷料的生产,各种类型的含银医用敷料也已经广泛应用于烧伤、慢性感染伤口等临床伤口护理。

8.2 含银医用敷料的理化性能

全球市场上含银医用敷料的品种很多,在银化合物的种类、银的添加量、载体材料的构造等方面有很大变化,不同种类的产品在其使用的银化合物、银的总含量、银离子的释放速度以及敷料在伤口愈合过程中所起的作用有很大区别。

8.2.1 银化合物

含银医用敷料的生产过程中使用了许多种类的银化合物。为了使伤口持续抵抗细菌感染,理想的含银医用敷料应该在其使用周期内在创面上保持一定量的银离子。从这一点上看,0.5%硝酸银水溶液在与伤口渗出液接触后很快离子化,银离子与体液中的氯化钠和蛋白质接触后形成氯化银或硫化银沉淀后失去活性。使用过程中一方面需要重新添加更多的硝酸银,另一方面容易在伤口上产生黑色的银质沉淀。

磺胺嘧啶银是一种在烧伤患者中广泛应用的银剂,加入1%磺胺嘧啶银的霜剂在与伤口渗出液接触后能缓慢释放银离子,但是从磺胺嘧啶银中释放出的磺胺嘧啶对人体有一定毒性,临床上也已经观察到对磺胺嘧啶银的耐药性。

金属银在水和其他液体中的溶解度很小,在与水分接触后只有小量的银在氧化后进入溶液。使用金属银作为敷料的银库时,由于释放速度很慢,产品中的银必须与伤口渗出液有一个较大的接触面积。此外,金属银一般应用在载体材料的表面,一定程度上局限了其应用范围。

银的各种化合物具有比金属银更能释放银离子的性能。以 Alphasan 含银粉体材料为例,含银的颗粒可以很均匀地分散到敷料的载体材料中,在与伤口渗出液接触后,溶液中的钠离子与 Alphasan 粉体中的银离子发生离子交换后释放出银离子。一方面在生产过程中避免载体材料的氧化变黑,另一方面起到持续释放银离子的作用。

除了银化合物有很大区别,不同含银医用敷料在银含量上也很不相同。表 8-1 总结了几种含银医用敷料中的银含量,其中含量最高的 Silverlon 产品的含银量达到 546mg/100cm^2,而银含量最低的只有 2.7mg/100cm^2。

表 8-1 几种含银医用敷料中的银含量

产品名称	银含量/(mg · 100cm^{-2})
Silverlon	546
Acticoat	105
Contreet Foam	85
Contreet Hydrocolloid	32
Aquacel Ag	8.3
SilvaSorb	5.3
Actisorb Silver 220	2.7

叶慧总结了国内市场上常见的几种含银医用敷料中的银含量。清华源兴纳米银敷料、Acticoat 湿度控制敷料、Acticoat 烧伤敷料及 Silverlon 创伤敷料在银含量上有很大区别,其中以镀银聚酰胺纤维为主要原料制备的 Silverlon 创伤敷料的银含量最高,其质量百分比达到 22.11%,见表 8-2。

表 8-2　几种含银医用敷料含银量的比较

样品	含银量	
	%（质量分数）	μg/mm²
清华源兴纳米银敷料	1.27	0.83
Acticoat 湿度控制敷料	2.53	16.36
Acticoat 烧伤敷料	19.70	10.94
Silverlon 创伤敷料	22.11	106.40

　　刘俊玲等比较了纳米银敷料、银离子敷料、磺胺嘧啶银治疗Ⅱ度烧伤的疗效，结果显示，纳米银敷料与银离子敷料在Ⅱ度烧伤患者伤口愈合时间上的差异无统计学意义，且都短于磺胺嘧啶银组的患者。在细菌感染发生率上，纳米银敷料的效果优于磺胺嘧啶银，且具有统计学差异。总体来说，纳米银敷料的效果优于银离子敷料，而银离子敷料的效果优于磺胺嘧啶银，但是结果差异无统计学意义。

　　临床上纳米银抗菌敷料具有广谱抗菌、遇水杀菌力强、无毒无刺激、无致敏性、渗透性强、作用持久等特点，与伤口接触后迅速并持久地释放纳米银粒子，为创面提供持续稳定的动态活性银，快速有效杀灭侵入伤口的细菌、真菌及其他病原体，在使感染得到控制的同时，可消炎、止痛、减少渗出、促进伤口愈合。由于纳米银的颗粒非常小，使用与磺胺嘧啶银同等量的银时，其颗粒接触面扩大、杀菌作用明显增强，而且具有药物缓释作用，可以不间断地作用于再生细菌，具有持续杀菌的特点，极少产生过敏反应。与传统的磺胺嘧啶银霜比较，纳米银保留了银离子高效抗感染的优点，剔除了磺胺成分过敏和银离子过度沉积的缺点。

8.2.2　银的接触面积

　　含银医用敷料中的银只有在与伤口渗出液接触后才能释放，如果银化合物被包埋在载体材料内部，则银离子的释放速度慢、总释放量也小。相反，如果银被负载在载体材料的表面，则银离子的释放速度快，并且更容易与细菌接触后起到抑菌、杀菌作用。例如，Silverlon 和 Acticoat 含银敷料都是在材料表面镀上金属银，Silverlon 产品在针织物的表面镀银，其中的纤维直径小、比表面积大，因此产品中的银很容易被释放出来。Acticoat 在聚乙烯薄膜的表面镀银，其接触面积比 Silverlon 产品小，释放银离子的总量及速度低于 Silverlon 产品。

8.2.3　银离子的释放

　　由于加工工艺的不同，一些含银敷料中释放出的银是 100% 的离子状态的银，而另一些产品中释放出的银包括离子银和金属纳米银颗粒。一些含银敷料的表面在气相沉积过程中附上的纳米银颗粒很容易通过摩擦进入溶液。

Silverlon 和 Acticoat 含银敷料的表面均被镀上金属银,其释放速度比较慢。Aquacel 含银敷料的银含量比这两个产品低很多,但是由于其所含的是离子状态的银,在与伤口渗出液接触后可以很快释放出银离子。

在含银医用敷料的生产中,加入敷料的银必须在与伤口接触后释放出来才能起到有效的抗菌功效。金属银的活性很低,使用金属银时必须保证其颗粒很细,并且负载在材料的表面。银的化合物可以与伤口渗出液中的金属离子发生离子交换,使用过程中更容易被释放。

8.2.4 产品的吸湿性

图 8-1 显示了几种含银医用敷料的吸湿性能。由于载体材料的不同,这几种产品的吸湿性有很大区别。Acticoat 含银敷料采用吸湿性比较低的塑料薄膜作为载体,产品的吸湿性较低。Contreet Foam 是一种含银聚氨酯海绵,由于材料本身的亲水性好,并且有多孔结构,其吸湿性大大高于其他产品。

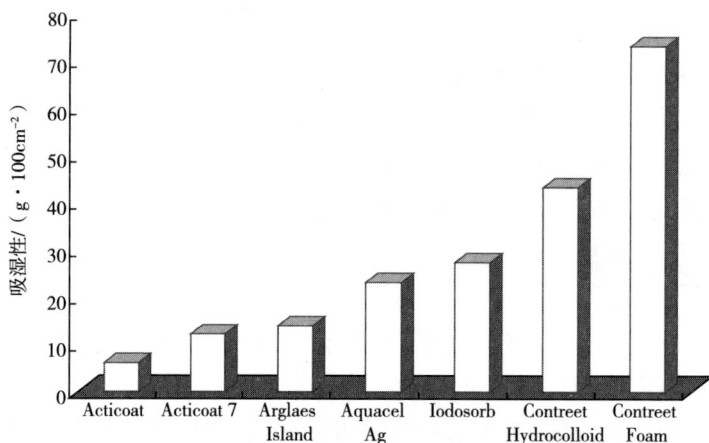

图 8-1　几种含银医用敷料的吸湿性能

8.3　含银医用敷料释放银离子的性能

除了保护创面、吸收渗出液等基本功能,临床上含银医用敷料的一个主要作用是在伤口上释放出银离子,为创面提供抗菌性能。在吸收伤口渗出液的过程中,通过渗液中各种组分与银化合物的相互作用可以促进银离子的释放,起到持久的抗菌作用。

表 8-3 显示含银医用敷料中的银与创面环境的相互作用,在此过程中从敷料上释放出来的银离子与皮肤中的氯离子、蛋白质等结合后可以形成暂时的银库,延长银离子的释放周期和产品的抗菌作用。

表 8-3　银与创面环境的相互作用

银的渗透层次	银的作用
皮肤表面(skin surface)	与汗液、油脂、伤口渗出液、生物质材料、细菌、病毒、真菌之间的互动
创面(wound/wound bed)	与蛋白质结合、结合到伤口碎片上、渗透细胞、被伤口边缘的细胞吸收
真皮组织(dermal tissue)	与结缔组织、成纤维细胞、巨噬细胞、生长因子和细胞因子互动,渗透进血管和肉芽组织
皮下组织(hypodermal tissue)	系统性地吸收进入肝、脾、骨髓、肾脏、尿液等人体组织

在不同的含银医用敷料中,银离子的释放有三种主要类型:

(1)产品含银量高并且释放速度快,适用于渗出液多、细菌感染严重的伤口。

(2)银离子的释放速度缓慢,但是可以持续释放。这类材料的主要功能体现在载体材料上,如聚氨酯泡绵能控制伤口产生的渗出液、水凝胶能辅助伤口清创等。

(3)含银量低的产品,可以应用在轻度感染的伤口上,起到隔离外来细菌侵入创面的作用。

Wright 等的研究结果表明,银离子的释放与敷料内银的含量以及敷料从伤口上吸收的渗出液的量有关。Coloplast 公司的 Contreet Foam 应用在渗出液很多的伤口上后的 7 天中可以释放出其所含银的 70%,而 Contreet Hydrocolloid 使用在低渗出液伤口上后的 7 天中只释放出 33% 的银。由于含银量很高,Smith & Nephew 公司的 Acticoat 产品可以在 48h 内把伤口上银的浓度维持在 50~100mg/L。

图 8-2 显示几种不同的含银医用敷料在与液体接触后溶液中银离子浓度随接触时间的变化。可以看出,含银量高的 Silverlon 和 Acticoat 敷料释放出的银离子比其他产品高出很多,由于所含的金属银与接触液的反应慢,这两种产品在与溶液接触后银离子浓度随时间的延长不断增加。与此相反,由于 Aquacel Ag 敷料中的银

为离子状态的银,在与液体接触后很快释放,溶液中的银离子浓度在短时间内达到平衡。

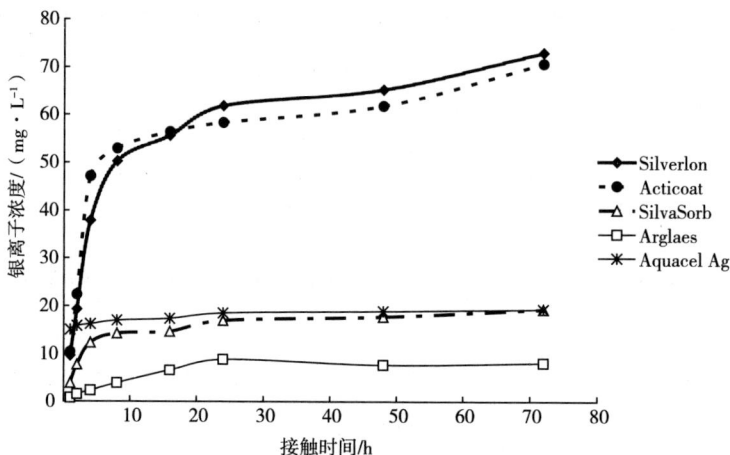

图 8-2 几种含银医用敷料释放银离子的性能

Lansdown 等用原子吸收光谱分析了从伤口上采集的样品中银的含量,结果显示,所有从敷料上释放出的银被伤口渗出液或伤口上的碎片吸收、伤口渗出液吸收银离子的能力与其黏度成正比、敷料释放银的量与其吸收的水分有密切关系、吸收进创面的银离子在停止使用含银敷料的几个星期后消失。在把含银量高的Acticoat 7 敷料使用在有黏稠的渗出液的伤口上后,银的释放量是最高的,而在使用含银量低的 Actisorb Silver 敷料或 Aquacel Ag 敷料时,伤口上的银含量很低。伤口周边干燥的皮肤碎片中银的含量极低,反映出可以与银离子结合的蛋白质的量在干燥状态下很少。

有研究显示,当含有 AlphaSan RC5000 含银粉体的海藻酸盐纤维与伤口渗出液接触时,银离子可以通过三种途径进入伤口渗出液。第一,纤维中的银离子可以与接触液中的钠和钙离子发生离子交换;第二,伤口渗出液中的蛋白质分子可以螯合纤维中的银离子,从而加快银离子的释放;第三,附带在纤维表面的含银颗粒可以直接进入伤口渗出液。

表 8-4 和表 8-5 显示当含 1%AlphaSan RC5000 含银粉体的海藻酸盐纤维与生理盐水和血清接触时银离子的释放性能。溶液中银离子的浓度随接触时间的延长而增加,说明银离子被缓慢释放进接触液。血清中的银离子含量比生理盐水中的更高,说明血清中的蛋白质对银离子释放有促进作用。

表 8-4　1g 含银海藻酸盐纤维与 40mL 生理盐水接触后的银离子浓度

接触时间	接触液中的银离子浓度/（mg·L⁻¹）
30min	0.40
48h	0.50
7d	1.32

表 8-5　1g 含银海藻酸盐纤维与 40mL 血清接触后的银离子浓度

接触时间	接触液中的银离子浓度/（mg·L⁻¹）
30min	2.18
48h	2.74
7d	3.74

8.4　含银医用敷料的抗菌性能

银具有广谱抗菌作用,在医用敷料中添加银可以赋予敷料优良的抑菌、杀菌功效。以含银海藻酸盐敷料为例,普通的海藻酸钙纤维在与伤口渗出液接触时,纤维中的钙离子与溶液中的钠离子发生离子交换,使不溶于水的海藻酸钙转化成水溶性的海藻酸钠。这个离子交换过程的结果是海藻酸钙纤维在与伤口渗出液接触后高度膨胀,而膨胀后的纤维使敷料结构中的毛细空间堵塞,如果伤口渗出液中带有细菌,它们因为纤维的膨胀被固定在敷料结构中而失去活性。因此,普通海藻酸钙医用敷料具有一定的抑菌性能。

在海藻酸盐纤维中加入银化合物可以提高敷料的抗菌性能。当含银的海藻酸盐医用敷料用于伤口时,伤口渗出液吸收进敷料后与敷料中的海藻酸钙纤维发生离子交换,纤维高度膨胀后使随渗出液进入敷料的细菌失去活性,起到抑制细菌迁移的作用。而从纤维上释放出来的银离子可以杀死伤口渗出液中的细菌,阻止细菌的繁殖及其在病区内可能产生的交叉感染。图 8-3 显示含银海藻酸盐医用敷料的作用机理。

把含银化合物加入壳聚糖纤维后同样可以提高纤维的抗菌性能。有研究从定性、定量的角度研究探讨了壳聚糖纤维和含银壳聚糖纤维对大肠杆菌、金黄色葡萄球菌、枯草芽孢杆菌三种常见的、有代表性的细菌的抑制作用,并把这两种纤维和

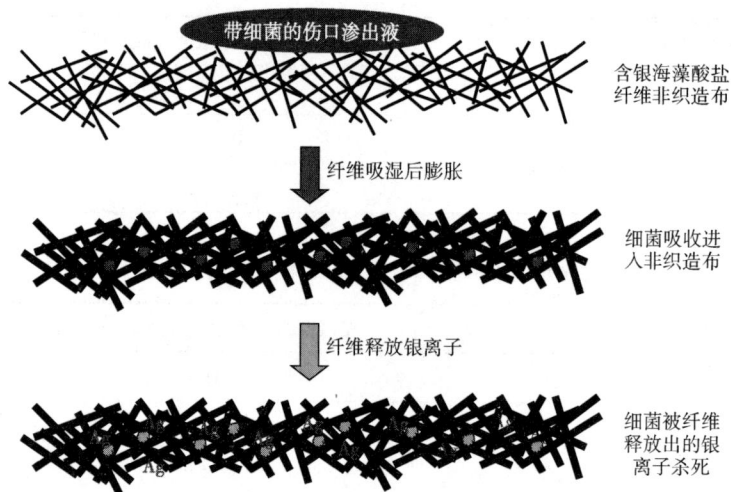

图 8-3　含银海藻酸盐医用敷料的抗菌机理

黏胶纤维的抗菌性能作了比较。实验结果表明,含银壳聚糖纤维比普通壳聚糖纤维具有更好的抗菌性能。

表 8-6 显示含银壳聚糖纤维、壳聚糖纤维、黏胶纤维对不同菌种的抑菌率。在同样培养条件下,黏胶纤维对细菌没有任何抑制作用,而壳聚糖纤维和含银壳聚糖纤维都显示明显的抑菌效果。含银壳聚糖纤维对大肠杆菌、金黄色葡萄球菌、枯草芽孢杆菌的抑菌率分别是 100%、97.4% 和 99.3%,在同样条件下,壳聚糖纤维对大肠杆菌、金黄色葡萄球菌、枯草芽孢杆菌的抑菌率分别是 77.5%、82.5% 和 78.0%。

表 8-6　含银壳聚糖纤维、壳聚糖纤维、黏胶纤维对三种细菌的抑菌率

样品	抑菌率		
	大肠杆菌	金黄色葡萄球菌	枯草芽孢杆菌
黏胶纤维/%	−0.14	0.06	0
壳聚糖纤维/%	77.5	82.5	78.0
含银壳聚糖纤维/%	100	97.4	99.3

国际市场上含银医用敷料的银含量在 1.6~109mg/100cm^2 范围内。由于银含量的变化很大,不同产品的抗菌性能也有很大变化。一般来说,产品的含银量越高,其抗菌性能越强。这一点可以从含银量很高的 Acticoat 敷料和含银量相对低的 Actisorb Silver 220 敷料的抗菌性能中看出。在一项对含银医用敷料的详细研究

中,Thomas 发现对于金黄色葡萄球菌,Acticoat 敷料在 2h 内就有明显的杀菌作用,而 Actisorb Silver 220 敷料在 4h 后才能阻止细菌的繁殖。对于大肠杆菌,Acticoat 敷料在接触 2h 后溶液中已经没有细菌的存在,而 Actisorb Silver 220 敷料在接触 24h 后都可以发现细菌的存在。

　　除了银的总含量,其他一些因素也对抗菌性能有影响,例如银在敷料中的分布、银的化学形态、敷料对水分的亲和力等。镀在材料表面的银比"锁"在材料内部的银更能起到抗菌作用,以离子状态存在的银比金属银的抗菌作用更强。尽管 Aquacel Ag 敷料的含银量相对较低,由于它能吸收大量的液体后使银离子很容易释放出来,临床上具有很好的抗菌性能。与 Aquacel Ag 敷料相似,Silvasorb 敷料的含银量也比较低,但是作为一种水凝胶体,其含有的银可以很容易释放出来,起到很好的杀菌作用。图 8-4 显示 Silvasorb 敷料对大肠杆菌和金黄色葡萄球菌的抗菌作用,其在 4h 内能完全杀死大肠杆菌、3h 内完全杀死金黄色葡萄球菌。

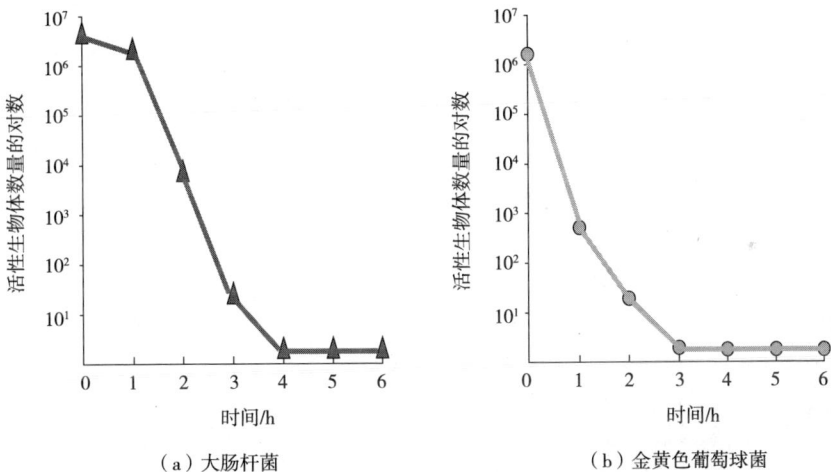

（a）大肠杆菌　　　　　　　　　　（b）金黄色葡萄球菌

图 8-4　Silvasorb 敷料对大肠杆菌和金黄色葡萄球菌的抗菌作用

　　林爱红等对含纳米银的抗菌医用敷料的性能进行了研究。结果显示,这种材料在 10min 内对金黄色葡萄球菌和白色念珠菌的杀灭率分别为 95.39% 和 93.28%。Yin 等比较了 Acticoat 敷料、硝酸银溶液、磺胺嘧啶银和醋酸甲磺灭脓的抗菌性能,测定了它们的最低抑菌浓度(MIC)和最低杀菌浓度(MBC)。结果显示,醋酸甲磺灭脓的 MBC 高于 MIC,说明它的作用主要是抑制细菌增长,而几种含银敷料的 MIC 和 MBC 基本相同,说明它们的抗菌作用主要是杀菌作用。

　　Wright 等在一项研究中比较了 Acticoat 敷料、硝酸银水溶液和磺胺嘧啶银霜剂对11种具有抗生素抵抗性的细菌的抗菌作用。他们的结果显示Acticoat敷料的杀菌效果最好。在另外一项研究中发现,Acticoat敷料对烧伤伤口上的霉菌也有很快的抑制作用。

叶慧比较了国内市场上几种主要的含银医用敷料的抗菌性能,表8-7显示清华源兴纳米银敷料、Silverlon创伤敷料、Acticoat烧伤敷料、Acticoat湿度控制敷料的抑菌圈直径。

表8-7 几种含银敷料的抑菌圈直径

试验菌株	抑菌圈直径/mm			
	清华源兴纳米银敷料	Silverlon创伤敷料	Acticoat烧伤敷料	Acticoat湿度控制敷料
金黄色葡萄球菌	22.1	23.8	24.0	21.1
表皮葡萄球菌	27.2	24.7	28.0	24.2
枯草杆菌	25.8	24.2	25.5	21.9
八叠球菌	26.8	26.8	27.6	24.2
大肠杆菌	15.6	13.8	14.9	14.9
变形杆菌	13.9	12.7	13.6	12.5
肺炎克雷伯氏菌	15.6	14.0	14.5	12.8
绿脓杆菌	16.6	14.5	14.9	14.0
须癣毛癣菌	14.6	14.0	14.6	14.1
白色念珠菌	8.6	9.7	11.2	9.0
热带念珠菌	8.1	9.1	9.4	8.9
黑曲霉菌	11.7	12.5	15.2	12.2

8.5 银离子在创面愈合过程中的代谢

作为一种生物医用材料,含银医用敷料在与伤口接触后可以引发其对人体的一系列反应。总体来说,生物医用材料对宿主的影响是一个非常复杂的过程,其中主要发生四种反应:

(1)周围组织发生变性坏死,说明材料具有毒性。

　　(2)被周围组织吸收而消失,证明材料无毒且可被降解。

　　(3)材料周围形成不同厚度的纤维组织包膜,显示该材料为生物惰性。

　　(4)与组织有机结合,说明材料无毒且具生物活性。

　　含银医用敷料是银与载体材料结合后得到的一种具有特殊性能的生物医用材料,其生物相容性及使用安全性受载体材料的性质、银化合物的种类等一系列因素的影响,具有高度的复杂性,其中银的安全性和生物相容性是目前普遍关注的对象。

　　全球各地已经针对银进行了大量的动物和临床试验,在此过程中积累了大量的实验数据。以磺胺嘧啶银为例,自 1968 年进入市场以来,各种类型的含磺胺嘧啶银产品已经临床使用几十年,其中单个患者每天最多使用 30g(含银 9.06g),至今未发现明显的毒副作用。银能支持 T 细胞对抗外来物、促进免疫功能的提高,因此银不但杀菌还有利于细胞生长、促进伤口愈合。银是人体含有的微量元素,尤其在前列腺中的含量较高。正常人银的需求量是 0.1mg/d,低于人体每天所需的 100mg 锌和 350mg 镁。国外有佩戴银饰有利于健康的观点。

　　银对细菌的细胞膜、呼吸系统和 DNA 有破坏作用,对细菌具有杀菌性能,因此很多人推断银对人体细胞也有一定的毒性。但是研究显示,在同一组试验中,银离子对细菌细胞有明显的杀菌作用,但是对人体细胞无影响。另有研究显示,从硝酸银、乳酸银、磺胺嘧啶银上释放出的银离子对角化细胞、肝细胞、中性粒细胞、白细胞和成纤维细胞有一定的毒性,其影响包括细胞特性的变化、细胞繁殖能力的下降、细胞核及胞质器的变质等。在培养基中,0.01%浓度的磺胺嘧啶银可以使角化细胞变质,因此可以判断磺胺嘧啶银可能影响伤口的上皮化。由于银离子对成纤维细胞和肌纤维的影响,其对伤口的收缩也造成一定影响。

　　就毒性而言,实验室观察到的细胞毒性与临床上人体的反应有一定区别。有研究显示,如果人体成纤维细胞首先与生长因子接触,其对浓度为 0.01%~0.03% 的磺胺嘧啶银有一定的抵抗性,在人体上长期使用低浓度的银离子对人体单核细胞的数量没有造成明显影响。需要指出的是,吸收到软组织中的银离子能通过胱氨酸与人体中的金属硫因结合,后者是人体内执行许多功能的一种蛋白质,包括调节血液内锌和铜的浓度、排除汞和其他有毒金属离子、调节免疫系统和脑部神经元的发育、生成分解谷蛋白和酪蛋白的消化酶、对肠炎做出反应等。金属硫因是一种低分子量、高巯基含量、能大量结合重金属离子的蛋白质,其分子呈椭圆形,分子量为 6000~7000Da,含有 61 个氨基酸,其中 20 个为半胱氨酸。每个金属硫因分子可以结合 7~12 个金属离子,具有强烈螯合有毒金属离子并将其排出体外而实现解毒的功能。人体细胞中的金属硫因通过与银离子的结合可以有效减轻后者对人体健康细胞的毒性,帮助银离子在正常及受损细胞中的新陈代谢。

对于含银医用敷料,尽管银与载体材料的结合方式千变万化、银化合物的种类繁多,在与体液和身体分泌物接触时,敷料中的银可以通过各种不同方式释放出来,其中一部分生物活性银离子会在载体介导过程中吸收进入体内,通过血流的输送储存在各个部位的软组织中,这就引发了该类产品是否能安全并长期使用的问题。

一般来说,在人体上使用任何金属均可产生毒性,其中人体的毒性反应与金属离子的种类及浓度密切相关。含银敷料中的银离子对人体的毒性涉及与含银材料直接接触的创面以及远离创面的组织。应该指出的是,银离子本身对人体的毒性比较低,但是与银离子相结合的阴离子或其盐对人体有一定毒性。例如,硝酸银对人体造成的局部刺激与其释放出的硝酸根有关。银在体内的沉积在炎症阶段最高,因为此时毛细血管高度膨胀,其后的上皮化及创面重塑阶段银被人体吸收的量很小,可以被忽略。银产生的系统毒性很少有报道,但是在烧伤上使用磺胺嘧啶银可以引起白细胞数量的减少。有研究在动物伤口上使用磺胺嘧啶银 7 天后发现,外周血白细胞及骨髓粒细胞在伤口愈合的初期有所下降,但其下降是阶段性的。此外,由于一些病人在职业上接触银或在佩戴首饰时长期接触银,其对药物中的银可能产生过敏。

长期的应用实践证明,在创面上使用银后产生的银质沉着症及银的集聚很少引起疾病或死亡。银通过吸入、摄入和应用各种含药的器械而被吸收到循环系统,临床治疗上长期暴露到银会造成银沉积,银的硫化物或硒化银的沉积会发生在肝、肾、血管及相关的血脑屏障组织和皮肤中。银离子可以通过血液系统遍布神经中枢系统,但至今未能鉴定其可以导致病变。

陈炯等观察了烧伤创面外用纳米银敷料后银离子在人体内的代谢变化。结果显示,与正常对照组比较,应用纳米银敷料后第 3 天和第 5 天,治疗组患者的血清银及尿银水平均有所升高,但第 14 天下降至正常。银离子容易经人体创面吸收进入血液,在通过肾脏从尿中大量排泄的同时,可以在机体的肝、肾、角膜、黏膜组织和创面上皮处沉积。

8.6 银离子促进伤口愈合的功能

随着细菌对抗生素的耐药性变得越来越普遍,银在伤口护理中的作用得到了新的认识。20 世纪 60 年代,美国华盛顿大学的 Carl Moyer 博士(图 8-5)详细探索了银在护理烧伤病人中的应用。他注意到在接受抗生素治疗的烧伤病人中,伤口

感染仍然是一个主要问题。Carl Moyer 博士
在伤口上使用了硝酸银溶液、磺胺嘧啶银乳
液以及用元素银或离子银浸泡过的棉纱布后
发现含银医用敷料对治疗伤口的细菌感染十
分有效。

　　Carl Moyer 博士的工作开始了现代含银
医用敷料在伤口护理上的应用。在随后的研
究中，Deitch 等发现镀银的锦纶对金黄色葡
萄球菌、绿脓杆菌、白色念珠菌等伤口上常见
的细菌有良好的杀菌作用。Ersek 等报道了
用银浸泡过的皮肤可以促进长期受感染的慢
性伤口的愈合。银离子被证明对细菌、真菌、
病毒等具有活性，可以加入乳液，也可以加入
纤维、薄膜、泡绵等材料后加工成医用敷料。

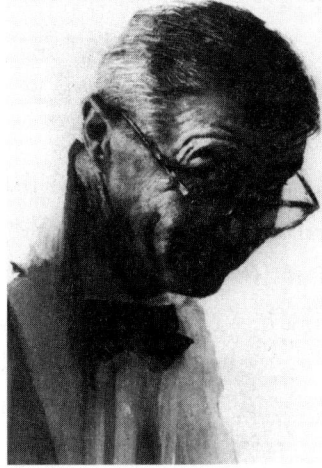

图 8-5　美国华盛顿大学的 Carl Moyer
博士（1908—1970）

　　Johnson & Johnson 公司的 Actisorb Plus
产品是第一个成功负载银离子的医用敷料，主要由含银离子的活性炭组成。Furr
等把含银的产品和不含银的产品比较后发现，含银的 Actisorb Plus 能有效阻止细
菌繁殖。在用氢巯基乙酸钠抑制银的活性后证实 Actisorb Plus 的抗菌性能主要是
由于这种敷料中释放出的银离子。

　　1998 年，Tredget 等报道了一种镀有银的高密度聚乙烯薄膜。这种被称为 Acti-
coat 的产品被应用在 30 个病人的伤口上，每个伤口的尺寸大小、深度及在人体上
的部位基本相同。一组患者采用 Acticoat，另一组采用 0.5%硝酸银浸泡过的棉纱
布。结果表明，用 Acticoat 含银敷料处理的伤口上脓毒症的发生率比棉纱布的少，
其发生率分别为 5%和 16%。

　　目前各种类型的银化合物已经被使用在许多种类的含银医用敷料中，这些产
品所用的载体材料各不相同，包括水凝胶、海藻酸盐纤维和无纺布、聚氨酯泡绵等，
在负载银后敷料可应用在烧伤、植皮创面、手术伤口、糖尿病足溃疡伤口、下肢溃
疡、压疮等多种伤口的护理，有效阻止伤口上的细菌繁殖。

　　随着医疗界对伤口愈合的过程和机理认识的不断深入，人们对银离子促进伤
口愈合的作用也有了更多的认识。在伤口愈合过程中，金属蛋白酶（metalloprotein-
ases, MMP）起到很重要的作用。MMP 在伤口愈合的第一阶段把伤口上坏死的组
织消化，在随后的第二阶段，生长因子（growth factor）刺激成纤维细胞大量繁殖后
形成新生的皮肤组织。使用含银医用敷料时，从敷料上释放出来的银离子吸收进

细胞后,可以影响细胞内的电解质浓度,并且通过与钙调蛋白、金属硫蛋白等一些可与金属结合的蛋白质的结合影响微量元素的新陈代谢,使伤口局部的锌、铜和钙离子含量增加。由于锌离子在几乎所有的金属蛋白酶中存在,锌离子含量的提高使金属蛋白酶的合成加快,因此加快了伤口的愈合。伤口表面钙离子含量的增加可以加快伤口的上皮化过程。

Kirsner 等的研究指出,在伤口上使用含银的 Acticoat 敷料可以通过影响金属蛋白酶的活性影响伤口的愈合速度。从敷料上释放出的银离子通过炎症细胞活素(IL-1 和 TNF-α)抑制中性白粒细胞的大量进入,增加了伤口上的锌离子含量。这个作用缩短了伤口愈合过程中的炎症期,因此缩短了整个愈合周期。

8.7　小结

含银医用敷料是银化合物与载体材料结合后形成的功能材料,其综合性能取决于载体材料及银化合物的性能。磺胺嘧啶银、氯化银、胶态银、载银磷酸锆钠等各种形态的银已经被应用于含银医用敷料,产品广泛应用于烧伤、烫伤、褥疮等各种类型创面的护理,在抑制创面细菌增长、控制病区内交叉感染等方面取得了很好的成效。

参考文献

[1]AGREN M S, MIRASTSCHIJSKI U, KARLSMARK T, et al. Topical synthetic inhibitor of matrix metalloproteinases delays epidermal regeneration in human wounds [J]. Exp Dermatol, 2001, 10: 337-348.

[2]AUGUSTINE R, AUGUSTINE A, KALARIKKAL N, et al. Fabrication and characterization of biosilver nanoparticles loaded calcium pectinate nano-micro dual-porous antibacterial wound dressings[J]. Prog Biomater, 2016, 5(3-4): 223-235.

[3]AZIZ Z, ABDUL RASOOL HASSAN B. The effects of honey compared to silver sulfadiazine for the treatment of burns: A systematic review of randomized controlled trials[J]. Burns, 2017, 43(1): 50-57.

[4]BAXTER C R. Topical use of 1% silver sulphadiazine. In: POLK H C, STONE H H (eds). Contemporary Burn Management [M]. London: Little Brown, 1971.

[5]BLEEHAN S S, GOULD D J, HARRINGTON C I, et al. Occupational argyria: light and electron microscopic studies and x-ray microanalysis[J]. Br J Dermatol, 1981, 104: 19-26.

[6]BOOSALIS M G, MCCALL J T, AHRENHOLZ D H, et al. Serum and urinary silver levels in thermal injury patients[J]. Surgery, 1987, 101: 40-43.

[7]BREMNER I, BEATTIE J H. Metallothionein and the trace metals[J]. Ann Rev Nutr, 1990, 205: 25-35.

[8]BUCKLEY W R, OSTER C F, FASSETT D W. Localized argyria Ⅱ. Chemical nature of the silver containing particles[J]. Arch Dermatol, 1965, 92: 697-704.

[9]BUKOVCAN P, KOLLER J, HAJSKÁ M, et al. Clinical experience with the use of negative pressure wound therapy combined with a silver-impregnated dressing in mixed wounds: A retrospective study of 50 cases [J]. Wounds, 2016, 28 (8): 255-263.

[10]CHARLEY R C, BULL A T. Bioaccumulation of silver by a multispecies population of bacteria[J]. Arch Microbiol, 1979, 123: 239-244.

[11]COOMBS C J, WAN A T, MASTERTON J P, et al. Do burns patients have a silver lining[J]. Burns, 1992, 18(3): 179-184.

[12]DALAC S, SIGAL L, ADDALA A, et al. Clinical evaluation of a dressing with poly absorbent fibers and a silver matrix for managing chronic wounds at risk of infection: a non comparative trial[J]. J Wound Care, 2016, 25(9): 531-538.

[13]DEITCH E A, MARINO A A, MALAKANOK V, et al. Silver nylon cloth: in vitro and in vivo evaluation of antimicrobial activity[J]. J Trauma, 1987, 27(3): 301-304.

[14]DESROCHE N, DROPET C, JANOD P, et al. Antibacterial properties and reduction of MRSA biofilm with a dressing combining polyabsorbent fibers and a silver matrix[J]. J Wound Care, 2016, 25(10): 577-584.

[15]DI VINCENZO G D, GIORDIANO C J, SCHREIVER L S. Biologic monitoring of workers exposed to silver[J]. Int Arch Occup Environ Health, 1985, 56(3): 207-215.

[16] DOLLERY C. Silver sulphadiazine. In: Therapeutic Drugs [M]. London: Churchill Livingstone, 1991.

[17]EL-FEKY G S, SHARAF S S, EL SHAFEI A, et al. Using chitosan nanoparticles as drug carriers for the development of a silver sulfadiazine wound dressing[J].

Carbohydr Polym, 2017, 158: 11-19.

[18]ELLIS G P, LUSCOMBE D K. Progress in Medicinal Chemistry[M]. London: Elsevier Science, 1994.

[19]ERSEK R A, DENTON D R, Cross-linked silver-impregnated skin for burn wound management[J]. J Burn Care Rehabil, 1988, 9(5): 476-481.

[20]FURR J R, RUSSELL A D, TURNER T D, et al. Antibacterial activity of Actisorb Plus, Actisorb and silver nitrate[J]. J Hospital Infection, 1994, 27(3): 201-208.

[21]GUPTA A, LOW W L, RADECKA I, et al. Characterisation and in vitro antimicrobial activity of biosynthetic silver-loaded bacterial cellulose hydrogels[J]. J Microencapsul, 2016, 33(8): 725-734.

[22]HOFFMANN S. Silver sulfadiazine: an antibacterial agent for topical use in burns. A review of the literature [J]. Scand J Plast Reconstr Surg, 1984, 18: 119-126.

[23]HOLLINGER M A. Toxicological aspects of silver pharmaceuticals[J]. Crit Rev Toxicol, 1996, 26: 255-260.

[24]HOSTYNEK J J, HINZ R S, LORENCE C, et al. Metals and the skin[J]. Crit Rev Toxicol, 1993, 23(2): 171-235.

[25]KIRSNER R S, ORSTED H, WRIGHT J B. Matrix metalloproteinases in normal and impaired wound healing: a potential role of nanocrystalline silver[J]. Wounds, 2001, 13(2): 4-12.

[26]LANSDOWN A B G. Silver 1: its antimicrobial properties and mechanism of action[J]. J Wound Care, 2002, 11: 125-131.

[27]LANSDOWN A B G. A review of silver in wound care: facts and fallacies [J]. Br J Nurs, 2004(13 Suppl): 6-19.

[28]LANSDOWN A B G. Physiological and toxicological changes in the skin resulting from the action and interaction of metal ions[J]. Critical Reviews in Toxicology, 1995, 25(5): 397-462.

[29]LANSDOWN A B G, JENSEN K, JENSEN M Q. Contreet hydrocolloid and Contreet foam: an insight into new silver-containing dressings[J]. J Wound Care, 2003, 12(6): 205-210.

[30]LANSDOWN A B G, SAMPSON B, LAUPATTARAKASEM P, et al. Silver aids healing in the sterile wound: experimental studies in the laboratory rat[J]. Brit J

Dermatol, 1997, 137: 728-735.

[31]LANSDOWN A B G, SAMPSON B, ROWE A. Sequential changes in trace metal, metallothionein and calmodulin concentrations in healing wounds[J]. J Anat, 1999, 195: 375-386.

[32]LANSDOWN A B, WILLIAMS A. How safe is silver in wound care[J]. J Wound Care, 2004, 13(4): 131-136.

[33]LANSDOWN A B G, WILLIAMS A, CHANDLER S, et al. Silver absorption and antibacterial efficacy of silver dressings [J]. J Wound Care, 2005, 14(4): 205-210.

[34]LE Y, ANAND S C, HORROCKS A R. Medical Textiles' 96 [M]. Cambridge: Woodhead Publishing Ltd, 1997.

[35]MARSHALL W, SCHNEIDER R P. Systemic argyria secondary to topical silver nitrate[J]. Archs Dermatol, 1977, 113: 1077-1079.

[36]MEAUME S, SENET P, DUMAS R, et al. Urgotul: a novel non-adherent lipido-colloid dressing[J]. Br J Nurs, 2002, 11(16): 42-50.

[37]MODAK S M, FOX C L. Binding of silver sulfadiazine to the cellular components of Pseudomonas aeruginosa [J]. Biochemical Pharmacology, 1973, 22(19): 2391-2404.

[38]MOIEMEN N S, SHALE E, DRYSDALE K J, et al. Acticoat dressings and major burns: Systemic silver absorption[J]. Burns, 2011, 37: 27-35.

[39]MONTASER A S, ABDEL-MOHSEN A M, RAMADAN M A, et al. Preparation and characterization of alginate/silver/nicotinamide nanocomposites for treating diabetic wounds[J]. Int J Biol Macromol, 2016, 92: 739-747.

[40]NISHIURA T, NISHIMURA T, DESERRES S, et al. Gene expression and cytokine and enzyme activation in the liver after a burn injury[J]. J Burn Care Rehabil, 2000, 21: 135-141.

[41]OLSON M E, WRIGHT J B, LAM K, et al. Healing of porcine donor sites covered with silver-coated dressings[J]. Eur J Surg, 2000, 166(6): 486-489.

[42]OVINGTON L G. Nanocrystalline silver: where the old and familiar meets a new frontier[J]. Wounds, 2001, 13(suppl B): 5-10.

[43]PANNERSELVAM B, DHARMALINGAM JOTHINATHAN M K, RAJENDERAN M, et al. An in vitro study on the burn wound healing activity of cotton fabrics incorporated with phytosynthesized silver nanoparticles in male Wistar albino rats[J]. Eur

J Pharm Sci, 2017, 100: 187-196.

[44]QIN Y, GROOCOCK M R. Polysaccharide fibers: PCT, WO/02/36866A1 [P]. 2002.

[45]RICKETTS C R, LOWBURY E J L, LAWRENCE J C, et al. Mechanism of prophylaxis by silver compounds against infection of burns[J]. British Medical Journal, 1970, 2: 444-446.

[46]SANO S, FUJIMORI R, TAKASHIMA M, et al. Absorption, excretion and tissue distribution of silver sulfadiazine[J]. Burns, 1982, 8: 278-285.

[47]THOMAS S. Alginate dressings in surgery and wound management[J]. J Wound Care, 2000, 9(3): 115-119.

[48]THOMAS S, MCCUBBIN P. A comparison of the antimicrobial effects of four silver-containing dressings on three organisms[J]. J Wound Care, 2003, 12(3): 101-107.

[49]THOMAS S, MCCUBBIN P. An in vitro analysis of the antimicrobial properties of 10 silver-containing dressings[J]. J Wound Care, 2003, 12(8): 305-308.

[50] TREDGET E E, SHANKOWSKY H A, GROENEVELD A, et al. A matched-pair, randomized study evaluating the efficacy and safety of Acticoat silver-coated dressing for the treatment of burn wounds[J]. J Burn Care Rehabil, 1998, 19(6): 531-537.

[51]TSIPOURAS N, RIX C J, BRADY P H, et al. Passage of silver ions through membrane-mimetic materials and its relevance to treatment of burn wounds with silver sulfadiazine cream[J]. Clin Chem, 1997, 43: 290-301.

[52]WANG X W, WANG N Z, ZHANG O Z, et al. Tissue deposit ion of silver following topical use of silver sulfadiazine in extensive burns[J]. Burns, 1985, 11: 197-201.

[53]WELLS T N, SCULLY P, PARAVICINI G, et al. Mechanisms of irreversible inactivation of phosphomannose isomerases by silver ions and flamazine[J]. Biochemistry, 1995, 34: 7896-7903.

[54]WRIGHT J B, HANSEN D L, BURRELL R E. The comparative efficacy of two antimicrobial barrier dressings: in vitro examination of two controlled release silver dressings[J]. Wounds, 1998, 10(6): 179-188.

[55]WRIGHT J B, LAM K, BURRELL R E. Wound management in an era of increasing bacterial antibiotic resistance: a role for topical silver treatment[J]. Am J

Infect Control, 1998, 26(6): 572-577.

[56]WRIGHT J B, LAM K, HANSEN D, et al. Efficacy of topical silver against fungal burn wound pathogens[J]. Am J Infect Control, 1999, 27(4): 344-350.

[57]YIN H Q, LANGFORD R, BURRELL R E. Comparative evaluation of the antimicrobial activity of ACTICOAT antimicrobial barrier dressing[J]. J Burn Care Rehabil, 1999, 20(3): 195-200.

[58]ZELGA P J, GÓRNICZ M M, GŁUSZKIEWICZ J M, et al. Outcomes of acute dermal irritation and sensitisation tests on active dressings for chronic wounds: a comparative study[J]. J Wound Care, 2016, 25(12): 722-729.

[59]邹中辉,赵渝,孙一来. 镀银医用聚丙烯网片植入体内的安全性评价[J]. 中国组织工程研究与临床康复, 2010, 14(42): 7839-7842.

[60]陈丹丹, 奚廷裴, 白净, 等. 纳米银和微米银在大鼠组织器官中的分布[J].北京生物医学工程, 2007, 26(6): 607-611.

[61]张富强, 佘文珺, 傅远飞. 六种纳米载银无机抗菌剂的体外细胞毒性比较[J]. 中华口腔医学杂志, 2005, 40(6): 504-507.

[62]熊玲, 蒋学华, 陈亮, 等. 不同粒径银粒子的体外细胞毒性比较[J]. 中国生物医学工程学报, 2007, 26(4): 600-604.

[63]汤京龙, 奚廷斐. 纳米银生物安全性研究[J]. 生物医学工程学杂志, 2008, 25(4): 958-961.

[64]刘俊玲,陈彤,刘建云,等. 纳米银敷料、银离子敷料、磺胺嘧啶银治疗Ⅱ度烧伤的网状 Meta 分析[J]. 国外医学地理分册,2016,37(3): 258-262.

[65]叶慧. 新型医用抗菌敷料:银敷料[J]. 中国医疗器械信息, 2003, 9(2): 40-41.

[66]林爱红,秦彦珉,黄惠英,等.纳米抗菌剂抑菌杀菌性能研究[J].实用预防医学,2003,10(2):168-170.

[67]车炳坤,刘彩怡,龙峰.甲壳胺体外抑菌活性试验研究[J].中国公共卫生,2000,16(3):212-213.

[68]宋献周,沈月新.不同平均分子量的 α-壳聚糖的抑菌作用[J].上海水产大学学报, 2000,9(2):138-141.

[69]郑莲英,朱江峰,孙昆山.不同分子量壳聚糖的抗菌性能研究[C].第二届甲壳素化学与应用研讨会论文集. 武汉:中国化学会,1999,311-315.

[70]杨冬芝,刘晓非,李治.壳聚糖抗菌活性的影响因素[J].应用化学, 2000, 17(6):601.

［71］陈炯，韩春茂，张力成，等. 特重烧伤合并机械性创伤患者并发多器官功能障碍综合征救治一例［J］. 中华外科杂志，2003，41：399.

［72］陈炯，韩春茂. 烧伤创面大面积使用纳米银敷料一例［J］. 中华烧伤杂志，2003，19：289.

［73］程家宠，余敏. 纳米银抗菌非织造材料展现的新市场空间［J］. 非织造布，2004，12(2)：31-32.

［74］陈炯，韩春茂，余朝恒. 纳米银用于烧伤患者创面后银代谢的变化［J］. 中华烧伤杂志，2004，20(3)：161-163.

［75］刘丽霞，刘召琼. 基于多维效益藻酸盐银敷料治疗感染伤口临床效果对比研究［J］. 医药前沿，2016，6(30)：201-202.

［76］苗建文. 不同换药方式对门诊褥疮患者换药疼痛的效果研究［J］. 实用临床医药杂志，2017，21(14)：212-213，225.

［77］黄锐娜，黄锐佳，牛彩丽，等. 银离子敷料治疗糖尿病足溃疡疗效的 Meta 分析［J］. 中国组织工程研究，2019，23(2)：323-328.

［78］顾蓥璇，胡蕈，黄林峰，等. 银离子敷料治疗慢性感染伤口的 Mela 分析［J］. 中国组织工程研究，2019，23(18)：2941-2946.

［79］朱长俊，秦益民. 甲壳胺纤维和含银甲壳胺纤维的抗菌性能比较［J］. 合成纤维，2005，34(3)：15-17.

［80］秦益民. 海藻酸纤维的成胶性能［J］. 产业用纺织品，2003，4：17-20.

［81］秦益民. 含银医用敷料的抗菌性能及生物活性［J］. 纺织学报，2006，27(11)：113-116.

［82］秦益民. 在医用敷料中添加银离子的方法［J］. 纺织学报，2006，27(12)：109-112.

［83］秦益民. 银离子的释放及敷料的抗菌性能［J］. 纺织学报，2007，28(1)：120-123.

［84］秦益民. 含银海藻酸纤维的制备方法和性能［J］. 纺织学报，2007，28(2)：126-128.

第9章　含银医用敷料的临床应用和疗效

9.1　引言

　　银在防病和治病中的应用已经有很长的历史。《本草纲目》中有"银屑,安五脏,定心神,止惊悸,除邪气,久服轻身长年"的记载,说明中国人很早就认识到银的药用价值。欧洲人也在很早以前就把银应用于加速伤口愈合、治疗感染等领域。公元前338年,马其顿人征战希腊时用银箔覆盖创面,达到加速伤口愈合的目的。19世纪以来,银以多种形式应用于现代医学,1884年德国产科医生Crede把1%的硝酸银水溶液滴入新生儿眼中用于预防新生儿结膜炎导致的失明,使婴儿失明的发生率从10%降到0.2%。1893年,Von Nageli经过系统研究,首次报道银等金属对细菌和其他低等生物的致死效应,此后银在医疗领域的应用进入现代时期,药用银化合物得到迅速发展。

　　1932年,Domagk发现了偶氮磺胺的抗菌活性,开创了合成药物的新时代,随后合成抗生素由于能快速杀菌而取代了银离子和银化合物。然而,耐药性的出现使抗生素的使用到了瓶颈状态,人们开始重新认识银的抗菌作用。1967年磺胺嘧啶银进入市场,基于其对各种细菌、真菌的高效杀灭作用,并能自然、无痛地对伤口部位进行修复,磺胺嘧啶银演变成为治疗外伤的重要药物。进入21世纪,随着"湿润愈合"产品在全球各地的广泛应用,医用敷料的抗菌作用变得越来越重要,促使医疗行业开发出一系列的含银医用敷料产品。国内外已有几十种含银产品作为医疗器械获得美国FDA上市批准,其中包括含银海藻酸盐纤维敷料、含银水凝胶敷料、含银粉末和其他类型的医疗产品,在感染伤口、烧伤、慢性溃疡伤口等创面护理中得到广泛应用。

9.2 含银医用敷料的临床应用

现代含银抗菌敷料是在伤口湿性愈合理论基础上研发出的功能性医用敷料,产品中含有的银具有广谱抗菌活性,能抑制细菌、真菌的生长繁殖,在创面上形成一层抗菌屏障,达到抗感染的功效。大量临床研究证明含银医用敷料在各种类型的伤口护理中有很高的应用价值。

9.2.1 含银医用敷料用于感染伤口

伤口愈合受很多因素的影响,其中感染是最严重的干扰因素,如何有效控制感染一直是伤口护理中的难点。含银医用敷料通过结合银离子的抗菌作用和基础材料的吸湿、保护作用,可以有效应用于感染伤口的护理。使用过程中伤口渗出液被敷料吸收后与其中的银化合物接触,触发银离子释放进入渗液后与细菌结合,起到抑制细菌生长繁殖的作用。与此同时,载银的基础材料通过吸收渗出液为创面提供一个湿润的愈合环境,从而促进伤口更快、更好地愈合。

苏天兰等对 120 例感染伤口应用银离子敷料或凡士林纱布每日或隔日换药共7d 并观察疗效。结果显示,与对照组 60 例比较,实验组 60 例伤口局部红、肿、热、痛减轻,伤口无异味,伤口床上无腐肉、脓液,伤口渗液明显减少,显示银离子换药组总有效率显著高于凡士林纱布换药组。该研究结果表明,银离子敷料在控制伤口局部感染方面优于凡士林纱布,除了与载银的泡绵敷料具有良好的渗液处理作用有关外,还与银离子发挥抑菌作用密切相关。

刘丽亚等研究了银离子联合藻酸盐敷料和传统敷料对术后感染伤口的治疗作用,对发生感染的 57 名患者随机纳入银离子联合藻酸盐敷料组和传统敷料组,比较了两组在创面愈合率、创面愈合时间、换药次数、换药时疼痛评分等方面的区别。结果显示,治疗 6d 后创面愈合率银离子敷料组明显高于传统敷料组,创面愈合时间也明显短于传统敷料组。银离子敷料组较传统敷料组换药次数少、换药时疼痛评分低、疗效高,具有较好的控制伤口感染及促进伤口愈合的作用。

陈晓林等探讨了在骨科感染伤口中应用银离子抗菌敷料的临床疗效,选取骨科感染伤口患者 98 例,分为对照组和研究组各 49 例。对照组采用传统换药方法并给予抗生素治疗,研究组采用银离子抗菌敷料,并减少换药次数。结果显示,研究组治疗有效率为 95.9%,明显高于对照组的 75.5%。研究组换药次数、感染控制时间及平均住院时间均明显少于对照组,说明骨科伤口感染患者采用银离子抗菌敷料具有良好的治疗效果。

刘丽霞等从多维效益角度分析了将海藻酸盐银敷料应用于感染后伤口临床治疗中的疗效。将存在感染伤口的患者 80 例随机分成碘纱治疗对照组和海藻酸盐银敷料治疗观察组各 40 例。结果显示观察组患者的创口恢复总有效率为 95.0%，与对照组相比有显著提升，且观察组的换药时间以及创面愈合时间依次为(7.69±2.19)d、(10.57±4.38)d，均显著短于对照组水平。表 9-1 和表 9-2 分别比较了海藻酸盐银敷料和碘纱治疗伤口的恢复情况、换药时间和创面愈合时间。

表 9-1　海藻酸盐银敷料和碘纱治疗伤口的恢复情况

组别	痊愈/例	有效/例	无效/例	总有效率/%
海藻酸盐银敷料观察组(40 例)	23	15	2	95.0
碘纱对照组(40 例)	20	13	7	82.5

表 9-2　海藻酸盐银敷料和碘纱治疗伤口的换药时间和创面愈合时间

组别	换药时间/d	创面愈合时间/d
海藻酸盐银敷料观察组(40 例)	7.69±2.19	10.57±4.38
碘纱对照组(40 例)	13.57±3.48	17.58±4.50

李伟东等研究了海藻酸盐银敷料应用于感染伤口治疗及其多维效益，选取存在额面部感染伤口的患者 48 例，分为对照组与观察组各 24 例，为对照组患者配置 0.9%生理盐水后将无菌纱布浸润后对创面进行湿敷，给予观察组患者藻酸盐银离子敷料贴于创面。结果显示，观察组患者的疼痛程度、切口愈合时间和换药次数均显著优于对照组患者。表 9-3 显示两组患者的切口愈合时间与换药次数。

表 9-3　两组患者的切口愈合时间与换药次数

组别	切口愈合时间/d	换药次数/次	疼痛评分/分
藻酸盐银离子敷料观察组(24 例)	14.32±3.91	6.02±1.29	4.39±0.16
无菌盐水纱布对照组(24 例)	22.07±6.82	16.38±2.01	8.51±0.81

郭春兰等观察了银离子藻酸盐抗菌敷料对不同病因导致的延迟不愈合伤口的疗效，对来自 3 个伤口治疗门诊的 310 例患者随机分为 3 组，其中 A 组使用银离子藻酸盐敷料处理；B 组使用纳米银敷料处理；C 组采用碘仿敷料处理。结果显示，3 组在治疗时间上的比较差异有统计学意义，3 组面积减小率随着治疗时间的延长

明显增加,A组明显优于B组和C组,显示银离子藻酸盐抗菌敷料处理延迟愈合伤口时,其减轻伤口渗液、促进伤口缩小和缩短治疗时间的效果优于纳米银和碘仿敷料,对感染性渗出伤口的处理效果更为出色。

9.2.2　含银医用敷料用于治疗难治性感染伤口

对于难治性感染伤口,传统纱布敷料有如下缺点:

(1)无法保持创面湿润,易与创面粘连,换药时疼痛,敷料被分泌物浸透时,病原体易侵入,造成感染。

(2)不能锁住渗液,渗液外渗后浸渍伤口周围皮肤、污染衣物。渗液少时,内层敷料很容易干燥并与伤口细胞粘连使细胞脱水,换药时在用生理盐水浸湿下才能将内层敷料取下,否则易造成机械性损伤。

(3)操作复杂、费时,换药频繁,换药时患者感到疼痛,伤口愈合时间长。

张伟红研究了基于湿性愈合的康惠尔银离子抗菌敷料在难治性感染伤口上的应用。该产品具有3D发泡结构,能快速、大量吸收伤口渗出液并锁住渗液,防止浸渍伤口周围皮肤,泡沫垫使伤口局部压力重新分布而缓解受压情况,改善了血液循环。该产品在聚氨酯泡绵中加入银化合物,在伤口愈合过程中,泡绵吸收伤口渗出液后使敷料中的银离子持续释放出来,特别适用于一些不利于伤口愈合的细菌株引起的感染伤口,如绿脓杆菌、金黄色葡萄球菌、溶血性链球菌、耐甲氧西林金黄色葡萄球菌(MRSA)等。研究结果显示,观察组并发症或不适发生率显著低于对照组,伤口愈合时间显著短于对照组,说明银离子抗菌敷料治疗难治性感染伤口效果显著、不良反应少、患者舒适度增加,同时也减轻了护理工作量。

9.2.3　含银医用敷料用于预防手术切口及置管后患者感染

腹部手术切口是临床上常见的一种伤口,其面积大、暴露范围广、手术时间长,因而发生感染的概率较大,临床上主要表现为红、肿、热、痛以及组织肿胀、坏死等严重炎症反应,发生软组织纤维素样变或坏死改变,严重时导致切口裂开甚至引起全身性感染,危及患者生命。护理这类伤口时应采取措施,在缝合切口时应用快速有效的方法减少感染发生,促进创面尽快愈合。

章焱周等研究了银离子杀菌液预防腹部手术切口感染,采用银离子杀菌液对缝合前的手术切口进行冲洗处理,对腹部切口内部及创面愈合进行随机、前瞻性临床研究。结果显示,该护创液适用于外科手术切口消毒和创面皮肤及黏膜的喷洒、冲洗、表面护理,具有预防感染、减少渗出、促进组织愈合等显著效果,将切口感染率降低到最低程度,缩短感染伤口的康复期。

王瑞淑探讨了银离子藻酸盐敷料在不同类型手术切口中的应用效果,选取腹部手术病例 321 例,其中使用普通无菌医用敷料的对照组 160 例、银离子藻酸盐湿性敷料的观察组 161 例,比较两组中各类切口感染情况和切口愈合时间、视觉模拟评分法(VAS 评分)观察换药时疼痛情况。结果显示,Ⅰ 类切口中两组感染率均为 0,Ⅱ 类、Ⅲ 类切口中对照组的感染率明显高于观察组,Ⅰ 类、Ⅱ 类、Ⅲ 类切口中观察组 VAS 评分均低于对照组。在伤口愈合时间上,Ⅰ 类切口中两组愈合时间差异不显著,Ⅱ 类、Ⅲ 类切口中对照组愈合时间明显长于观察组。总体来说,腹部手术切口使用银离子藻酸盐湿性敷料效果显著,特别是在 Ⅱ 类、Ⅲ 类切口中使用时不仅减轻疼痛,还能降低切口感染率、缩短愈合时间。

经外周静脉置入中心静脉导管(peripherally inserted central catheter, PICC 导管)目前已经应用于长期输液的老年患者,临床上通常用纱布或透明半通透性敷料覆盖置管后的穿刺部位,而老年患者常出现置管后穿刺点渗血、静脉炎,以致愈合时间延长。王利等研究了银离子藻酸盐敷料用于老年住院患者经改良型塞丁格技术行 PICC 置管后穿刺点止血及预防静脉炎的应用效果,将 50 例患者分为试验组和对照组,试验组在穿刺后即用银离子藻酸盐敷料覆盖在穿刺点上,再用透明敷贴覆盖。对照组穿刺后用传统无菌纱布覆盖穿刺点,其上用透明敷贴覆盖。两组患者皆用弹力绷带统一包扎固定 24h,每日观察记录穿刺点渗血及有无红、肿、热、痛、硬结生成,连续 7d 并进行效果评价。结果显示,试验组穿刺点的出血程度、静脉炎程度均轻于对照组。

杨嫚等研究了银离子藻酸盐抗菌敷料用于血液病患者 PICC 置管穿刺点的临床效果。将 76 例术后患者随机分为观察组 39 例和对照组 37 例,观察组采用银离子敷料、对照组采用无菌纱布置于穿刺点,比较两组患者穿刺点处切口感染发生率、愈合前换药次数及加压时间。结果显示,观察组加压时间为(2.77 ± 1.27)d,无红肿热痛患者,PICC 全部保留。对照组患者加压时间为(4.51 ± 1.41)d,有 1 例患者发生红肿热痛症状,PICC 全部保留,两组患者加压时间比较的差异有统计学意义($P<0.05$)。观察组换药次数为(2.74 ± 0.99)次,对照组换药次数为(4.73 ± 1.41)次,两组比较差异有统计学意义($P<0.05$)。使用银离子敷料可以减少血液病患者行 PICC 置管术后穿刺点处切口愈合前换药次数和加压时间,加速切口愈合。

张凤英等研究了银离子藻酸盐敷料联合 rb-bFGF 在肠造口皮肤黏膜分离中的应用,将造口皮肤黏膜分离感染患者 50 例随机分成观察组和对照组各 25 例。观察组用银离子藻酸盐敷料联合重组牛碱性成纤维细胞生长因子凝胶(rb-bFGF,贝复新)填充创面治疗,对照组用传统凡士林油纱填塞创面治疗。结果显示,观察组创面愈合时间为(14.48±3.18)d,明显少于对照组的(16.80±2.83)d,创面换药疼痛程度明显轻于对照组。

李岩等观察了银离子藻酸盐敷料在外科术后延期愈合伤口中的治疗效果,将60例外科术后伤口延期愈合的患者分为观察组和对照组各30例,对照组用传统碘仿敷料、观察组用银离子藻酸盐敷料,两组治疗期均为6周。治疗结束时,观察组和对照组的伤口愈合率分别为83.3%和56.7%,平均愈合时间分别为(24.64±7.02)d和(31.53±8.29)d,两组比较差异有统计学意义($P<0.05$),银离子藻酸盐敷料可以有效提高伤口愈合率、缩短愈合时间、减轻伤口疼痛。

何润芳研究了银离子藻酸盐敷料在PICC穿刺口中的治疗效果,将60例患者随机分为对照组与治疗组各30例,对照组用无菌小纱块加压包扎、透明敷贴固定处理穿刺口,治疗组用银离子藻酸盐敷料外敷、透明敷贴固定,观察两组患者的渗液消退时间、并发症发生率、住院期间导管维护费用及患者对护理工作的满意度。结果显示,治疗组渗液平均消退时间为(4.37±0.96)d,明显快于对照组(7.47±1.87)d,住院期间治疗组导管平均维护费用(4.07±0.88)×100元,低于对照组(7.18±1.27)×100元,治疗组并发症发生率低于对照组、患者对护理工作的满意度高于对照级($P<0.05$),差异有统计学意义。

9.2.4 含银医用敷料用于治疗糖尿病足溃疡

糖尿病足是指因糖尿病血管病变和神经病变、感染等因素导致糖尿病患者足或下肢组织破坏的一种病变,是导致糖尿病患者致残、致死的严重慢性并发症。据统计,美国3%糖尿病患者有足溃疡、50%非创伤截肢是糖尿病所致,中国在1996~2000年糖尿病足占住院糖尿病人2.45%、截肢率14%,在糖尿病患者中15%以上发生足溃疡或坏疽。糖尿病足溃疡的护理着重去除创面的细菌性、坏死性、细胞负荷性,并通过应用敷料创造一个适宜的微环境加速创面愈合。含银医用敷料能有效促进糖尿病足溃疡愈合、降低致残的可能性、减轻患者痛苦。

邱吉苗等的研究结果显示,采用含银医用敷料护理糖尿病足溃疡可以减少溃疡面积、有效治愈糖尿病足,使用含银医用敷料的治疗组平均住院天数21d,明显低于对照组的32d。李旭亚等把132例糖尿病足患者随机分为观察组65例和对照组67例,观察组使用含银医用敷料、对照组使用传统换药。结果显示,使用含银医用敷料换药可显著减少换药次数、提高护理效率。陈新婵等选取糖尿病足感染患者98例,随机分为对照组48例和观察组50例,其中观察组用银离子敷料贴敷、对照组用常规换药方法。结果显示,银离子敷料与常规换药相比在促进糖尿病足感染伤口恢复有效性和恢复时间上都具有较高的优势。

王金文等研究了两种含银医用敷料在糖尿病足溃疡中的应用,其中 Aquacel Ag 由羧甲基纤维素钠和 1.2%银离子组成,在吸收伤口渗液后形成一层柔软的凝胶,另外一种敷料 DuoDerm Hydroactive Gel 是用明胶、果胶、羧甲基纤维素钠等材料制成,具有很好的吸收性,可为创面提供湿性愈合环境、促进坏死组织自溶、加速肉芽组织生长和上皮形成。研究结果显示,Aquacel Ag 在控制糖尿病足局部细菌感染方面有显著疗效,而 DuoDerm Hydroactive Gel 在加速坏死组织溶解、辅助手术清创方面起较好作用,可以缩短清创时间并保持创面湿度、加快创面愈合。在另一项研究中,毛玲玲的研究结果显示,含银敷料+水凝胶+湿疗伤口敷料局部用于治疗糖尿病足溃疡后可以加强抗菌作用、控制局部感染,有利于肉芽组织增生及上皮生长。

张书评等探讨了银离子敷料联合高压氧补充治疗在糖尿病足溃疡中的临床疗效,将 86 例糖尿病足溃疡病人随机分为两组各 43 例,均给予基础综合治疗并配合有效整体护理干预。在足溃疡局部治疗上,对照组采用常规护理,观察组用银离子藻酸盐敷料处理溃疡面,并在含银敷料辅助治疗的同时配合高压氧治疗。结果显示,4 周治疗结束时,观察组溃疡完全愈合率为 48.83%,对照组为 37.21%,说明用含银敷料联合高压氧补充治疗糖尿病足溃疡的促愈效果明显。

陶磊等研究了高压氧联合银离子海藻酸盐抗菌敷料在糖尿病足溃疡患者中的应用效果,74 例患者随机分为联合组 37 例和敷料组 37 例,其中敷料组给予银离子海藻酸盐抗菌敷料治疗、联合组给予高压氧+银离子海藻酸盐抗菌敷料治疗。结果显示,联合组总有效率 94.59%,较敷料组 72.97%高。治疗 1、2、3 周后联合组创面细菌转阴率高于敷料组,创面愈合评分低于敷料组。高压氧联合银离子海藻酸盐抗菌敷料应用于糖尿病足溃疡患者可有效强化治疗效果。表 9-4 显示两组糖尿病足溃疡患者的疗效比较。

表 9-4　两组糖尿病足溃疡患者的疗效比较

组别	无效/例	减轻/例	显著进步/例	痊愈/例	总有效率/%
高压氧+银离子海藻酸盐敷料联合组(37 例)	2	9	18	8	35
银离子海藻酸盐敷料组(37 例)	10	6	16	5	27

郑雪晶等观察了海藻酸盐银离子敷料在老年糖尿病足溃疡中的应用效果,将 56 例患者随机分为观察组和对照组各 28 例,观察组用海藻酸盐银离子敷料换药治疗、对照组用无菌纱布治疗。结果显示,观察组患者的治愈率高于对照组,且伤口愈

合时间、换药次数、治疗总费用明显低于对照组。表9-5显示两组的观察指标对比。

表9-5　海藻酸盐银离子敷料与无菌纱布的疗效比较

组别	伤口治愈时间/天	换药次数/次	换药治疗费用/万元	住院治疗费用/万元
海藻酸盐银离子敷料观察组	47.2±3.3	12.5±2.4	0.6±0.4	2.6±1.7
无菌纱布对照组	68.3±5.8	32.8±6.3	0.5±0.3	4.1±2.3

刘静观察了银离子藻酸盐抗菌敷料治疗Ⅲ级糖尿病足伤口的临床效果,将Ⅲ级糖尿病足患者100例分为观察组和对照组各50例,两组均控糖、抗感染、彻底清创,观察组用银离子藻酸盐敷料、对照组用常规湿性敷料换药。结果显示,观察组患者肉芽组织生长时间、创面缩小面积、创面愈合时间、换药次数、住院时间均明显优于对照组。表9-6显示两组的主要康复指标比较。

表9-6　银离子藻酸盐敷料和常规湿性敷料的主要康复指标比较

组别	创面缩小面积/%	创面愈合时间/d	换药次数/次	住院时间/d
银离子藻酸盐敷料观察组	54.33±4.31	32.16±3.55	8.87±3.31	17.51±3.67
湿性敷料对照组	38.46±6.87	41.41±4.36	19.97±2.88	25.33±2.34

周维玲探讨了银离子藻酸盐抗菌敷料治疗Ⅲ级糖尿病足伤口的疗效,选取Ⅲ级糖尿病足患者80例随机分为两组各40例,对照组用常规治疗、实验组用银离子藻酸盐抗菌敷料治疗。结果显示,实验组患者的治疗效果和伤口愈合计分均高于对照组,差异有统计学意义($P<0.05$)。表9-7显示两组的疗效对比。

表9-7　银离子藻酸盐敷料和常规治疗组的疗效对比

组别	有效/例	显效/例	无效/例	总有效率/%
银离子藻酸盐敷料实验组(40例)	23	14	3	92.50
常规治疗对照组(40例)	15	15	10	75.00

郭春兰等观察了银离子藻酸盐敷料结合抗生素治疗糖尿病肢端感染的疗效,把109例患者随机分组,A组静脉输注抗生素同时局部使用银离子藻酸盐敷料处理,B组不用抗生素仅局部使用银离子藻酸盐敷料,C组按常规静脉输注抗生素并局部使用凡士林敷料。结果显示,A组的感染清除时间、创面愈合时间、愈合率和截肢率明显优于B组、C组,说明银离子藻酸盐敷料结合抗生素治疗对于糖尿病肢

端感染具有协同抗菌和促进创面愈合的作用。

裴丽等观察了银离子藻酸盐敷料治疗糖尿病足溃疡创面的疗效,把 120 例患者分为对照组和观察组各 60 例,观察组予以银离子藻酸盐敷料、对照组予以藻酸盐敷料治疗。结果显示,治疗结束后,观察组患者 VAS 评分(2.5±0.6)分、创面愈合时间(42.0±3.9)d、换药次数(14.3±1.9)次,均低于对照组,差异有统计学意义($P<0.01$)。观察组溃疡愈合率 93.3%,对照组 75.0%,显示银离子藻酸盐敷料可以促进创面愈合、缩短愈合时间、减少换药次数,并可减轻患者疼痛。表 9-8 显示两组糖尿病足溃疡患者的疗效比较。

表 9-8　两组糖尿病足溃疡患者的疗效比较

组别	VAS 评分		换药次数/次	溃疡愈合时间/d	溃疡愈合率/%
	治疗前	治疗后			
银离子藻酸盐敷料观察组(60 例)	6.7±0.8	2.5±0.6	14.3±1.9	42.0±3.9	93.3
藻酸盐敷料对照组(60 例)	6.5±1.3	3.8±0.4	25.4±3.6	75.0±4.9	75.0

胡志芳等探讨了银离子藻酸盐敷料治疗 Ⅱ 级糖尿病足伤口的应用效果,把 124 例 Ⅱ 级糖尿病足患者分为观察组和常规组各 62 例,观察组用银离子藻酸盐敷料、对照组用碘伏敷料处理伤口。结果显示,观察组和常规组的总有效率分别为 93.55% 和 70.97%,治疗 7d、14d、21d 后,观察组的伤口细菌转阴率分别为 30.65%、45.16%、90.32%,常规组的伤口细菌转阴率分别为 17.74%、32.26%、62.90%,观察组患者伤口细菌转阴率显著高于常规组。表 9-9 显示两组患者伤口细菌转阴率的比较。

表 9-9　两组患者伤口细菌转阴率的比较

组别	转阴率/%		
	治疗 7d 后	治疗 14d 后	治疗 21d 后
银离子藻酸盐敷料观察组(62 例)	19	28	56
碘伏抗菌敷料常规组(62 例)	11	20	39

刘晓刚等用银离子藻酸盐抗菌敷料治疗 Ⅲ 级糖尿病足伤口取得了相似的疗效,高倩等用抗菌银离子敷料联合普朗特液体敷料治疗糖尿病足也取得了很好的临床效果。

吴俊艳等研究了纳米银敷料结合封闭负压吸引治疗对糖尿病性慢性创面患者愈合效果的影响,把 172 例患者分为纳米银组 60 例、常规组 54 例和对照组 58 例,纳米银组在常规封闭负压引流技术的基础上结合纳米银敷料治疗,常规组用常规封闭负压引流技术,对照组用常规换药治疗。结果显示,纳米银组、常规组创面肉芽生长良好率均明显高于对照组,纳米银组患者感染率明显低于常规组和对照组患者,封闭负压吸引治疗可显著提高糖尿病慢性创面愈合效果,结合纳米银敷料可有效预防感染。

任群生在糖尿病足溃疡患者的临床治疗中给予患者不同敷料以及换药方式,选择 68 例患者分作对照组与分析组,对照组对创面进行碘伏擦拭消毒后用生理盐水进行温敷,之后将患者的患足用中药浸泡,对其创面进行贴敷并用纱布包好,患者每日换药 1 次。分析组接受银离子敷料处理,对患足清洁后外敷银离子敷料并贴上透明贴。根据患者伤口渗液量确定换药次数,一般为 2~5d 换药一次。表 9-10 的数据显示分析组患者的换药次数更少、住院时间更短。

表 9-10   两组糖尿病足溃疡患者的主要指标对比

组别	换药次数/次	住院时间/d
银离子敷料分析组(34 例)	3.2±0.8	9.7±1.1
常规敷料对照组(34 例)	7.1±2.2	17.3±4.5

郭小媛等研究了重组生长因子凝胶联合银离子敷料在糖尿病足感染控制中的疗效,选取 55 例患者分为实验组 27 例和对照组 28 例,对照组予以银离子敷料、实验组在对照组基础上予以重组生长因子凝胶治疗。结果显示,治疗后实验组总有效率达 92.59%、对照组为 71.43%。重组生长因子凝胶联合银离子敷料的疗效显著,可加速创面愈合、减少感染,还能有效减少换药次数和复发率。

9.2.5   含银医用敷料用于治疗下肢静脉溃疡

郭春兰等观察了两种银敷料用于下肢静脉溃疡治疗的效果,把 75 例患者分为观察组和对照组,观察组用银离子藻酸盐敷料、对照组用纳米银敷料处理局部溃疡,两组患肢均给予弹力绷带压力治疗。结果显示,两组伤口愈合率分别为84.66%±10.56%和 67.33%±9.44%,其中观察组完全愈合 8 例、基本愈合 17 例、有效 12 例,对照组完全愈合 4 例、基本愈合 11 例、有效 22 例,说明银离子藻酸盐敷料具有更好的疗效。

赵静静探讨了用银离子藻酸盐敷料治疗下肢静脉曲张性溃疡患者的疗效,选取 36 例下肢静脉曲张性溃疡患者作为研究对象。结果显示,36 例患者在接受治护后下肢溃疡面明显缩小或愈合,且其下肢溃疡面均未再有液体渗出,说明银离子藻酸盐敷料的疗效确切,可有效促进下肢溃疡面的愈合。

张婷等在腿部静脉溃疡患者中应用银离子藻酸盐抗菌敷料,选取 80 例患者分为两组,对照组应用传统敷料、观察组用银离子藻酸盐敷料处理局部溃疡。结果显示,观察组疼痛程度明显低于对照组、愈合率明显高于对照组。表 9-11 显示两组患者的治疗效果。

表 9-11　银离子藻酸盐敷料和传统敷料组患者的治疗效果

组别	完全愈合/例	基本愈合/例	有效/例	无效/例	愈合率/%
银离子藻酸盐敷料观察组(40 例)	21	14	5	0	87.50
传统敷料对照组(40 例)	8	11	20	1	47.50

李慧研究了百克瑞杀菌纱布与银离子敷料在下肢静脉溃疡治疗中的效果,把 90 例患者分成两组,A 组 45 例用百克瑞敷料、B 组 45 例用银离子敷料处理,连续治疗 3 周比较两组患者创面的细菌转阴率、溃疡面积愈合率等情况。结果显示,治疗 1 周、2 周时 B 组患者伤口细菌转阴率和创面愈合率高于 A 组,显示银离子敷料可以有效清除溃疡创面感染、促进溃疡面愈合。

张艳娥研究了下肢难愈性静脉溃疡患者应用银离子敷料的疗效,把 94 例患者分为两组各 47 例,纱布组用无菌纱布、敷料组用银离子敷料治疗。结果显示,敷料组患者疼痛评分、溃疡面积缩小率、周围皮肤浸渍率及治疗费用均优于纱布组。表 9-12 显示两组患者疼痛评分、溃疡面积缩小率及治疗费用比较。

表 9-12　两组患者疼痛评分、溃疡面积缩小率及治疗费用比较

组别	疼痛评分/分	溃疡面积缩小率/%	治疗费用/元
银离子敷料组(47 例)	1.3±0.5	71.6±8.2	1197.6±43.8
纱布组(47 例)	3.7±0.8	43.5±6.3	1503.7±46.4

孙良宏等选择 72 例下肢及足部慢性伤口创面患者分成对照组与观察组各 36 例,对照组清创止血后以无菌纱布或凡士林纱布填塞创面治疗,观察组以银离子敷料覆盖或填充创面。结果显示,观察组治疗总有效率 97.22%,优于对照组的 58.33%,观察组换药次数(7.7±2.1)次、创面愈合时间(44.1±5.2)天,均优于对照组(14.5±2.6)次、(88.2±8.1)天,2 组对比差异显著($P<0.05$)。

9.2.6 含银医用敷料用于治疗压疮

压疮或褥疮是因局部组织长期受压力、剪切力、摩擦力及潮湿等影响造成血液循环障碍后形成的慢性伤口,患者的伤口表现为坏死、溃烂。由于体力极度虚弱或运动功能丧失、无力变换卧位,加之护理不当,导致长期卧床患者位于体表骨隆突和床褥之间的皮肤组织甚至肌肉因持续受压而局部缺氧、血管栓塞、组织坏死腐脱,形成溃疡,其形成过程分为红斑期、水泡期和溃疡期三期。

张靖等研究了含银海藻酸盐敷料治疗Ⅱ期褥疮,在吸收伤口渗出液后,海藻酸盐形成湿润的凝胶,为伤口提供理想的愈合环境,能显著促进肉芽组织生长、促进血管新生、加速坏死组织脱落、迅速修复溃疡创面,在此过程中银离子可以为创面提供抗菌作用。

邵静选取压疮患者68例分为对照组、观察组各34例,其中观察组给予负压封闭引流术联合银离子海藻酸盐敷料治疗。结果显示,与负压封闭引流对照组相比,观察组的换药次数、新鲜肉芽生长时间、创面愈合时间少。表9-13和表9-14分别显示两组患者的治疗效果和恢复情况。

表9-13 两组患者的治疗效果

组别	显效/例	有效/例	无效/例	总有效率/%
负压封闭引流对照组(34例)	6	20	8	26
银离子海藻酸盐敷料观察组(34例)	12	21	1	33

表9-14 两组患者的恢复情况

组别	换药次数/次	新鲜肉芽生长时间/d	压疮痊愈时间/d
负压封闭引流对照组(34例)	8.2±0.3	35.1±1.4	22.3±1.6
银离子海藻酸盐敷料观察组(34例)	4.8±0.4	26.3±1.3	13.5±1.5

陈锦花等研究了压疮患者接受负压封闭引流术联合银离子海藻酸盐敷料治疗的临床效果及症状改善情况,参与实验的压疮患者共70例,其中应用负压封闭引流术、拆除引流后给予二期植皮6例,未接受二期植皮64例。将未接受二期植皮的64例患者分成研究组32例和对照组32例,对照组患者应用负压封闭引流术加常规创面换药治疗,研究组在负压封闭引流术的基础上联合应用银离子海藻酸盐抗菌敷料治疗。相比于对照组,研究组患者临床治疗总有效率更高,患者换药次数、新鲜肉芽生长时间和创面愈合时间均更短,差异有统计学意义($P < 0.05$)。

表9-15显示二组患者的临床治疗指标。

表9-15 两组患者的临床治疗指标

组别	平均换药次数/次	新鲜肉芽生长时间/d	压疮治疗痊愈时间/d
常规创面换药对照组（32例）	8.3±0.4	36.2±1.7	23.44±1.4
银离子海藻酸盐敷料研究组（32例）	4.9±0.6	27.1±1.2	14.3±1.6

杜娜研究了Ⅱ期、Ⅲ期压疮患者护理中应用银离子抗菌敷料的方法和效果，选取应用银离子抗菌敷料护理的36例（42处）Ⅱ期、Ⅲ期压疮患者，对其临床资料进行回顾性分析。结果显示，36例患者（42处）压疮治愈31处、好转10处、无效1处。Ⅱ期压疮愈合时间为（7.98±1.02）d、Ⅲ期压疮愈合时间为（28.03±4.69）d，应用银离子抗菌敷料可缩短创面愈合时间，改善治疗效果。

苗建文在研究中发现用银离子藻酸盐敷料换药能明显降低褥疮患者换药时患者的疼痛。表9-16比较了两组患者换药时的疼痛评分，其中观察组使用银离子藻酸盐敷料、对照组使用传统凡士林纱布包扎。

表9-16 用银离子藻酸盐敷料和凡士林纱布换药时的疼痛评分

组别	换药前	换药后3d	换药后7d	换药后15d
银离子藻酸盐敷料观察组（50例）	5.47±1.22	3.08±0.54	2.66±0.53	1.96±0.41
凡士林纱布对照组（48例）	5.89±1.54	5.53±0.68	4.88±0.75	2.12±0.72

刘连弟等研究了持续封闭式负压吸引联合银离子敷料在Ⅲ期以上压力性损伤中的应用，选取患者80例分为持续封闭式负压吸引联合银离子敷料实验组40例和单纯银离子敷料对照组40例。结果显示，实验组患者护理的总有效率显著高于对照组，换药次数显著少于对照组，肉芽组织生长时间和创面愈合时间均显著短于对照组，疼痛程度评分、换药费用也均显著低于对照组（$P<0.05$），显示持续封闭式负压吸引联合银离子敷料较单纯银离子敷料在Ⅲ期以上压力性损伤中具有很高的应用价值。表9-17显示两组患者的疗效和换药费用比较。

表9-17 两组患者的疗效和换药费用比较

组别	换药次数/次	创面愈合时间/d	疼痛程度/分	换药费用/元
负压吸引联合银离子敷料实验组（40例）	7.9±2.5	45.1±6.2	3.0±1.3	489.0±125.3
单纯银离子敷料对照组（40例）	13.3±2.1	86.3±7.7	5.8±1.6	1142.6±672.4

叶星宇等研究了纳米银凝胶联合纳米银抗菌敷料在骨科压疮治疗中的疗效，选取患者 60 例分为治疗组和对照组各 30 例，对照组用传统方法换药，常规碘伏消毒、清除坏死组织、用双氧水冲洗创面、用呋喃西林纱条填塞创面、无菌敷料包扎。治疗组用常规生理盐水冲洗创面，有感染时用双氧水清洗并去除坏死组织，用干净棉签或敷料蘸干创面后均匀涂抹上一层薄薄的纳米银凝胶。结果显示，治疗组的细菌检出率明显低于对照组，创面愈合时间明显短于对照组。表 9-18 显示两组患者的疗效。

表 9-18　两组患者的疗效

组别	治愈/例	显效/例	无效/例	有效率/%	平均愈合时间/d
纳米银凝胶治疗组(30 例)	23	7	0	100	29.24±5.73
传统换药对照组(30 例)	5	12	13	56.6	43.62±7.18

9.2.7　含银医用敷料用于感染性压疮护理

徐云侠研究了银离子抗菌敷料在感染性压疮护理中的应用，结果显示银离子敷料的疗效明显优于加涂抗生素的传统敷料，在提高疗效的同时换药次数明显减少，既减轻患者精神和肉体上的痛苦也减少频繁换药引起的肉芽组织损伤。此外，尽管银离子敷料的费用高于传统纱布敷料，由于换药次数少、感染得到控制、伤口愈合时间缩短，总的住院费用明显降低。

苏怡芳等观察了银离子藻酸盐敷料在糖尿病合并压疮患者中的应用，将 60 例患者分为两组，对照组 30 例用普通棉纱布换药，观察组 30 例用银离子藻酸盐敷料。结果显示，观察组Ⅱ期压疮患者的创面愈合率高于对照组，Ⅲ期压疮患者的创面愈合时间短于对照组，其愈合时间分别为(27.1±3.8)d 和(35.6±3.2)d，观察组中Ⅱ期、Ⅲ期压疮患者的创面换药和床单污染次数均少于对照组，银离子藻酸盐敷料能显著提高糖尿病合并Ⅱ期压疮患者的创面愈合率、缩短Ⅲ期压疮的愈合时间、减少换药和床单污染次数、减轻患者痛苦。

张艳在用藻酸盐银离子敷料治疗难愈性压疮的过程中发现，藻酸盐银离子敷料具有传统敷料的一些优点，可以维持创面湿润环境、提高表皮细胞再生能力、加快表皮细胞移动、促进创面愈合，还具有优良的抗菌性能。与普通藻酸盐敷料相比，藻酸盐银离子敷料对感染性伤口疗效显著，可减少换药次数、降低医护人员的工作量、缩短患者住院天数、减少患者痛苦，也降低患者的费用。

符敏研究了压疮感染性伤口临床以银离子抗菌敷料治疗的有效性，以 46 例压疮感染性患者作为观察对象,观察组 23 例共 26 处压疮以银离子抗菌敷料治疗,对照组 23 例共 24 处压疮行常规纱布敷料治疗。结果显示,观察组治疗率高、换药次数少、感染控制和伤口愈合时间短。表 9-19 显示两组患者的伤口恢复情况。

表 9-19　两组患者的伤口恢复情况

组别	感染控制/d	换药次数/次	伤口愈合时间/d
银离子抗菌敷料观察组(26 例)	12.6±4.3	6.4±1.7	14.9±3.5
常规纱布敷料对照组(24 例)	18.5±4.0	17.2±3.5	20.8±3.6

9.2.8　含银医用敷料用于护理烧伤创面

烧伤主要指热力、化学物质、电能、放射线等引起的皮肤、黏膜、甚至深部组织的损害。由于烧伤破坏了皮肤的正常防御功能,并且由于大量创面坏死组织适于细菌繁殖,预防感染对烧伤创面的护理尤为重要。外用药是烧伤治疗中不可或缺的一个重要组成部分,选用好则患者创面愈合快、全身并发症少、瘢痕轻。以磺胺嘧啶银为代表的含银产品在烧伤创面中已经有很长的应用历史,其中磺胺嘧啶和银有协同作用,具有两者的双重作用。磺胺嘧啶银有较强的杀菌功能,是一种弱酸性广谱抑制剂,对多数革兰氏阳性和革兰阴性菌有抗菌活性,且具有收敛作用,可使创面干燥、结痂、早日愈合。

含银医用敷料的抗菌功效特别适用于烧伤创面的护理。龚振华等研究了含银敷料联合水凝胶对Ⅱ度烧伤创面的护理,把 104 例患者随机分为 2 组,治疗组用含银敷料联合水凝胶换药,对照组用 1%磺胺嘧啶银冷霜抹在凡士林纱布上外敷,于伤后 7d、10d、15d、17d、21d 进行创面分泌物细菌培养,观察记录创面愈合情况、速度以及不良反应、换药时创面痛感、肉芽破坏等情况。结果显示,治疗组创面细菌检出率明显低于对照组,创面愈合时间比对照组平均缩短 3~6 天。两组均无药物不良反应,治疗组创面换药时无明显疼痛感、肉芽组织无明显破坏,表明含银敷料联合水凝胶用于烧伤创面护理具有积极作用。

王智等研究了银离子水胶体油纱结合自黏性聚氨酯泡绵敷料用于大面积取皮后供皮区创面的治疗,将 40 例患者分为试验组和对照组,试验组用银离子水胶体油纱和自黏性聚氨酯泡绵敷料覆盖创面,对照组用凡士林油纱和无菌纱布、棉垫覆盖创面,并用绷带加压包扎。结果显示,试验组无一例感染,对照组有两例发生感染,创面分泌物培养均为铜绿假单胞菌。试验组在首次换药时的疼痛评分、完全愈合前的换药次数及愈合时间均显著优于对照组,说明银离子水胶体油纱结合自黏性聚氨酯泡绵敷料有助于促进供皮区创面愈合,减少患者痛苦,且该方法换药次数少、操作简便,术后两周内供皮区基本愈合。

宋德恒等探讨了藻酸盐银离子敷料治疗儿童深Ⅱ度烧伤创面中的临床效果,选取 60 例患者分为观察组和对照组,在创面清创后,观察组用藻酸盐银离子敷料覆盖、无菌纱布包扎,对照组用银锌霜皮肤黏膜抗菌剂涂抹、无菌纱布包扎。结果显示,与对照组相比,观察组换药(8.63±2.37)次,明显少于对照组(14.70±2.30)次。观察组治疗第 7 天患儿发热率为 6.67%,明显低于对照组的 23.33%。表 9-20 显示两组患者的换药次数、创面愈合时间和住院时间。

表 9-20　两组患者的换药次数、创面愈合时间、住院时间

组别	换药次数/次	创面愈合时间/d	住院时间/d
藻酸盐银离子敷料观察组(30 例)	8.63±2.37	20.70±2.30	21.33±3.67
银锌霜皮肤黏膜对照组(30 例)	14.70±2.30	27.63±3.63	28.30±3.30

姜文荃研究了大面积烧伤患者应用 Meek 植皮术联合纳米银敷料的临床效果,选取 65 例患者分为两组,对照组用 Meek 植皮术治疗,研究组联合应用纳米银敷料治疗。结果显示,研究组创面愈合率及片皮存活率显著高于对照组,创面愈合时间、死亡率及并发症发生率少于对照组,表 9-21 显示两组患者的临床疗效。

表 9-21　两组患者的临床疗效

组别	创面愈合率/%	创面愈合时间/d	皮片存活率/%
纳米银敷料研究组(35 例)	77.1	43.6±5.7	85.6±4.1
Meek 植皮术对照组(30 例)	53.3	66.7±4.8	73.7±3.4

李毅等研究了大面积烧伤患者残余创面应用浸浴联合银离子敷料治疗的临床疗效,把 56 例患者分成实验组和对照组各 28 例,对照组开展浸浴联合磺胺嘧啶银纱布治疗,实验组开展浸浴联合银离子敷料治疗。结果显示,在治疗后的残余创面细菌培养阳性率、单次换药时间、换药频率、残余创面愈合时间等各项指标上,实验组全部优于对照组,差异有统计学意义($P<0.05$)。表 9-22 比较了两组患者的单次换药时间、换药频率和残余创面愈合时间。

表 9-22　两组患者的单次换药时间、换药频率和残余创面愈合时间

组别	单次换药时间/min	换药频率/次	残余创面愈合时间/d
浸浴联合银离子敷料实验组(28 例)	15.78±2.14	5.11±0.47	16.78±2.09
浸浴联合磺胺嘧啶银对照组(28 例)	22.19±3.01	7.74±0.78	20.04±3.68

施文娟等研究了纳米银抗菌凝胶和亲水性纤维含银敷料对深Ⅱ度烧伤患者换药疼痛评分、创面愈合质量及血管内皮生长因子(VEGF)水平的影响,把 86 例患者分为对照组和观察组各 43 例,观察组用亲水性纤维含银敷料治疗,对照组用纳米银抗菌凝胶治疗。结果显示,观察组创面愈合总有效率为 90.70%,高于对照组的72.09%。观察组创面愈合时间、VAS 评分、随访瘢痕评分及色素沉着率优于对照组,观察组治疗前后 VEGF 水平差值高于对照组,差异有统计学意义($P<0.05$)。相较于纳米银抗菌凝胶,亲水性纤维含银敷料治疗深Ⅱ度烧伤可以有效促进创面愈合、减轻换药疼痛、降低瘢痕形成和色素沉着,并有助于上调 VEGF 表达水平。表 9-23 显示两组患者治疗前后的 VEGF 水平。

表 9-23　两组患者治疗前后的 VEGF 水平

组别	治疗前/(ng·L^{-1})	治疗后/(ng·L^{-1})	差值/(ng·L^{-1})
亲水性纤维含银敷料观察组(43 例)	97.99±10.30	138.43±20.85	40.59±8.97
纳米银抗菌凝胶对照组(43 例)	97.92±10.26	115.17±16.02	17.06±3.17

陈旭东等研究了烧伤膏联合亲水性银离子敷料治疗Ⅱ度烧伤的疗效,将 92 例患者分为观察组和对照组,对照组 50 个创面用亲水性银离子敷料治疗,观察组 52个创面在对照组基础上用烧伤膏治疗,采用视觉模拟评分法(VAS)评估患者治疗前后的疼痛程度,对比 2 组愈合时间、感染发生率、住院时间,检测 2 组治疗前后 C反应蛋白(CRP)、白细胞介素-6(IL-6)、单核细胞趋化蛋白 1(MCP-1)、转化生长因子 β1(TGF-β1)的水平。结果显示,2 组住院时间对比无明显差异,观察组愈合时间、感染发生率均低于对照组,2 组治疗后 CRP、IL-6、MCP-1、TGF-β1 水平均明显降低,观察组治疗后 CRP、IL-6、MCP-1、TGF-β1 水平均明显低于对照组,2组治疗后 VAS 评分均明显降低,观察组治疗后 VAS 评分明显低于对照组。观察组总有效率明显高于对照组,显示烧伤膏联合亲水性银离子敷料治疗Ⅱ度烧伤的疗效确切,能减轻炎症反应、促进创面愈合、减轻伤口疼痛。

石凡超研究了Ⅱ度烧伤患者应用纳米银敷料与重组人表皮生长因子联合治疗的效果,把 80 例患者分为对照组和观察组各 40 例,对照组用纳米银敷料进行治

疗,观察组在对照组基础上加用重组人表皮生长因子进行治疗。结果显示,治疗后观察组浅Ⅱ度烧伤创面的细菌检出率低于对照组,观察组深Ⅱ度创面治疗14d、28d后、浅Ⅱ度烧伤创面治疗7d后的愈合率均高于对照组,差异有统计学意义($P<0.05$)。应用纳米银敷料与重组人表皮生长因子联合治疗的效果显著,可有效杀灭细菌、控制感染发生、促进创面愈合。

9.2.9　含银医用敷料用于治疗阴道炎、慢性宫颈炎、乳腺恶性肿瘤术后伤口护理

阙瑜妮研究了含银凝胶在阴道炎、慢性宫颈炎治疗中的作用,患者每晚睡前清洗外阴后,将含银抗菌凝胶推入阴道深处,每晚1支,连续使用6天为一个疗程,阴道炎和轻度宫颈柱状上皮异位连续使用2个疗程,中度和重度宫颈柱状上皮异位连续使用3个疗程。研究结果显示,含银抗菌凝胶可杀灭生殖道感染的多种病原体,对于治疗阴道炎和宫颈炎、宫颈柱状上皮异位的疗效显著。

郭丹娜等研究了乳腺恶性肿瘤术后伤口延迟愈合患者采用银离子藻酸盐敷料治疗的方法,选取94例患者给予银离子藻酸盐敷料治疗,护理组和对照组各47例,其中护理组给予针对性护理,对照组给予常规护理,6周后观察两组伤口愈合情况、疼痛评分、切口愈合时间、护理满意度等。结果显示,护理组总有效率、护理满意度评分明显优于对照组,银离子藻酸盐敷料具有抑制细菌增长、加速伤口愈合的作用,对乳腺恶性肿瘤术后伤口延迟愈合患者的疗效显著。

9.2.10　含银医用敷料用于恶臭性伤口的护理

伤口表面覆盖一层伤口渗出液,在需氧菌和厌氧菌的作用下,通过细菌的代谢产生挥发性臭味。这些难闻的臭味一般由丁酸等脂肪酸、硫化氢和硫醇等硫化物以及芳香族胺化物组成。研究表明,造成伤口产生臭味的微生物包括消化链球菌、葡萄球菌、铜绿假单胞菌等细菌。具有多孔结构的活性炭可以吸收伤口产生的臭味,但是在护理恶臭性伤口时,除了吸收臭味,还需要对产生臭味的微生物进行有效处理。含银的活性炭敷料在护理恶臭性伤口时有特殊应用价值,一方面,敷料上释放出的银离子可以有效控制创面上的微生物,另一方面,伤口上的臭味可以被活性炭吸收。许多临床研究结果显示,用含银的活性炭敷料 Actisorb Silver 220 可以有效护理产生恶臭的伤口。

9.2.11　含银医用敷料用于藏毛窦切除术、阴茎癌双侧腹股沟淋巴结清扫

藏毛窦是一种发生在骶尾部的感染性疾病,在骶尾部臀裂顶点的软组织内,是

一种慢性窦道或囊肿,内藏毛发。毛发聚集在皮下脂肪内成为异物,一旦细菌感染即形成慢性感染或脓肿。王艺等研究了银离子藻酸盐敷料联合多爱肤敷料用于藏毛窦切除术后的治疗效果,选取 48 例男性患者分为干预组和对照组各 24 例,术后 1 周干预组患者用银离子藻酸盐敷料联合多爱肤敷料换药,对照组用凡士林油纱换药。结果显示,干预组患者平均伤口愈合时间为(27.5±9.5)d,短于对照组(46.0±16.0)d,两组比较差异有统计学意义(P<0.001)。干预组患者平均换药(9±4)次,少于对照组(23±8)次。银离子藻酸盐敷料联合多爱肤敷料应用于藏毛窦切除术后伤口换药相比传统凡士林纱布显示出伤口愈合速度快、换药次数少,治疗效果显著。刘红美在研究中获得相似的疗效。

邹玲等探讨了藻酸盐敷料联合银离子敷料在阴茎癌双侧腹股沟淋巴结清扫术后患者的临床疗效,选取 50 例患者分为新型湿性敷料治疗组和传统敷料治疗组各 25 例,切口总数 100 处。结果显示,新型含银敷料治疗组在术后换药次数、换药患者疼痛指数及坏死切口创面完全愈合时间方面与传统敷料治疗组相比均有明显优势,可明显减少换药次数和换药时的疼痛、提高坏死创面的愈合能力,减轻医护人员的工作量。

9.2.12　含银医用敷料用于皮肤大面积溃烂的伤口

谢莉等研究了康惠尔银离子敷贴用于皮肤大面积溃烂的疗效,结果显示银离子敷贴能持续释放银离子、迅速杀菌、快速大量吸收创口渗出液并锁住渗液,防止浸渍创口周围皮肤,其银离子的释放与创口渗液量有关,渗液越多、银离子释放越多。该敷料能控制气味,换药时不疼痛,由于细菌不能透过,可以减少换药次数,一次可维持 3~4d,是护理皮肤大面积溃烂的理想敷料。

9.2.13　含银医用敷料用于肛周脓肿、肠造口术后护理

肛周脓肿是一种常见的肛肠疾病,一般由感染引起,而伤口感染和细菌定植是造成手术后伤口延迟愈合的主要原因。肛周脓肿术后,因其创面位置的特殊性,极易被细菌感染,导致伤口恢复十分艰难缓慢。毛斐观察了银离子海藻酸盐抗菌敷料在肛周脓肿手术后护理过程中的临床疗效,选取肛周脓肿术后患者 10 例为观察对象,其中 5 例术后使用常规敷料,5 例外用银离子海藻酸盐抗菌敷料。结果显示,使用常规敷料和银离子海藻酸盐抗菌敷料均无并发症,但伤口愈合速度后者快于前者,且恢复效果后者优于前者。在肛周脓肿术后外用银离子海藻酸盐抗菌敷料可以加快创面愈合,促进患者术后恢复。肖桃在类似的研究中也证实用含银海藻酸盐敷料在肛周脓肿术后创面换药中有很高的应用价值。

肠造口是腹部外科较为常见的一种手术,其中肠造口黏膜皮肤分离是肠造口处腹壁皮肤和肠黏膜的缝合处产生分离,是肠造口手术后较为多见的早期并发症,多发生于手术后的 10~20d,对造口袋粘贴不牢、粘贴困难有较为严重的影响,引发患者产生不良情绪、增加患者痛苦。温芳芳等研究了藻酸盐银离子敷料与贝复新的综合护理对肠造口黏膜皮肤分离的改善效果,选取 62 例患者分为两组各 31 例,其中观察组患者给予藻酸盐银离子敷料联合贝复新、对照组患者给予常规凡士林油纱填塞创面进行综合护理。结果显示,观察组患者护理后总有效率明显高于对照组。表 9-24 显示两组患者的疗效。

表 9-24　两组患者的疗效

组别	愈合时间/d	换药次数/次	愈合率/%
藻酸盐银离子敷料观察组(31 例)	20.43±4.32	8.65±2.12	90.32
凡士林油纱对照组(31 例)	32.64±6.53	11.76±3.23	64.52

9.2.14　含银医用敷料在肛瘘术后创面上的应用

肛管直肠瘘是肛管或直肠与肛周皮肤相通的肉芽肿性管道,主要发生于肛管,因此称为肛瘘,内口多位于齿状线附近,外口位于肛周皮肤处。流行病学资料显示,我国肛瘘占肛肠病发病率的 1.67%~2.60%,发病年龄在 20~40 岁,若不及时治疗将给患者的生活和工作造成很大影响。陆妍楠在 42 例患者上用 KDX-C-O2 型医用冲洗器联合银离子敷料治疗取得了良好的疗效。表 9-25 显示银离子敷料治疗组与普通敷料对照组的满意度。

表 9-25　银离子敷料治疗组与对照组的满意度

组别	非常满意/例	满意/例	不满意/例
银离子敷料研究组(42 例)	22	19	1
普通敷料对照组(42 例)	13	24	5

9.2.15　含银医用敷料在新生儿输液外渗中的应用

张显英等研究了洁瑞银离子藻酸盐敷料在新生儿高渗性营养液外渗中的治疗效果,选取 52 例 4 级高渗性营养液外渗新生儿为研究对象,分为观察组和对照组各 26 例,对照组 50% 硫酸镁湿敷,观察组用银离子藻酸盐敷料。结果显示,观察组患儿换药次数、换药时间、皮肤破损结痂脱落时间分别为 (3.47±1.56) 次、(9.2±

0.1)分、(9.37±1.62)d,对照组患儿分别为(12.46±1.35)次、(14.1±0.2)分、(12.11±0.21)d,观察组优于对照组,差异有统计学意义($P<0.05$)。观察组患儿换药疼痛程度及满意度均优于对照组,银离子藻酸盐敷料处理新生儿营养液外渗效果显著,可缩短皮肤恢复时间、减少换药次数、减轻患者疼痛。

9.2.16　含银医用敷料在治疗供皮区创面中的应用

皮肤移植术是烧伤和整形外科创面修复治疗中的一种重要方法,传统上治疗供皮区创面的方式是用无菌凡士林纱布加敷料包扎,在更换敷料及患区活动时常伴有广泛渗血和剧烈疼痛,并且由于凡士林纱布无抗菌性,导致供皮区感染率增高、愈合时间延长。邹晓防等研究了可吸收修复胶原联合银离子敷料治疗供皮区创面的疗效,选取 100 例自体皮移植患者分为治疗组和对照组各 50 例,治疗组用可吸收修复胶原联合银离子敷料、对照组用传统凡士林纱布治疗。结果显示,治疗组供皮区创面换药时疼痛分数在术后 3d、6d、9d 分别为(6.24±2.23)分、(4.13±2.37)分、(1.49±1.31)分,显著低于对照组的(7.73±2.14)分、(5.24±1.59)分、(2.43±1.66)分。治疗组供皮区创面感染率为 2%,较对照组的 14% 显著降低。治疗组创面愈合时间明显短于对照组,创面愈合后 3、6、9 个月温哥华瘢痕量表评分较对照组显著降低,显示可吸收修复胶原联合银离子敷料治疗供皮区创面相比传统凡士林纱布有更好的疗效。

9.3　含银医用敷料的疗效

含银医用敷料在伤口护理中已经有很长的应用历史,临床上不同的伤口对银离子的释放量有不同的要求,因此市场上的含银医用敷料在银离子含量及其释放性能方面有很大的变化。烧伤患者的伤口特别容易受感染,因此在烧伤伤口上使用的含银医用敷料释放出的银离子量多,可以在创面维持较高浓度的银。在高吸湿性医用敷料中,细菌和伤口渗出液一起被吸进敷料,释放出少量的银离子即可达到抗菌目的。大量研究结果表明,含银医用敷料可以安全用于临床,通过银离子的释放控制伤口上细菌繁殖、促进伤口愈合,其主要应用功效包括控制创面感染、减轻患者疼痛、促进伤口愈合、降低治疗费用等。

9.3.1　控制创面感染

含银海藻酸盐敷料能有效控制创面感染。胡志芳等把银离子藻酸盐抗菌敷料用于治疗Ⅱ级糖尿病足伤口,观察组62例采用银离子藻酸盐抗菌敷料、对照组采用碘伏抗菌敷料对伤口进行处理。结果显示观察组和对照组的治疗总有效率分别为93.55%和70.97%,治疗7d、14d、21d后,观察组患者的伤口细菌转阴率分别为30.65%、45.16%、90.32%,常规组患者的伤口细菌转阴率分别为17.74%、32.26%、62.90%,观察组患者伤口细菌转阴率显著高于常规组。表9-26显示两组患者的伤口细菌转阴率。

表9-26   两组患者的伤口细菌转阴率

组别	治疗7d后	治疗14d后	治疗21d后
银离子藻酸盐敷料观察组(62例)	19	28	56
碘伏抗菌敷料对照组(62例)	11	20	39

9.3.2   减轻患者疼痛

含银海藻酸盐敷料能明显减轻患者疼痛。苗建文在对门诊褥疮患者换药疼痛的研究中,观察组50例使用银离子藻酸盐敷料,对照组48例使用传统的凡士林纱布包扎。结果显示,用银离子藻酸盐敷料换药能明显降低褥疮患者换药时患者的疼痛。表9-27比较了两组患者换药时的疼痛评分,其中评分范围0~10分,0分为无痛感,10分为出现不能忍受的剧烈疼痛感。

表9-27   两组患者换药时的疼痛评分比较

组别	换药前/分	换药后3d/分	换药后7d/分	换药后15d/分
含银藻酸盐敷料观察组	5.47±1.22	3.08±0.54	2.66±0.53	1.96±0.41
凡士林纱布对照组	5.89±1.54	5.53±0.68	4.88±0.75	2.12±0.72

9.3.3   促进伤口愈合

刘丽霞等从多维效益角度分析了将含银海藻酸盐敷料应用于感染后伤口的疗效,把存在感染伤口的80例患者随机分成碘纱治疗对照组和含银海藻酸盐敷料治疗观察组各40例,对比两组的治疗效果和多维效益。结果显示,观察组患者的创口恢复总有效率为95.0%,与对照组相比有显著提升,且观察组的换药时间和创面愈合时间依次为(7.69±2.19)d、(10.57±4.38)d,均显著短于对照组水平。表9-28比较了两组伤口的换药时间和创面愈合时间。

表 9-28　两组患者的伤口换药时间和创面愈合时间

组别	换药时间/d	创面愈合时间/d
含银海藻酸盐敷料观察组(40 例)	7.69±2.19	10.57±4.38
碘纱对照组(40 例)	13.57±3.48	17.58±4.50

伍碧贞等在应用银离子抗菌敷料结合中西医护理对慢性感染伤口愈合的研究中发现,对慢性感染伤口患者采用银离子抗菌敷料结合中西医护理可加快伤口愈合、缓解患者的疼痛。表 9-29 比较了观察组和对照组伤口的恢复情况。

表 9-29　观察组和对照组伤口的恢复情况

组别	肉芽覆盖时间/d	肉芽痊愈时间/d	伤口愈合时间/d
含银海藻酸盐敷料观察组(40 例)	3.75±1.20	6.28±1.39	11.70±2.24
碘纱对照组(40 例)	6.85±2.04	8.39±1.54	14.57±3.86

9.3.4　降低治疗费用

郑雪晶等研究了含银海藻酸盐敷料在老年糖尿病足溃疡中的应用,将 56 例患者分为观察组和对照组各 28 例,观察组用含银海藻酸盐敷料、对照组用无菌纱布换药治疗。结果显示,观察组患者糖尿病足溃疡的治愈率高于对照组,且伤口愈合时间、换药次数、治疗总费用明显低于对照组。表 9-30 显示两组的观察指标。

表 9-30　两组伤口护理的观察指标

组别	伤口治愈时间/d	换药次数/次	换药治疗费用/万元	住院治疗费用/万元
含银海藻酸盐敷料观察组	47.2±3.3	12.5±2.4	0.6±0.4	2.6±1.7
无菌纱布对照组	68.3±5.8	32.8±6.3	0.5±0.3	4.1±2.3

9.4　含银医用敷料的作用机理

图 9-1 为银的抗菌机理示意图。第一,通过与细胞膜中的硫醇基团、羧酸盐、磷酸盐、氢氧根、咪唑类、吲哚类和胺类化合物的结合,银离子从周围介质中扩散进

入细菌细胞并不断富集,其微动力抑菌的基础是当银离子在细菌中的含量达到一定值时,细菌的细胞膜受到破坏,导致营养成分流失;第二,银离子通过与细菌中各种酶的结合使其失去正常活性,破坏了细菌的生命活动;第三,通过与 DNA 中各种阴离子的结合,银离子阻碍了细菌 DNA 的复制,从而抑制其繁殖。

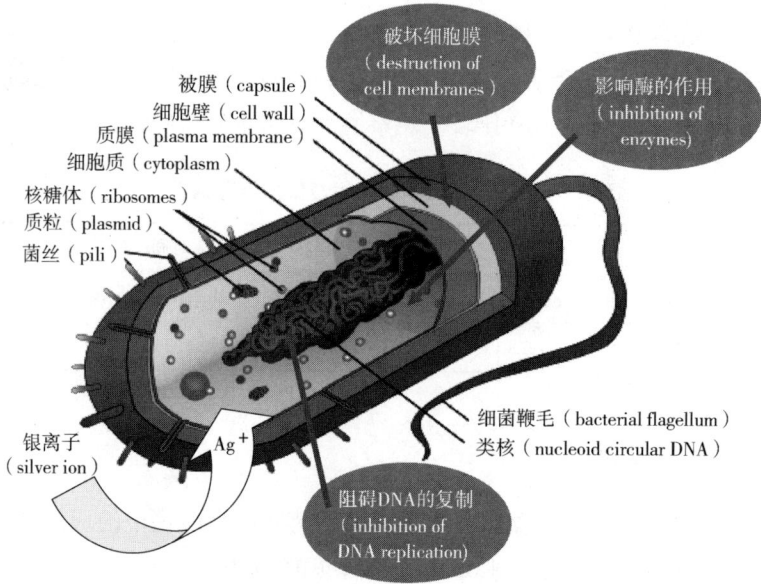

图 9-1　银的抗菌机理示意图

　　实验和临床试验结果显示,银离子可以在抑制细菌、降低感染的同时强化伤口上皮化,并通过金属蛋白酶的作用对伤口起到消炎作用。临床上使用硝酸银和磺胺嘧啶银都可以促进伤口上皮化,其中银可以引发伤口周边上皮细胞和真皮胶原细胞中金属硫蛋白 MT-1 和 MT-2 的活性,由于金属硫蛋白中的半胱氨酸含量高、分子量低,其可以帮助皮肤组织抵抗镉、汞等金属的毒性,还可以促进细胞的有丝分裂,加快伤口愈合。

　　在老鼠试验中发现,使用含银敷料后皮肤中的锌含量有所提高,锌金属酶的含量也有所提高,使上皮细胞的数量增加,改善了皮肤的上皮化。在用 0.01% ~ 1.0%硝酸银处理皮肤后发现,皮肤中的钙离子含量有所提高,一定程度上促进了伤口的上皮化。Olson 等在猪伤口上比较了 Acticoat 含银敷料和石蜡纱布的性能,结果显示在动物试验中,使用 Acticoat 含银敷料后伤口完全愈合的时间是石蜡纱布的 70%。

9.5　含银医用敷料的合理使用

含银医用敷料在伤口护理中起十分重要的作用,从早期的硝酸银溶液、银箔等伤口护理产品发展到目前国内外市场上种类繁多的创面用含银医用敷料,银在伤口护理中的作用变得越来越重要,社会各界对银离子及含银敷料给予越来越多的关注,其中含银敷料高昂的价格也受到患者、医院和政府部门的关注。合理使用含银敷料,做到物尽其用,是伤口护理人员需要考虑的一个重要问题。在医疗费用日益紧缩的背景下,包括英国、欧盟在内的政府部门日益重视医疗卫生用品的性价比,对含银医用敷料的临床应用提出了更加严格的要求。Moore 总结了合理使用含银医用敷料过程中需要考虑的一些因素。

9.5.1　采用系统化方法评估伤口

使用含银敷料之前,首先应该对病人的伤口做一个正确评估,了解伤口的病因以及影响伤口愈合的各种因素。在制订出护理方案前,首先用 TIME 模型分析伤口,即分析伤口的组织病变(tissue management)、感染/炎症控制(infection/inflammation control)、水分平衡(moisture balance)以及创缘的发展(edge of the wound advancement)。

9.5.2　确定使用含银敷料的必要性

对伤口进行评估之后,根据伤口感染的程度选择合适的含银敷料。对于控制创面上已经形成的感染及避免创面受环境中微生物的感染,含银敷料可以提供有效的杀菌和抑菌作用。

9.5.3　熟悉制造商提供的含银敷料的使用方法

根据欧盟的一项统计,医院中 13%~16% 的费用用于治疗不当而引起的损伤,护理人员应该严格按照制造商提供的说明书使用产品,包括其适用范围和应用过程中的具体步骤。

9.5.4　根据伤口的尺寸和形状选择合适的含银敷料

不同的含银敷料在厚度、柔软性、吸湿性、含银量等方面有很大区别,护理过程中应该合理选择产品以达到最佳的护理效果。

9.5.5 选择具有合适吸湿、给湿性能的含银敷料

控制创面渗液是护理过程中的一个重要内容,含银敷料应该在吸收伤口渗出液的同时为创面提供湿润的愈合环境,护理过程中应该根据伤口渗出液的多少合理选择含银敷料。

9.5.6 根据创面组织的类型选择合适的含银敷料

感染伤口涉及的创面组织比普通伤口更加复杂,如果创面涉及坏死组织,敷料的功能应该包括给创面提供合适的清创条件,通过为创面提供湿润的环境促使组织自动清创。

9.5.7 根据敷料更换的频率选择含银敷料

敷料在伤口上滞留的时间有很大不同,一些居家的老年人由于缺少护理人员的帮助,敷贴几天后才能得到更换。在这样的情况下,含银敷料需要在长时间内持续释放银离子,有效控制创面感染。

9.5.8 在选择含银敷料时考虑与患者相关的各种因素

患者是整个护理过程的中心,不同伤口患者在性别、年龄、体征、伤口种类等方面存在很大区别。对于感染伤口,疼痛是护理过程中需要解决的一个特殊问题,选择含银敷料时应考虑敷贴和去除敷料的方便性,以便减轻患者疼痛。

9.5.9 了解含银敷料的使用期限

使用含银敷料时,开始的 2 周是一个关键时间段。如果在使用含银敷料 2 周后创面有所改善但感染依然存在,则应继续使用含银敷料,如果 2 周后创面不存在感染,则应用常规敷料继续护理。而如果 2 周后创面情况没有明显改善,则应对伤口重新进行评估并采用合适的护理方案。

9.5.10 对患者及伤口进行经常性评估

在伤口的护理过程中,护理人员应该用 TIME 模型经常分析伤口,在对创面情况进行正确判断的基础上采取相应的护理方法,这个评估过程应该在伤口愈合前的护理过程中持续进行。

9.5.11　使用含银敷料的同时结合健康教育

林燕清等通过健康教育提高了银离子藻酸盐抗菌敷料的疗效,把伤口治疗门诊的 60 例患者分为健康教育组和对照组各 30 例,两组患者均使用银离子藻酸盐抗菌敷料处理伤口,健康教育组在此基础上进行健康教育,包括疾病基本知识教育、疼痛和心理教育、饮食营养指导和预防伤口感染指导。4 周后观察比较两组患者伤口疼痛评分(VAS)和伤口抗张强度评分(WBS)。结果显示,经 4 周健康教育,教育组与对照组比较,VAS 评分和 WBS 评分差异均有统计学意义($P<0.05$),在使用银离子藻酸盐抗菌敷料的同时结合健康教育,不仅可以减轻患者伤口疼痛的主观感觉,还可以增强伤口抗张强度、促进伤口愈合。表 9-31 显示两组患者的 VAS 评分和 WBS 评分。

表 9-31　两组患者的 VAS 评分和 WBS 评分

组别	VAS 评分/分		WBS 评分/分	
	干预前	干预后	干预前	干预后
教育组(30 例)	6.77±1.28	4.67±1.18	4.37±1.35	9.17±2.05
对照组(30 例)	6.90±1.42	5.43±1.25	4.07±1.23	8.10±1.35

9.6　小结

含银医用敷料在护理感染性伤口的过程中起重要作用。由于载体材料和银化合物的不同,每种含银医用敷料均有其独特的理化性能,临床上选用含银医用敷料护理创面时应充分考虑患者的需求和敷料的性能,以患者为中心制订相应的护理方案。与此同时,护理过程中应该动态跟踪伤口的愈合情况并做出继续使用、更换敷料或停止使用含银医用敷料的决定,保证伤口患者有一个理想的疗程。

参考文献

[1]BLEEHAN S S, GOULD D J, HARRINGTON C I, et al. Occupational argyria: light and electron microscopic studies and x-ray microanalysis[J]. Br J Dermatol, 1981, 104: 19-26.

[2]BUCKLEY W R, OSTER C F, FASSETT D W. Localised argyria II. Chemical nature of the silver containing particles[J]. Arch Dermatol, 1965,92: 697-704.

[3]COOMBS C J, WAN A T, MASTERTON J P, et al. Do burns patients have a silver lining[J]. Burns, 1992, 18(3): 179-184.

[4]DEITCH E A, MARINO A A, MALAKANOK V, et al. Silver nylon cloth: in vitro and in vivo evaluation of antimicrobial activity[J]. J Trauma, 1987,27(3): 301-304.

[5]FURR J R, RUSSELL A D, TURNER T D, et al. Antibacterial activity of Actisorb Plus, Actisorb and silver nitrate[J]. J Hospital Infection, 1994, 27(3): 201-208.

[6]KIRSNER R S, ORSTED H, WRIGHT J B. Matrix metalloproteinases in normal and impaired wound healing: a potential role of nanocrystalline silver[J]. Wounds, 2001, 13(2): 4-12.

[7]LANSDOWN A B G, SAMPSON B, LAUPATTARAKASEM P, et al. Silver aids healing in the sterile wound: experimental studies in the laboratory rat[J]. Br J Dermatol, 1997, 137: 728-735.

[8]LANSDOWN A B G, SAMPSON B, ROWE A. Sequential changes in trace metal, metallothionein and calmodulin concentrations in healing wounds[J]. J Anat, 1999, 195: 375-386.

[9]LANSDOWN A B, WILLIAMS A. How safe is silver in wound care[J]. J Wound Care, 2004, 13(4): 131-136.

[10]LANSDOWN A B G. Silver 1: its antimicrobial properties and mechanism of action[J]. J Wound Care, 2002, 11: 125-131.

[11]LANSDOWN A B G. A review of silver in wound care: facts and fallacies [J]. Br J Nurs, 2004, 13: Suppl, 6-19.

[12]LANSDOWN A B G, JENSEN K, JENSEN M Q. Contreet Hydrocolloid and Contreet Foam: an insight into new silver-containing dressings[J]. J Wound Care, 2003,12(6): 205-210.

[13]LANSDOWN A B G, WILLIAMS A, CHANDLER S, et al. Silver absorption and antibacterial efficacy of silver dressings[J]. J Wound Care, 2005, 14(4): 205-210.

[14]MOORE Z. Top tips on when to use silver dressings[J]. Wounds International, 2013,4(1): 15-18.

[15]OLSON M E, WRIGHT J B, LAM K, et al. Healing of porcine donor sites covered with silver-coated dressings[J]. Eur J Surg, 2000, 166(6)：486-489.

[16]OVINGTON L G. Nanocrystalline silver：where the old and familiar meets a new frontier[J]. Wounds, 2001,13(suppl B)：5-10.

[17]TOY L W, MACERA L. Evidence based review of silver dressing use on chronic wounds[J]. J Am Acad Nurse Pract, 2011,23(4)：183-192.

[18]TREDGET E E, SHANKOWSKY H A, GROENEVELD A, et al. A matched-pair, randomized study evaluating the efficacy and safety of Acticoat silver-coated dressing for the treatment of burn wounds[J]. J Burn Care Rehabil, 1998, 19(6)：531-537.

[19]WELLS T N, SCULLY P, PARAVICINI G, et al. Mechanisms of irreversible inactivation of phosphomannose isomerases by silver ions and flamazine[J]. Biochemistry, 1995, 34：7896-7903.

[20]WHITE R. Wound malodour and the role of Actisorb Silver 220[J]. Wounds UK, 2013, 9(1)：101-104.

[21]WRIGHT J B, LAM K, BURRELL R E. Wound management in an era of increasing bacterial antibiotic resistance：a role for topical silver treatment[J]. Am J Infect Control, 1998, 26(6)：572-577.

[22]WRIGHT J B, LAM K, HANSEN D, et al. Efficacy of topical silver against fungal burn wound pathogens[J]. Am J Infect Control, 1999, 27(4)：344-350.

[23]WRIGHT J B, HANSEN D L, BURRELL R E. The comparative efficacy of two antimicrobial barrier dressings：in vitro examination of two controlled release silver dressings[J]. Wounds, 1998,10(6)：179-188.

[24]YIN H Q, LANGFORD R, BURRELL R E. Comparative evaluation of the antimicrobial activity of ACTICOAT antimicrobial barrier dressing[J]. J Burn Care Rehabil, 1999, 20(3)：195-200.

[25]李小军,顾其胜,王庆生,等. 含银海藻酸盐敷料理化性质及其抗菌性能的研究[J]. 军事医学,2016,40(7)：564-568.

[26]陈国栋. 银离子敷料联合扶济复与湿疗伤口敷料治疗糖尿病足感染疗效分析[J]. 糖尿病新世界,2016(9)：127-128.

[27]刘腊凤,谢彩霞,黄祖锋,等. 银离子敷料在麻风溃疡患者中的应用效果[J]. 中国临床护理,2016,8(5)：432-434.

[28]葛云娣. 银离子敷料在皮肤表皮缺损伤口中的应用[J]. 大家健康,

2016,10(36):102.

[29]陈炯,韩春茂,余朝恒. 纳米银用于烧伤患者创面后银代谢的变化[J].中华烧伤杂志,2004,20(3):161-163.

[30]程家宠,余敏. 纳米银抗菌非织造材料展现的新市场空间[J].非织造布,2004,12(2):31-32.

[31]苏天兰,时利群,李伟人,等. 银离子敷料在感染伤口的应用效果观察[J]. 贵阳医学院学报,2010,35(4):390-391.

[32]刘丽亚,杜玲,曾莉. 银离子联合藻酸盐敷料用于术后感染伤口的疗效分析[J]. 四川医学,2014,35(2):195-197.

[33]陈晓林,冉春玲. 银离子抗菌敷料在骨科感染伤口中的应用与效果观察[J]. 现代医药卫生,2016,32(4):599-600.

[34]刘丽霞,刘召琼. 基于多维效益藻酸盐银敷料治疗感染伤口临床效果对比研究[J]. 医药前沿,2016,6(30):201-202.

[35]李伟东,比丽克孜·吐尔汗,裴祺. 藻酸盐敷料在面部感染伤口中的应用体会[J].医药前沿,2017,7(24):173-174.

[36]郭春兰,邓红艳,贺莉,等. 银离子藻酸盐抗菌敷料治疗延迟愈合伤口的疗效[J]. 广东医学,2014,35(8):1296-1297.

[37]郭春兰,邓红艳,屈红玲. 不同银敷料在慢性伤口治疗中应用效果的对比研究[J]. 护理研究,2015,29(4):1170-1175.

[38]张伟红. 康惠尔银离子抗菌敷料治疗难治性感染伤口效果观察[J]. 护理学杂志,2009,24(外科版):78-79.

[39]章焱周,牛坚,刘斌,等. 银离子杀菌液预防腹部手术切口感染的应用[J]. 中国消毒学杂志,2010,27(3):296-298.

[40]王瑞淑. 银离子藻酸盐敷料在不同类型手术切口中的应用效果分析[J]. 感染、炎症、修复,2017,18(1):36-38.

[41]王利,孙新,戴俭慧,等. 银离子藻酸盐敷料在经 MST 行 PICC 置管后患者中的应用[J].护理实践与研究,2016,13(1):144-145.

[42]杨嫚,武全莹. 银离子藻酸盐抗菌敷料用于血液病患者 PICC 置管的效果观察[J].中华现代护理杂志,2014,20(11):1345-1347.

[43]张凤英,吴莲香,刘月泉,等. 藻酸盐银离子敷料联合 rb—bFGF 在肠造口粘膜皮肤分离中的应用研究[J].赣南医学院学报,2016,36(4):624-625.

[44]李岩,吴越香. 银离子藻酸盐敷料在外科术后延期愈合伤口中的疗效观察[J].当代护士,2019,26(9):52-54.

[45]何润芳. 康惠尔银离子敷料在 PICC 穿刺口反复渗液中的效果观察[J]. 包头医学,2017,41(4):46-49.

[46]邱吉苗,谢翠华,李春荣. 含银离子敷料治疗糖尿病足溃疡 50 例[J]. Guangdong Medical Journal,2007, 128(3): 472.

[47]王金文,严祥,滕永军. 银离子敷料联合水凝胶局部治疗糖尿病足创面[J]. 重庆医科大学学报,2008,33(6):747-749.

[48]毛玲玲. 银离子敷料联合水凝胶与湿疗伤口敷料治疗糖尿病足感染创面疗效分析[J]. 中国误诊学杂志,2010,10(34):8348.

[49]李旭亚,丁惠萍. 糖尿病足感染伤口治疗中使用银离子敷料的临床观察[J].护理实践与研究,2009,6(20):34-35.

[50]陈新婵,黄锦萍,韩红梅,等. 银离子敷料在糖尿病足感染伤口中的应用及护理[J]. 护理实践与研究,2016,13(21): 133-134.

[51]张书评,王舒涵. 银离子敷料联合高压氧补充治疗对糖尿病足溃疡的影响[J]. 2016,12(10): 19-20.

[52]陶磊,高伟. 高压氧联合银离子藻酸盐抗菌敷料在糖尿病足溃疡中的应用[J].实用中西医结合临床,2019,19(4):70-72.

[53]郑雪晶,郭文安,邱雪梅,等. 海藻酸盐银离子敷料在老年糖尿病足溃疡中的应用[J]. 中国卫生标准管理 CHSM,2019,10(5):165-166.

[54]刘静. 康惠尔银离子藻酸盐抗菌敷料治疗Ⅲ级糖尿病足伤口的效果观察[J].江西医药,2018,53(7):727-728.

[55]周维玲. 康惠尔银离子藻酸盐抗菌敷料治疗Ⅲ级糖尿病足伤口的效果评价[J]. 实用临床护理学杂志,2016,1(11):5-7.

[56]郭春兰,席祖洋,王平,等. 银离子藻酸盐敷料联合抗生素对糖尿病肢端感染的疗效[J]. 上海护理,2019,19(1):28-31.

[57]郭春兰,赵安珍,付向阳. 两种银敷料在下肢静脉溃疡治疗中应用效果观察[J]. 海南医学,2015,26(2): 188-191.

[58]裴丽,刘晓萱,陈春妹. 银离子藻酸盐敷料治疗糖尿病足溃疡疗效观察[J]. 中华现代护理杂志,2018,24(27):3303-3305.

[59]胡志芳,骆小燕. 银离子藻酸盐抗菌敷料治疗 2 级糖尿病足伤口的应用效果观察[J].糖尿病天地,2018,15(6):69-70.

[60]刘晓刚. 银离子藻酸盐抗菌敷料治疗Ⅲ级糖尿病足伤口的效果观察[J]. 糖尿病新世界,2016(2):49-51.

[61]王桂凤. 银离子藻酸盐抗菌敷料治疗糖尿病皮肤溃疡并感染的护理[J].

内蒙古中医药,2013(9):138-139.

[62]高倩,陈懿.抗菌银离子敷料联合普朗特液体敷料治疗糖尿病足的临床效果[J].中国医药导报,2019,16(11):130-133.

[63]吴俊艳,吴俊涛,崔幸朝.纳米银敷料结合封闭负压吸引对糖尿病性慢性创面患者愈合效果的影响[J].中国血管外科杂志(电子版),2019,11(2):128-131.

[64]任群生.不同敷料和换药方法治疗糖尿病足溃疡的效果分析[J].糖尿病足,2019(4):47-48.

[65]郭小媛,冯毅,周卫锦.重组生长因子凝胶联合银离子抗菌敷料在糖尿病足感染控制中的疗效[J].中国高等医学教育,2019(4):136-137.

[66]赵静静.对用银离子藻酸盐敷料进行治疗的下肢溃疡患者实施综合护理的效果研究[J].当代医药论丛,2016,14(16):174-175.

[67]张婷,刘松梅,林权.银离子藻酸盐抗菌敷料对腿部静脉溃疡的减痛促愈效果[J].中西医结合心血管病杂志,2016,4(33):194.

[68]李慧.百克瑞创面敷料与银离子敷料在下肢静脉溃疡愈合的效果对比[J].医学美学美容,2019,28(7):53-54.

[69]张艳娥.银离子敷料治疗下肢难愈性静脉溃疡的临床效果观察[J].中国社区医师,2019,35(26):69-70.

[70]孙良宏,王秀荣.银离子敷料在下肢及足部慢性伤口创面护理中的应用疗效分析[J].中国伤残医学,2019,27(5):69-70.

[71]陈向红.糖尿病足感染应用银敷料湿性换药效果研究[J].临床医药文献电子杂志,2019,6(34):77-78.

[72]张靖,胡亚娟,王丽宁.康惠尔银离子藻酸盐敷料治疗Ⅱ期褥疮的护理[J].中外医学研究,2011,9(31):83-84.

[73]邵静.负压封闭引流术联合银离子藻酸盐敷料在治疗压疮的效果评价[J].养生保健指南,2019(3):283.

[74]陈锦花,褐美群.观察负压封闭引流术联合银离子藻酸盐敷料在治疗压疮的效果[J].中国医药科学,2017,7(19):170-172.

[75]杜娜.Ⅱ、Ⅲ期压疮患者护理中应用银离子抗菌敷料的方法和效果[J].河南外科学杂志,2019,25(2):179-180.

[76]刘连弟,杨碧丽,邹有娣,等.持续封闭式负压吸引联合银离子敷料在3期以上压力性损伤的应用[J].岭南急诊医学杂志,2019,24(4):401-402.

[77]叶星宇,张永筠,朱琦.纳米银凝胶联合纳米银抗菌敷料在骨科压疮治疗

中的疗效分析[J].当代护士,2019,26(9):61-64.

[78]徐云侠.银离子抗菌敷料在感染性压疮护理中的应用[J].安徽医学,2011,32(7):1010-1011.

[79]苏怡芳,马俊,章左艳,等.银离子藻酸盐敷料在糖尿病合并压疮患者中的应用效果[J].解放军护理杂志,2016,33(4):61-67.

[80]张艳.藻酸盐银离子敷料治疗难愈性压疮的效果观察[J].健康必读,2012,11(5):264.

[81]张艳.藻酸盐银离子敷料治疗难愈性压疮的效果观察[J].中外健康文摘,2012,9(21):250-251.

[82]符敏.银离子抗菌敷料在压疮感染性伤口中的应用与效果观察[J].实用临床护理学杂志,2019,4(11):62-66.

[83]龚振华,姚建,季建峰,等.银离子敷料联合水凝胶对Ⅱ度烧伤创面愈合的作用[J].中国组织工程研究与临床康复,2009,13(42):8373-8376.

[84]王智,龙笑,黄久佐,等.银离子水胶体油纱结合自黏性聚氨酯泡沫敷料对供皮区创面愈合的疗效研究[J].国际生物医学工程杂志,2016,39(3):168-172.

[85]宋德恒,李勇,刘继松,等.银离子藻酸盐敷料在儿童四肢深Ⅱ度烧伤创面中的应用效果观察[J].感染、炎症、修复,2016,17(4):199-202.

[86]姜文荃.Meek植皮术联合纳米银敷料在大面积烧伤患者救治中的应用效果分析[J].中国美容医学,2019,28(3):8-11.

[87]李毅,李婷,陈添盛.浸浴与银离子敷料治疗大面积烧伤患者残余创面的临床疗效[J].医学美学美容,2019,28(3):49-50.

[88]施文娟,戴强,徐琦量,等.两种修复方案治疗头面部深Ⅱ度烧伤的疗效比较[J].安徽医学,2019,40(7):778-780.

[89]陈旭东,詹继东.自拟清热解毒烧伤膏联合亲水性银离子敷料治疗Ⅱ度烧伤的疗效及对创面愈合的影响[J].现代中西医结合杂志,2019,28(21):2345-2348.

[90]石凡超.纳米银敷料与重组人表皮生长因子联合治疗Ⅱ度烧伤的临床分析[J].淮海医药,2019,37(2):177-179.

[91]阙瑜妮.银尔舒凝胶治疗阴道炎、慢性宫颈炎的疗效观察[J].临床医药,2008,17(21):55.

[92]郭丹娜,胡丽娟,李丹.银离子藻酸盐敷料在乳腺恶性肿瘤术后伤口延迟愈合的护理体会[J].实用临床护理学杂志,2018,3(14):125-127.

［93］王艺,高小雁,鲁雪梅,等．银离子藻酸盐敷料联合多爱肤敷料用于藏毛窦切除术后伤口换药的效果研究［J］.中华损伤与修复杂志(电子版),2015,10(5):44-45.

［94］刘红美．银离子藻酸盐敷料联合多爱肤敷料用于藏毛窦切开后伤口换药的效果研究［J］.中国社区医师,2017,33(26):78-79.

［95］邹玲,赖苑红,郑霞．藻酸盐敷料联合银离子敷料在阴茎癌腹股沟淋巴结清扫术后创面应用分析［J］.护士进修杂志,2015,30(21):1972-1974.

［96］谢莉,胡银萍,郑淑瑛．康惠尔银离子敷贴用于皮肤大面积溃烂的效果观察及护理［J］.护理与康复,2010,9(10):918.

［97］毛斐．肛周脓肿术后外用银离子藻酸盐抗菌敷料换药的护理体会［J］.医药前沿,2019,9(5):182.

［98］肖桃．观察藻酸盐银敷料在肛周脓肿术后创面换药中应用的效果与分析［J］.今日健康,2016,15(4):201.

［99］温芳芳,何莹华,张凤英,等．基于藻酸盐银离子敷料与贝复新的综合护理改善肠造口黏膜皮肤分离的临床效果［J］.广东医学,2019,40(9):1333-1336.

［100］陆妍楠.KDX-C-O2型医用冲洗器联合银离子敷料在肛瘘术后患者中的应用［J］.护理实践与研究,2019,16(7):84-85.

［101］毛惠娜,刘雪琴．静脉输液渗出的发生率调查与分析［J］.中国护理管理,2010,10(12):71-73.

［102］张显英,吕士申．洁瑞银离子藻酸盐敷料在新生儿输液外渗中的效果研究［J］.当代护士,2019,26(16):133-134.

［103］吕鑫,李磊,张正文．促进中厚皮片移植供皮区修复的研究进展［J］.中国美容医学,2017,26(1):133-136.

［104］邹晓防,肖孟景,李宝龙,等．可吸收修复胶原联合银离子敷料治疗供皮区创面的疗效［J］.武警医学,2019,30(7):576-578.

［105］黄锐娜,黄锐佳,牛彩丽,等．银离子敷料治疗糖尿病足溃疡疗效的Meta分析［J］.中国组织工程研究,2019,23(2):323-328.

［106］顾蓥璇,胡蕖,黄林峰,等．银离子敷料治疗慢性感染伤口的Mela分析［J］.中国组织工程研究,2019,23(18):2941-2946.

［107］郭艳．持续封闭式负压引流联合银离子敷料在慢性难愈性创面修复患者中的应用及护理［J］.智慧健康,2019,5(8):157-158.

［108］戴亚芬,韩云芳,农鲁明,等．银离子敷料在慢性伤口疗效及炎性因子变化的观察［J］.中华实验外科杂志,2015,32(3):599-600.

[109]胡骁骅,张普柱,孙永华,等．纳米银抗菌医用敷料银离子吸收和临床应用[J]．中华医学杂志,2003,83(24):2178-2179.

[110]胡志芳,骆小燕．银离子藻酸盐抗菌敷料治疗 2 级糖尿病足伤口的应用效果观察[J].糖尿病天地,2018,15(6):69-70.

[111]苗建文．不同换药方式对门诊褥疮患者换药疼痛的效果研究[J].实用临床医药杂志,2017,21(14):212-213,225.

[112]刘丽霞,刘召琼．基于多维效益藻酸盐银敷料治疗感染伤口临床效果对比研究[J].医药前沿,2016,6(30):201-202.

[113]伍碧贞,刘庆,杨文祥．银离子抗菌敷料结合中西医护理对慢性感染伤口愈合的影响[J].护理实践与研究,2019,16(7):147-148.

[114]郑雪晶,郭文安,邱雪梅,等．海藻酸盐银离子敷料在老年糖尿病足溃疡中的应用[J].中国卫生标准管理 CHSM,2019,10(5):165-166.

[115]胡昌盛．纳米银敷料在慢性伤口治疗中的应用探讨[J].顺德职业技术学院学报,2019,17(1):13-17.

[116]林燕清,黄惜珍．健康教育联合银离子藻酸盐抗菌敷料在手术伤口愈合不良中的应用[J].国际护理学杂志,2016,35(24):3317-3320.

[117]秦益民．含银海藻酸盐医用敷料的临床应用[J].纺织学报,2020,41(9):183-190.

第10章　含银医用敷料的安全性

10.1　引言

含银医用敷料是一类重要的生物医用材料,是与人体组织密切接触的功能材料。除了具备与伤口愈合相匹配的理化特性和生物力学性能,临床应用中含银医用敷料还需具备良好的使用安全性和生物相容性,这也是其获准临床使用的前提。

10.2　银的细胞毒性

围绕纳米银的毒副作用已经展开大量研究,多数学者认为,与其他粒径相似的纳米材料相比,纳米银的细胞毒性较强,其毒性效应与粒径和表面修饰密切相关,对于不同细胞类型其毒性效应也有差异。纳米银的细胞毒性主要表现为降低细胞存活率、损伤细胞膜、诱导氧化应激、影响炎性因子分泌、影响细胞间隙连接通信改变、引起 DNA 损伤、诱发细胞凋亡等。

研究表明,暴露于纳米银可引起细胞产生氧化应激,并由此产生细胞毒性。$10\sim50\mu g/mL$ 的粒径为 15nm 和 100nm 的纳米银可引起大鼠肝细胞株 BRL3A 细胞的胞内活性氧(ROS)显著增加、谷胱甘肽(GSH)明显下降,同时引起线粒体膜电位下降、细胞存活率降低,并存在明显的剂量反应关系。纳米银还可引起正常人肺成纤维细胞和人神经胶质瘤细胞的胞内活性氧增加,减少线粒体内三磷酸腺苷(ATP),诱导细胞 DNA 损伤和细胞 G2M 期阻滞,通过引起线粒体呼吸链损伤导致活性氧产生和 ATP 合成受阻,两者继而引起 DNA 损伤和细胞周期阻滞。

有研究比较了粒径小于 100nm 的纳米银和粒径为 $250\mu m$ 的微米银对小鼠成纤维细胞 NIH3T3、大鼠血管平滑肌细胞 A10 以及 HCT116 人克隆癌细胞的毒性,发现纳米银可使胞内 ROS 升高,并可引起明显的细胞凋亡。用 N-乙酰半胱氨酸(NAC)预处理细胞可明显减少细胞凋亡的发生,说明在纳米银的细胞毒性作用中有活性氧参与。Hsina 等发现纳米银可引起细胞线粒体的细胞色素 C 向胞浆释放,同时 Bax 由胞浆向线粒体内转移,进一步研究发现纳米银暴露 6h 即可引起细胞 JNK p53 的磷酸化以及 DNA 修复酶 PARP 的裂解,采用 NAC 或 JNK 抑制剂(SP600125)可有效抑制 JNK 激酶和 p53 的活化,细胞凋亡率显著降低,提示纳米银可能通过诱导细胞内氧化应激而激活 JNK 通路,从而诱发细胞凋亡。

纳米银诱导的细胞凋亡与细胞类型和纳米银的表面修饰有关。Bhol 等发现 1% 的纳米银(50nm)膏体制剂可引起炎性细胞凋亡,但对皮肤角阮细胞无明显效应。另有研究比较了不同表面修饰的纳米银(25nm)的细胞毒性,发现多聚糖包被修饰与未修饰的纳米银均可引起细胞凋亡的发生,而前者还可引起明显的细胞 DNA 损伤,推测经表面修饰的纳米银可能通过 DNA 损伤而引发细胞凋亡,未经表面修饰的纳米银可能通过其他途径诱发细胞凋亡。

细胞间隙连接通信(gap junctional intercellular communication,GJIC)是哺乳动物细胞间普遍存在的一种细胞间通信,存在于除血液细胞和骨骼肌细胞外的所有细胞和组织中。GJIC 是相邻细胞之间形成的一种能开放和关闭的亲水性膜通道结构,间隙连接间信息传递可协调不同细胞和组织的代谢或电传导性,在组织内环境稳定、细胞生长增殖和分化以及生长控制中起重要的调控作用,对于维持多细胞生物的组织和器官间平衡非常重要。研究发现,在未引起明显细胞毒性的浓度范围内,纳米银可通过上调间隙连接蛋白 Cx43 明显促进人肺上皮细胞 GJIC,而该作用在银离子中未能观察到。

纳米粒子的表面原子数多,周围缺少相邻原子,存在许多空键,故具有很强的吸附能力和很高的化学活性。在质量相同的情况下,纳米材料和微米材料的表面积呈几何倍数增加。超细微粒的银是一种潜在的脂质过氧化诱导剂,可启动自由基形成,这些自由基可导致细胞膜的损伤,使粒子进入细胞内,导致更大的细胞毒性。张富强等将 6 种纳米载银无机抗菌剂配制成不同质量浓度的稀释液,检测其对小鼠成纤维细胞(L-929)的毒性。结果显示,6 种纳米载银无机抗菌剂的高浓度稀释液对小鼠成纤维细胞均有毒性,随着浓度的下降细胞毒性也下降,当浓度 $\leq 25g/L$ 时已无毒性。

熊玲等将 4 种不同粒径银粒子制成不同浓度的含银培养液与 L-929 细胞接触培养,银浓度在 $2.5 \sim 25\mu g/mL$、纳米银粒子直径 $<100nm$ 时呈轻微细胞毒性($0 \sim 1$ 级),相对增殖率与含银量呈剂量—效应关系。当浓度 $>50\mu g/mL$ 时,与之共培养的细胞形态发生较大变化,银对细胞生长和代谢造成显著影响,活细胞数明显减少,并且随着银粒子浓度降低而减少,显示明显的细胞毒性。粒径较小的微米银($0.7 \sim 1.3\mu m$)在银浓度达到 $250\mu g/mL$ 时,显示明显的细胞毒性。粒径较大的两组微米银粒子($5\sim8\mu m$，$<45\mu m$)在所有试验浓度下，与之共培养的细胞生长良好，未见明显的细胞毒性。由此可见，粒径不同的银粒子的体外细胞毒性有较大差异，在同等剂量下，粒径越小。毒性越大。Braydich-Stolle 等研究了几种不同类型纳米粒子对雄性小鼠精原干细胞的细胞毒性，结果表明，在浓度达 $10\mu g/mL$ 时出现细胞坏死，$15nm$ 的银粒子在 $5\sim10\mu g/mL$ 时导致细胞线粒体功能显著降低、细胞膜渗漏增加、细胞活性降低。

Hussain 等用体外大鼠肝细胞衍生的细胞株评价几种不同化学组成、不同粒径大小的纳米粒子的潜在毒性，其中包括纳米银粒子($15nm$、$100nm$)、纳米三氧化钼($30nm$、$50nm$)、纳米铝($30nm$、$103nm$)、四氧化三铁($30nm$、$47nm$)、二氧化钛($40nm$)。结果显示，暴露在 $5\sim50\mu g/mL$ 纳米银粒子中的细胞的线粒体功能显著降低，而其他几种纳米粒子在浓度高达 $100\sim250\mu g/mL$ 时才出现此毒性效应。暴露在 $10\sim50\mu g/mL$ 纳米银粒子中的细胞的乳酸脱氢酶外漏增加，而其他纳米粒子只有在浓度高达 $100\sim200\mu g/mL$ 时才检测到乳酸脱氢酶的外漏，可见纳米银有较强的毒性。显微镜观察显示，高剂量暴露组中细胞大小异常、细胞皱缩、形态不规则。在对纳米银氧化应激作用的进一步研究中发现，纳米银可使谷胱甘肽水平减少到 0、线粒体膜电势降低、活性氧(ROS)增加。由此可推测，纳米银的肝细胞毒性很可能是通过氧化应激途径介导的。

纳米银的细胞毒性与载体材料有一定的相关性。余文珺等研究了添加纳米载银无机抗菌剂的义齿基托树脂的细胞毒性。结果显示，作用于小鼠成纤维细胞后 2d、4d、7d，各抗菌剂添加比例组基托树脂毒性反应为 0 级或 1 级，故认为添加低浓度纳米载银无机抗菌剂的基托树脂无明显细胞毒性，具有较好的生物安全性。Vizuete 等的研究采用人成骨细胞体外检测含纳米银骨水泥的细胞毒性，结果显示，在纳米银组与对照组之间无显著差别，说明含银粒子的骨水泥具有抗多重耐药菌的活性且无毒性。

应该指出的是，重金属对细胞都会产生一定的毒性。Steffensen 等把几种重金属对 T 淋巴细胞、B 淋巴细胞和单核细胞的细胞毒性进行了比较，结果显示细胞毒性 Hg、Ag>Cd、Cu> Pb、Zn。SEM 检测发现，Hg、Ag 等重金属一方面可以破坏细胞膜后产生细胞毒性，另一方面可以与细胞表面发生化学结合或沉积在细胞表面，影响细胞对重金属的吞噬，产生细胞毒性。有研究对金属银产生细胞毒性的作用机制进行研究，结果显示 Ag^+ 与细胞的相互作用是金属银毒性的根源，其机制可能是 Ag^+ 能阻止细胞内 DNA 的合成，使细胞内蛋白含量和 ATP 浓度下降，即 Ag^+ 通过阻碍细胞的能量产生过程导致细胞数量减少。Jansson 等发现 Ag^+ 能使人血液中的粒细胞发生呼吸爆发(respiratory burst)，同时产生超氧自由基(O^{2-})，其机制可能是

Ag⁺在细胞表面引发趋化肽(chemotactic peptide)及其受体的反应。

纳米银对细胞产生的毒性一方面可能是其进入细胞后与亚细胞器作用影响细胞增殖,另一方面可能是纳米银释放出的 Ag⁺对细胞产生毒性。Hussain 等的体外研究表明,纳米银颗粒(15nm)和 $AgNO_3$ 溶液均可使 PC12 细胞体积减小、细胞膜边界模糊,而且可以使反映细胞线粒体功能的指标 3,4-二羟基苯基乙胺(dopamine,DA)及 DA 代谢产物二羟苯乙酸(di-hydroxyphenyl acetic acid,DOPAC)和 3-甲氧-4-羟基苯乙酸(homovanillic acid,HVA)浓度下降。这说明纳米银颗粒和 Ag⁺对细胞的毒性作用可能是相似的,但这个结果还需要进一步研究验证。Wahlberg、Shinogi、Hall、Rungby 等的研究显示,Ag⁺含量高于 10mg/L 时会对一些人体细胞产生毒性。

10.3　银的其他毒性

10.3.1　呼吸系统毒性

Sung 等给大鼠连续吸入粒径为 18~19nm 的银颗粒 90d 后,大鼠出现肺功能下降,肺组织有不同程度的炎性细胞浸润、肺泡壁增厚以及小肉芽肿样病变。另有研究用同样的纳米银颗粒和吸入染毒方式使大鼠连续吸入纳米银 28d,未观察到任何组织病理学改变和血清生化指标改变。Hyun 等用纳米银(13~15nm)对大鼠进行重复鼻黏膜染毒,28d 后发现中高剂量组大鼠含有黏液素的杯氏细胞体积和数目显著增加,黏液素中硫黏蛋白有轻微升高、唾液黏蛋白没有变化,该研究尽管观察到纳米银对黏膜黏液素的影响,但并不足以说明其具有毒性效应。

美国环境工业卫生委员会规定纳米银颗粒的最低限值是 100μg/m³,暴露于接近此限值的纳米银颗粒对健康不会产生影响。Kim 等用纳米银颗粒(60nm)对大鼠连续灌胃 28d 后检测血生化指标和血液学指标,同时进行组织病理学检测和纳米银分布检测。结果显示,在 28d 实验期内,各剂量组(30mg/kg、300mg/kg、1000mg/kg)大鼠体重未见显著变化,然而雄性和雌性大鼠中碱性磷酸酶和胆固醇指标均发现显著的剂量依赖性,由此说明,口服超过 300mg/kg 纳米银粒子可能会引起轻度的肝损伤。

10.3.2　生殖毒性

纳米银颗粒的生殖毒性目前仅局限于少数对鱼类的体内试验和一些体外试验研究。Bar-Ilan 等将透明斑马鱼胚胎暴露于不同粒径(3nm、10nm、50nm、100nm)的胶体银环境下,银颗粒(100μmol/L、250μmol/L)作用 120h 可导致斑马鱼胚胎

100%死亡,金颗粒作用相同时间只引起不到3%的死亡率。进一步研究发现银颗粒可导致多种胚胎形态异常,纳米银可被胚胎摄入,银的毒性可能是由其自身产生的,也可能是由其进入胚胎体内后产生的 Ag^+ 导致的。当作用时间和浓度一定时,银颗粒的毒性与其粒径有关,Bradyich-Stolle 等发现同剂量、同时间下纳米银(15nm)对小鼠精子干细胞株的生殖毒性大于纳米铝(30nm)和纳米三氧化二钼(30nm)。

Hackenberg 等的研究显示,0.01μg/mL 的纳米银在作用 1h 后即可引起人的间质干细胞 DNA 损伤,随着染毒浓度(0.1μg/mL、1μg/mL 和 10μg/mL)的增加和染毒时间(3h、24h)的延长,纳米银对细胞 DNA 的损伤作用也显著增强,提示纳米银有一定的遗传毒性,其主要毒性表现为可造成细胞 DNA 损伤。

10.3.3 肝脏毒性

纳米银或 Ag^+ 经口服或呼吸作用后可进入血液循环系统后到达体内多个脏器,导致相应器官的损害,其中有关肝脏损害的报道较多。Takenaka 等给大鼠吸入纳米银(4~10nm)后发现,雌、雄大鼠的肝细胞中均出现空泡变性,高剂量组出现散在肝坏死灶,雌性大鼠还表现出明显的剂量反应关系。Kim 等对大鼠连续灌胃纳米银颗粒(60nm)28d,发现脑、肝、肾、肺及睾丸中有明显的纳米银蓄积,其中肝毒性表现最为明显。但需要指出的是,该研究中使用的染毒剂量特别是高剂量组的浓度太高[低、中和高剂量组分别为 30mg/(kg·d)、300mg/(kg·d)、1000mg/(kg·d)],使其科学价值有所降低。Cha 等用灌胃的方式分别给予小鼠 2.5mg 的纳米银(15nm)和微米银(2~3.5μm),3d 后纳米银暴露组肝组织出现明显炎症反应,进一步发现 4 种与炎症有关的基因表达量发生改变,证明纳米银经消化道摄入对肝脏有炎症损害。

10.3.4 其他毒性

纳米银对动物的肾脏和脑组织会产生一定影响。Kim 等用纳米银颗粒(60nm)对大鼠连续灌胃 28d 后,肾组织中出现纳米银剂量依赖性的蓄积。Rahman 等对成年雄性小鼠腹腔注射 25nm 的纳米银颗粒(100mg/kg、500mg/kg、1000mg/kg),24h 后发现小鼠脑部尾状核、前皮质层和海马组织都发生基因表达的改变,因此可认为纳米银可通过诱导氧化应激引起基因表达改变,导致凋亡发生而引起神经系统损伤。Takenaka 等的研究发现,大鼠吸入纳米银后,在脾脏中观察到纳米银的存在,静脉注射($LD_{50}=67mg/kg$)或经口给予高浓度的胶体银可引起大鼠死亡,病理解剖发现,大鼠肝脏、脾脏和肾脏均出现褐色斑点,提示静脉注射或经消化道的纳米银作用可对脾脏产生损害。

10.4　动物试验结果

　　随着越来越多的含银抗菌材料的不断开发,对这类产品生物安全性的研究也逐渐引起人们的关注,其中针对含银医用敷料生物安全性的研究主要是按照传统的 ISO 10993 标准规定的生物安全性评价方法进行。大部分试验结果显示,按照传统生物安全性评价方法对含银医疗产品进行的急性经口毒性、皮肤刺激、眼刺激、遗传毒性、皮肤过敏等试验结果均为阴性。北京大学临床药理研究所和国家药物安全评价监测中心对含纳米银医疗产品阿希米进行了比较全面的生物安全性检测,结果显示,含 50mg/kg 的纳米银微粉给孕大鼠连续灌胃 10d 后对胚胎无致畸作用,Ames 试验、染色体畸变试验、微核试验等三项致突变试验结果均为阴性。在口服急性毒性试验中,以最大耐受量 402mg/kg 的银给小鼠灌胃,不能测出半数致死量,小鼠体重和全身指标无明显改变。在阴道刺激性试验中,给予大鼠纳米银抗菌膜(每天 30mg/只),连续 7 天后对阴道无刺激性。皮肤急性毒性试验、皮肤刺激性试验、皮肤过敏试验的结果也均为阴性。这些动物试验结果显示,纳米银及其相关医疗产品属于无毒物质。

　　Lentz 将含 1.52g/L 氧化银的饱和溶液静脉注射给不同的动物,每天 3 次、一次 4mL,连续 3 周后没有发现明显的毒副作用。试验中用的剂量相当于体重 70kg 的人每天摄入 1190mg 银。Gompel 等研究了长期重复注射胶体银溶液对豚鼠的影响,给豚鼠静脉注射 0.25g/L 胶体银,每天 1~2mL,连续 2 个月后没有出现异常反应。该试验中用的剂量相当于体重 70kg 的人每天注射 17.5~35mg 银。Wysor 按照 1050mg/kg 的剂量,每天将磺胺嘧啶银口服或皮下用于小鼠,连续 1 个月后受试动物无死亡,体重无减轻,没有行为改变也没有腹泻。将动物处死后通过组织切片分析发现,受试动物没有明显的病理改变。该试验中所用剂量相当于体重 70kg 的人使用 22g 银。

　　张紫虹等研究了以纳米银为主要成分的纳米消毒凝胶的杀菌效果及对哺乳动物的毒性,结果发现其对雌、雄小鼠和大鼠急性经口毒性属实际无毒级,对新西兰家兔的多次皮肤刺激、一次破损皮肤刺激、眼刺激试验均属无刺激性,多次阴道黏膜刺激属于轻刺激性,小鼠骨髓嗜多染红细胞微核试验结果为阴性,未发现该受试样品对体细胞有诱变作用。亚急性毒性试验显示,一般生理体征无异常,血常规、血清生化指标正常,脏器系数无异常,脏器组织病理学检查未发现异常。黄美卿也对纳米消毒凝胶的抗菌效果和毒性进行研究,结果显示,雌、雄小鼠经口试验结果

为半数致死量 $LD_{50} > 5500mg/kg$，属无毒级。皮肤刺激试验结果显示无刺激性，由此认为纳米消毒凝胶的杀菌效果良好，且无毒性。

有研究将无机抗菌剂与医用聚丙烯结合后制成镀银聚丙烯网片，根据 ISO10993 和国标 GB/T 16886 推荐的生物学和动物试验，将镀银网片植入大白兔体内观察其毒副作用。结果显示，网片植入体内 72h 内，未见兔子死亡，兔子每天饮食正常，身体质量呈上升趋势，植入后第 3 天的肝肾功能与术前无明显差异性。从网片植入后 3 个月兔子肝脏标本的病理切片上看，肝细胞大小形态正常，未见明显的充血、水肿、坏死，肝小叶结构正常，未见明显的纤维组织增生及肝细胞结节状增生，与术前无明显差异。通过上述试验证实，镀银网片在动物体内无论是急性还是亚急性、慢性毒性反应实验中都未见明显的毒性反应，与普通网片无明显差异。

周亮等将成年新西兰雌兔 30 只，随机分为空白组和试验组，每组各 15 只，组内再分 5 小组，每组 3 只，然后经阴道注射纳米银妇女外用抗菌器 5 天后(根据药品使用说明书,5 天为 1 疗程)的 8h、24h、1 周、1 月、3 月处死兔子后，测定其血液、肝、肾、脾、子宫、阴道等器官中的银含量。从表 10-1 的结果可以看出，使用含银抗菌材料后，各个动物脏器中的银含量均有很大的提升，尤其是与产品直接接触的部位，其银含量达到 $10.89\mu g/g$，是对照组的 30 倍。但是在停止使用产品 3 个月后，各部位的银含量均下降到与对照组接近的浓度，说明银在动物体内的积聚是一个可逆的过程。

表 10-1　各时间点动物脏器中的平均银含量　　　单位: $\mu g/g$

动物脏器		8h	24h	1 周	1 月	3 月
血液	给药组	1.61	1.36	0.55	0.34	0.29
	对照组	0.28	0.18	0.23	0.27	0.24
肝脏	给药组	3.07	1.59	0.45	0.38	0.26
	对照组	0.28	0.30	0.19	0.25	0.27
肾脏	给药组	3.04	2.19	0.42	0.43	0.32
	对照组	0.31	0.26	0.24	0.30	0.33
脾脏	给药组	1.81	1.63	0.41	0.28	0.36
	对照组	0.32	0.24	0.31	0.35	0.26
子宫	给药组	5.54	3.19	0.49	0.31	0.46
	对照组	0.35	0.33	0.28	0.32	0.36
阴道	给药组	10.89	4.66	0.65	0.38	0.41
	对照组	0.36	0.35	0.29	0.33	0.35

10.5 银对人体产生的局部和系统毒性

银本身不是人体所需的微量金属元素,但是正常的人体内含有一定量的银离子。正常人体血液中银的浓度一般小于 2.3μg/L,在职业性暴露于银环境下的工人的血液中,银含量可高达 11μg/L,说明人体有吸收银的功能。尽管如此,药物或职业性接触银对人体产生的健康危害是很小的,银离子对孤独的哺乳类动物细胞有毒性,但是由于受到金属硫蛋白的保护作用,其对人体的毒性很小。

在伤口上使用含银敷料后,从敷料上释放出的一部分银以硫化银或氯化银的形式沉淀,另一部分与伤口渗出液中的蛋白质结合后形成稳定的复合物。有研究表明在人体的所有部位,健康皮肤吸收的银离子量是很少的,在使用含 0.5% ~ 2% 硝酸银水溶液时,24~48h 内只有 4% 的银被人体吸收。

在受伤的皮肤上,银被人体吸收的量高于健康皮肤。人体吸收银的量与伤口的深度和宽度、敷料的使用方法和更换频率、敷料中银的含量、伤口上渗出液的多少等因素有关。使用硝酸银时,由于其很快离子化,在伤口上使用后很快与人体中的半胱氨酸反应后形成硫化银沉淀,因此银的吸收比较低。使用磺胺嘧啶银时,10% 的银可被人体吸收,高度血管化伤口的吸收会更高。

陈炯等对纳米银用于烧伤患者创面后银的代谢进行了研究。结果显示,正常人血清中银的浓度和 24h 尿银量分别为 (1.54 ± 1.04) μg/L 和 (1.00 ± 0.71) μg/L。使用纳米银敷料后,患者血清银和尿银都有明显提高,5 天后分别达到 (3.88 ± 4.42) μg/L 和 (3.68 ± 4.99) μg/L,而在停用后的第 9 天,银含量能恢复到正常人的水平。在一个 30% 面积烧伤病人上使用 Acticoat 含银敷料后,血液和尿液中的银含量分别提高到 107μg/L 和 28μg/L。在停止使用 Acticoat 的 90 天后,血液和尿液中的银含量恢复正常。

Coombs 等在一个有 22 位烧伤患者参与的临床试验中发现,使用磺胺嘧啶银 6h 后,血液中银含量达到 50μg/L,最高可达 310μg/L。患者每天从尿液中排出的银在 100~400μg/天,而正常人的排出量在 1μg 左右。从伤口上吸收进入人体的银通过血液进入人体循环并分布到肝、肾、大脑、眼睛和其他器官,22 位患者中有 15 位的肝细胞酶升高,使用磺胺嘧啶银 8 天后肝中的银含量达到 14μg/g。

10.6 含银伤口护理产品对人体的副作用

自古以来银就被用于治疗感染、净化水质和保存食物,临床上也长期使用磺胺嘧啶银、氟哌酸银、锌银乳膏、磺胺嘧啶银胶原蛋白膜、辐照氟银猪皮等多种含银产品治疗各种疾病。银在医疗卫生中的应用包括在烧伤、烫伤护理中使用含银敷料防止绿脓菌等细菌的繁衍、用硝酸银水溶液预防眼科消炎、用银汞合金作为牙科材料、用含银水溶液治疗牙痛、用胶态银作为妇科洗剂等,其中磺胺嘧啶银是一种应用较多的含银医疗产品,作为烧伤创面外用药已有几十年的历史。在长期使用磺胺嘧啶银的过程中发现试剂中的银在接触创面后非常容易形成银离子,可以透过创面组织进入血液循环,并在人体的肝、肾、黏膜组织中沉积,个别情况下可引起肝毒性、肾毒性、骨髓毒性和神经毒性,严重时产生银质沉着症。但是在停止使用磺胺嘧啶银后,蓄积于体内的银可以从人体中排出,其主要途径是经肾脏随尿液排泄。

10.6.1 银在人体中的吸收代谢

为了观察经皮吸收的银含量,Boosalis 等将磺胺嘧啶银应用于Ⅱ、Ⅲ度烧伤创面,用原子吸收光潜法测定患者血、尿和组织银的浓度,结果发现在使用磺胺嘧啶银期间,患者血、尿银浓度迅速升高几十甚至几百倍,烧伤越严重、磺胺嘧啶银的使用量越大,血清和尿液中的银浓度也越大,其中尿液中的银最大值达到 1100mg/24h,远大于正常的 1mg/24h。这说明银可以通过烧伤创面进入血液循环,并主要通过尿液排出体外。Coombs 等把磺胺嘧啶银应用于烧伤创面后,也发现患者的血、尿银浓度升高,而且在个别患者的肝、肾组织中发现有银沉积。

硝酸银是另外一种使用广泛的含银医用产品。Wagner 等的研究认为食入过量硝酸银会导致肝坏死。Furchner 等对大鼠、小鼠、猴和狗等几种动物口服同位素标记的硝酸银后对样品在体内的吸收、蓄积情况进行研究,结果发现经胃肠道吸收的银很少,食入后第 2 天已有 90%~99% 的银通过粪便排泄出体外,食入后 1 周,只有 <1% 的银残留在体内。

除了磺胺嘧啶银和硝酸银,East 和 MacIntyre 的研究显示,口服醋酸银 1 周后[剂量约为 0.08mg/(kg·d)],仍然有约 18.19% 的银残留在体内。Runy 和 Danscher 的研究显示,腹腔注射乳酸银后,银可以穿过血胎屏障进入胎儿的肝和脑部。

通过这些含银医疗产品的报道可以看出,银能进入血液循环并在人体组织和器官中蓄积,当达到一定剂量后,会对人体产生肝毒性、肾毒性、神经毒性等毒性反应,严重时甚至可以导致死亡发生。但根据产品进入体内方式的不同,银的排泄途径有差异。在皮肤创面使用时,由于产品中的银可以直接接触血液,因此比较容易溶出银离子并进入血液。口服使用时,由于受肠道吸收效率的影响,产品中的银只有很少一部分进入血液,大部分银随粪便排出体外。

Moiemen 等研究了在烧伤创面上使用 Acticoat 含银敷料后银在体内的吸收,其主要目的是研究使用敷料后血清中银离子浓度的变化。研究涉及 6 位烧伤面积20% 以上的患者,患者血清银浓度在使用前、使用过程中及使用后的三个阶段进行跟踪测试。敷料应用在供皮区等创面后,测试得到血清银浓度的中间值为200.3mg/L(血清银浓度范围为 50.0~483mg/L),最高值在使用银敷料后的 9.5 天后达到。护理结束时血清银的中间值为 164.8mg/L,而在伤口愈合后跟踪测试得到的中间值为 8.2mg/L。研究发现,血清中银离子浓度与敷料更换的频率以及伤口的种类和护理方法密切相关,如果含银敷料被覆盖在新鲜的创面上,则血清中银离子的浓度高于在坏死组织覆盖的创面上使用银敷料。图 10-1 和图 10-2 分别显示治疗过程中以及治疗后患者血清中银离子的含量。图中的曲线代表不同的患者。

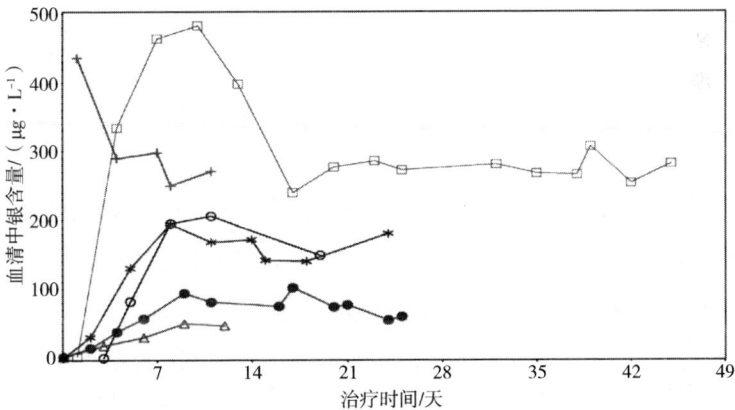

图 10-1　治疗过程中患者血清中银离子的含量(Moiemen et al.)

10.6.2　银在体内的蓄积

物质在体内的吸收、分布、代谢和排泄情况与其在体内的状态相关,纳米银颗粒的直径很小,可以在体内以颗粒状态迁移,进入体内的纳米银颗粒可能发生两种

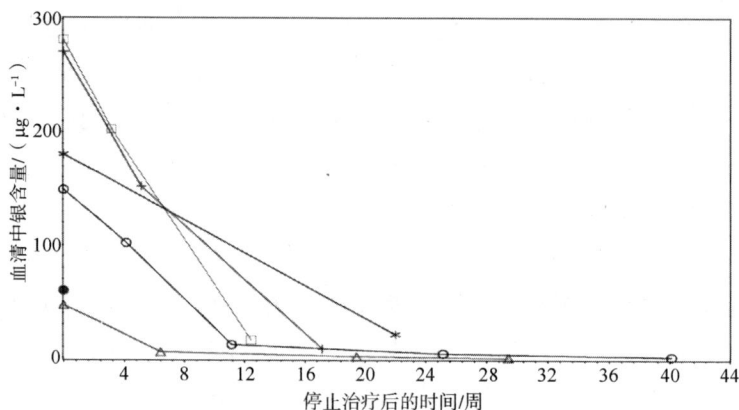

图 10-2 治疗后患者血清中银离子的含量(Moiemen et al.)

变化并以两种状态分布到全身,第一,纳米银在体内可能被体液溶解后产生银离子后分布于全身;第二,因为纳米银有一定的亲蛋白性,可与带相反电荷的蛋白质通过静电吸附形成牢固结合,使其表面覆有一层生物蛋白膜或血浆蛋白膜后产生更好的流动性并通过蛋白的代谢分布于全身。

根据 ISO 10993 标准规定的生物安全性评价方法对纳米银颗粒和含纳米银医疗产品进行的急性经口毒性、皮肤刺激、眼刺激、遗传毒性、皮肤过敏等试验结果均为阴性,显示纳米银及相关医疗产品属于无毒物质。尽管如此,纳米银可能在动植物甚至人体内蓄积后产生细胞毒性和基因毒性。Wise 等的研究表明,纳米银对鱼细胞有细胞毒性和基因毒性。Kumari 等的研究表明,纳米银可渗入植物的各个系统后影响细胞分裂的各个阶段,产生基因毒性。Asharani 等的研究表明,纳米银可进入人体成纤维细胞和胶质细胞的线粒体和细胞核中,导致 DNA 损伤且由于纳米银的蓄积损伤逐渐扩大。这些研究均表明,纳米银能在生物体内迁移,并到达常规银无法到达的一些部位。研究人员通过吸入、口服或皮下注射等给药方式将纳米银颗粒注入动物体内,结果显示,纳米银能分布在体内的多个器官,其中血液循环是其迁移的主要途径,最终以颗粒状形态蓄积在肝、肾、脾、脑、肺等体内器官中,在某些情况下还能引起这些器官发生毒性反应。

10.6.3 银在体内的分布

Takenaka 等使试验动物吸入纳米银颗粒后,发现在动物体内除肺外的其他器官,如心脏、血液、肝脏中均有银存在,说明纳米银颗粒进入血液系统并在全身分布,其中有两种可能的原因:一是,在肺中,纳米银颗粒比普通银颗粒更易溶解并通过扩散作用进入肺毛细血管;二是,纳米颗粒易于通过肺泡壁后进入肺毛细血管,在此过程中纳米银颗粒并不溶解。基于文献中有报道 Ag 进入体内后短期内不易溶解或只有少量溶解,第二种机理可能更贴近现实。

在生物医用材料领域,纳米银产品一般不是通过呼吸道进入人体的,而是采取更直接的方式应用于人体,如纳米银凝胶直接用于烧伤创面后与创面的血液、体液直接接触;含纳米银的骨水泥或涂层纳米银的关节假体都可直接植入人体后与血液系统或淋巴系统直接相连。通过呼吸道进入人体的纳米银必须先穿过肺泡上皮细胞或肺泡间隙并迁移到肺间质中,然后再直接穿越肺毛细血管的内皮细胞后进入肺毛细血管从而进入血液循环,或者先进入淋巴系统再进入肺毛细血管后进入血液循环。与经过呼吸道进入人体的纳米银相比,医用产品中的纳米银更易直接进入血液循环系统,因此比经呼吸道吸入体内的纳米银更容易分布在全身的各种脏器。

磺胺嘧啶银霜剂、银凝胶、含银骨水泥、硝酸银溶液等是应用比较广泛的含银医疗产品,通过对这些产品的研究发现,人体血清可以溶解结合态银,产生银离子,从这些产品中进入血液的银主要以 Ag^+ 形式存在。因此可以认为一般含银医疗产品在生物体各脏器的分布、蓄积,甚至产生的银毒性,主要是以 Ag^+ 的形式完成。

有试验证实银离子可以通过组织屏障进入血液,但呈结合状态的银不易进入血液。然而纳米银颗粒的尺寸很小,只比 Ag^+(半径为 0.126nm)大 1~2 个数量级,因此纳米银颗粒是有可能直接越过组织屏障进入血液的,而进入血液的纳米银可能被血清溶解,产生 Ag^+,这些 Ag^+ 再分布于全身。也有报道证明银是一种生物惰性材料,在体内不易完全溶解,因此纳米银不会完全溶解成银离子。因为银具有良好的亲蛋白性,纳米银可能与血浆蛋白或其他生物蛋白反应后在其表面覆盖一层生物蛋白膜或血浆蛋白膜,这些覆盖蛋白膜的纳米银的流动性更好,通过蛋白的代谢,分布于全身。

皮肤是人类阻止宏观颗粒进入人体的重要屏障系统,但是对于纳米粒子,即使宏观状态时脂/水系数小也可以通过简单扩散或渗透经过肺血屏障或皮肤进入体内,而机体排出如此微小的物质比排出宏观颗粒更有难度。Takenaka 等给小鼠吸入平均粒径为 15nm 的银纳米颗粒物($133\mu g/m^3$)后分别于暴露后的 0、1、4、7d 测试小鼠体内的银含量。结果发现,暴露后元素银立刻出现在肺组织中,之后浓度随时间延长而降低,至第 7 天只有初始浓度的 4%。

陈丹丹等将等量纳米银和微米银植入 Wistar 大鼠背部皮下组织 3 个月后测定不同脏器中的银含量,结果发现,纳米银组中元素银在体内的分布为:脾>肾>睾丸>肾上腺>肝>肺>心>子宫和卵巢>脑>前列腺>血清。微米银组中元素银的分布为:

肾>脾>肝>肾上腺>睾丸>脑>子宫和卵巢>肺>心脏>血清>前列腺。纳米银组的睾丸银含量是微米组的61.9倍,提示纳米银有可能通过血睾屏障蓄积。纳米银在脾脏的大量蓄积也提示纳米银进入血循环后被脾脏的巨噬细胞吞噬而大量蓄积。

10.6.4 银质沉着症

银质沉着症(Argyria)是使用含银产品时最常见的副作用之一。伤口上使用含银医用敷料后,随着银离子从敷料上释放进入伤口,光照下在皮肤中形成黑色的金属银和硫化银沉淀,其颗粒直径为30~100nm,最常见的地方是汗腺、皮脂腺、毛囊和甲床的周围,其颜色与银的用量和太阳光的强度有关。在一项涉及509位20%烧伤的病人中,11位在接受含银敷料处理后显示嘴唇和脸颊上银质沉着症。图10-3显示使用三种含银敷料后皮肤颜色的变化。可以看出,在使用Acticoat 7和硝酸银后皮肤颜色均变黑,而含银低的SilvaSorb基本没有变化。尽管银质沉着症产生的黑色影响了患者的美观,去除敷料后皮肤一般能恢复原来的颜色,目前没有证据显示这种颜色变化给病人健康带来任何危害。

图10-3 使用含银敷料后皮肤颜色的变化

10.7 小结

银是一种性能优良的广谱抗菌材料。在伤口上使用含银医用敷料一方面可以控制伤口上的细菌,避免伤口的感染和病区内的交叉感染;另一方面,银离子也可以促进慢性伤口和烧伤的愈合。尽管在伤口上使用含银医用敷料后,病人体内的银含量有所升高,大量研究结果证明银对人体的毒性很低。银离子与纳米银的生物安全性有很大区别,其中银离子的生物安全性已经在大量临床应用中得到证实,是一种可以安全使用的广谱抗菌剂。

参考文献

［1］ABAMED M, KARMS M, GOODSEM M, et al. DNA damage response to different surface chemistry of silver nanoparticles in mammalian cell［J］. Toxicology and Applied Pharmacology, 2008, 233: 404-410.

［2］ALT V, BECHERT T, STEINRUCKE P, et al. An in vitro assessment of the antibacterial properties and cytotoxicity of nanoparticulate silver bone cement［J］. Biomaterials, 2004, 25: 4383-4391.

［3］AOYAGI H,IWASAKI S I. Long term effect of silver powder in vivo［J］. Dent Mater J, 2008, 27(4): 612-625.

［4］ARORA S, JAIN J, RAJWADE J M, et al. Cellular responses induced by silver nanoparticles: In vitro studies［J］. Toxicol Lett, 2008, 179(2): 93-100.

［5］ASHARANI P V, LOW KAH MUN G, HANDE M P, et al. Cytotoxicity and genotoxicity of silver nanoparticles in human cells［J］. ACS Nano, 2009, 3(2): 279-290.

［6］ASHARANI P V, MUN G L K, HANDE M P, et al. Cytotoxicity and genotoxicity of silver nanoparticles in human cells［J］. ACS Nano, 2009, 3(2): 279-290.

［7］ATIYEH B S,COSTAGLIOLA M,HAYEK S N,et al.Effect of silver on burn wound infection control and healing:Review of the literature［J］. Burns, 2007, 33(2): 139-148.

［8］BARILAN O, ALBRECHT R M, FAKO V E, et al. Toxicity assessments of multisized gold and silver nanoparticles in zebrafish embryos［J］. Small,2009,5(16): 1897-1910.

［9］BARTLOMIEJCZYK T, LANKOFF A, KRUSZEWSKI M, et al. Silver nanoparticles-allies or adversaries? ［J］. Ann Agric Environ Med, 2013, 20(1): 48-54.

［10］BENN T M, WESTERHOFF P. Nanoparticle silver released into water from commercially available sock fabrics ［J］. Environ Sci Technol, 2008, 42 (11): 4133-4139.

［11］BHOL K C, SCHECHTER P J. Topical nanocrystalline silver cream suppresses inflammatory cytokines and induces apoptosis of inflammatory cells in a murine model of allergic contact dermatitis［J］. Br J Dermatol,2005,152(6): 1235-1242.

［12］BHOL K C, ALROY J, SCHECHTER P J. Anti-inflammatory effect of topical nanocrystalline silver cream on allergic contact dermatitis in a guinea pig model [J]. Clin Exp Dermatol, 2004, 29(3): 282-287.

[13]BLEEHAN S S, GOULD D J, HARRINGTON C I, et al. Occupational argyria: light and electron microscopic studies and x-ray microanalysis [J]. Br J Dermatol, 1981, 104: 19-26.

[14]BLUMBERG H, CAREY T N. Argyremia: detection of unsuspected and obscure argyria by the spectrographic demonstration of high blood silver[J]. Am Med Assoc, 1934, 103(20): 1521-1524.

[15]BOOSALIS M G, MCCALL J T, AHRENHOLZ D H, et al. Serum and urinary silver levels in thermal injury patients[J]. Surgery, 1987, 101(1): 40-43.

[16]BRAYDICH-STOLLE L, HUSSAIN S, SCHLAGER J J, et al. In vitro cytotoxicity of nanoparticles in mammalian germline stem cells[J]. Toxicol Sci, 2005, 88: 412-429.

[17]CARLSON C, HUSSAIN S M, SCHRAND A M, et al. Unique cellular interaction of silver nanoDarticIes: size dependent generation of reactive oxygen species [J]. Phys Chem B, 2008, 112(43): 13608-13619.

[18]CHA K, HONG H W, CHOI Y G, et al. Comparison of acute responses of mice livers to short-term exposure to nano- sized or micro-sized silver particles[J]. Biotechnol Lett, 2008, 30(11): 1893-1899.

[19]CHAMBERS C W, PROCTOR C M, KABLER P W. Bactericidal effect of low concentrations of silver[J]. Journal of the American Water Works Association, 1962, 54: 208-216.

[20]CHEN D D, FU H Y, FU B F. Bacterial endotoxin test of nanosilver female topical antibacterial gel[J]. CSA Illumina, 2010, 14(4): 282-284.

[21]CHEN X, SCHLUESENER H J. Nanosilver:a nanoproduct in medical application[J]. Toxicol Lett, 2008, 176(1): 1-12.

[22]CHI Z, LIU R, ZHAO L, et al. A new strategy to probe the genotoxicity of silver nanoparticles combined with cetylpyridine bromide[J]. Spectrochim Acta A Mol Biomol Spectrosc, 2009, 72(3): 577-581.

[23]CHOI O, DENG K K, KIM N J, et al. The inhibitory effects of silver nanoparticles, silver ions, and silver chloride colloids on microbial growth[J]. Water Research, 2008, 42(12): 3066-3074.

[24]CHRISTENSEN F M, JOHNSTON H J, STONE V, et al. Nano-silver feasi-

bility and challenges for human health risk assessment based on open literature[J]. Nanotoxicology, 2010, 4(3): 284-295.

[25]COOMBS C J, WAN A T, MASTERTON J P, et al. Do burn patients have a silver lining? [J]. Burns, 1992, 18(3): 179-184.

[26]CREDÉ C S E. Die verhürtung der augenentzündung der neugeborenen[J]. Archiv für Gynaekologie, 1881, 17(1): 50-53.

[27]DANSCHER G. Light and electron microscopic localization of silver in biological tissue[J]. Histochemistry, 1981, 71(2): 177-186.

[28]DE LIMA R, SEABRA A B, DURÁN N. Silver nanoparticles: a brief review of cytotoxicity and genotoxicity of chemically and biogenically synthesized nanoparticles [J]. J Appl Toxicol, 2012, 32(11): 867-879.

[29]DEMLING R H,DESANTI L. Effects of silver on wound management[J]. Wounds, 2001, 13: 1-15.

[30]DENG F R, OLESEN P, FOLDBJERG R, et al. Silver nanoparticles up-regulate connexin 43 expression and increase gap junctional intercellular communication in human lung[J]. Nanotoxicology, 2010, 4(2): 186-195.

[31]DIBRO P,DZIOBA J,GOSINK K K,et al. Chemiosmotic mechanism of antimicrobial activity of Ag^+ in vibvio cholerae[J]. Antimicob Agents Chemother, 2002, 46: 2668-2670.

[32]DONALDSON K,STONE V, TRAN C L, et al. Nanotoxicology[J]. Occup Environ Med, 2004, 61(9): 727-728.

[33]DUNN K, EDWARDS-JONES V. The role of Acticoat™ with nanocrystalline silver in the management of burns[J]. Burns, 2004, 30: s1-s9.

[34]EAST B W, BODDY K,WILLIAMS E D, et al. Silver retention,total body silver and tissue silver concentrations in argyria associated with exposure to an anti-smoking remedy containing silver acetate [J]. Clin Exp Dermatol, 1980, 5(3): 305-311.

[35]ESTORES I M, OLSEN D, GOMEZ-MARIN O, et al. Silver hydrogel urinary catheters:evaluation of safety and efficacy in single patient with chronic spinal cord injury[J]. Rehabil Res Dev, 2008, 45(1): 135-139.

[36]FENG Q L,WU J,CHEN C Q,et al. A mechanistic study of the antibacterial effect of silver ions on Escherichia coli and Staphylococcus aureus[J]. Biomed Mater Res,2000,52: 662-668.

[37]FOLDBJERG R, OLESEN P, HOUGAARD M,et al. PVP coated silver nanoparticles and silver ions induce reactive oxygen species,apoptosis and necrosis in THP-1 monocytes[J]. Toxicol Lett,2009,190(2): 156-162.

[38]FURNO F,MORLEY K S,WONG B,et al.Silver nanoparticles and polymeric medical devices:a new approach to prevention of infection[J]. J Antimicrob Chemother, 2004, 54: 1019-1024.

[39]GREULICH C, KITTLER S, EPPLE M, et al. Studies on the biocompatibility and the interaction of silver nanoparticles with human mesenchymal stem cells[J]. Langenbeck's Archives of Surgery, 2009, 394(3): 495-502.

[40]GUPTA A, SILVER S. Silver as a biocide: will resistance become a problem? [J]. Nature Biotechnology, 1998, 16(10): 888.

[41]HACKENBERG S, SCHERZED A, KESSLER M, et al. Silver nanoparticles: evaluation of DNA damage,toxicity and functional impairment in human mesenchymal stem cells[J]. Toxicol Lett, 2011, 201(1): 27-33.

[42]HALL R E, BENDER G, MARQUIS R E. In vitro effects of low intensity direct current generated silver on eukaryotic cells[J]. J Oral Maxillofax Surg, 1988, 46: 128-133.

[43]HARDMAN R. A toxicologic review of quantum dots: toxicity depends on physicochemical and environmental factors[J]. Environ Health Perspect, 2006, 114: 165-172.

[44]HSIN Y H,CHEN C F, HUANG S, et al. The apoptotic effect of nanosilver is mediated by a ROS-and JNK-dependent mechanism involving the mitochondrial pathway in NIH3T3 cells[J]. Toxicol Lett, 2008, 179(3): 130-139.

[45]HSINA Y H, CHEN C F, HUANG S, et al. The apoptotic effect of nanosilver is mediated by a ROS-and JNK dependent mechanism involving the mitochondrial pathway in NIH3T3 cells[J]. Toxicol Lett, 2008, 179(3): 130-139.

[46]HUANG Y, LI X L,LIAO Z J,et al.A randomized comparative trial between Acticoat and SD-Ag in the treatment of residual burn wounds,including safety analysis [J]. Burns, 2007, 33(2): 161-166.

[47]HUSSAIN S M, HESS K L, GEARHART J M,et al. In vitro toxicity of nanoparticles in BRL 3A rat liver cells[J]. Toxicology in vitro, 2005, 19: 975-983.

[48]HUSSAIN S M, JAVORINA A, SCHRAND A M, et al. The interaction of manganese nanoparticles with PC-12 cells induces dopamine depletion[J]. Toxicol Sci,

2006, 92(2): 456–463.

[49]HWANG M G, KATAYAMA H, OHGAKI S. Inactivation of legionella pneumophila and pseudomonas aeruginosa: evaluation of the bactericidal ability of silver cations[J]. Water Research, 2007, 41(18): 4097.

[50]HWANG M G, KATAYAMA H, OHGAKI S. Accumulation of copper and silver onto cell body and its effect on the inactivation of Pseudomonas aeruginosa[J]. Water Science and Technology, 2006, 54(3): 29–34.

[51]HWANG E T, LEE J H, CHAE Y J, et al. Analysis of the toxic mode of action of silver nanoparticles using stress-specific bioluminescent bacteria[J]. Small, 2008, 4(6): 746–750.

[52]HYUN J S, LEE B S, RYU H Y, et al.Effects of repeated silver nanoparticles exposure on the histological structure and mucins of nasal respiratory mucosa ill rats[J]. Toxicol Lett, 2008, 182(1–3): 24–28.

[53]IMAI K, NAKAMURA M. In vitro embryotoxicity testing of metals for dental use by differentiation of embryonic stem cell test[J]. Congenit Anom (Kyoto), 2006, 46(1): 34.

[54]JANSSON G, HARMS RINGDAHL M. Stimulating effects of mercuric and silver ions on the superoxide anion product ion in human polymorphonuclear leukocytes [J]. Free Radic Res Commun, 1993, 18(2): 87.

[55]JARRETT F, ELLERBE S, DEMLING R. Acute leukopenia during topical burn therapy with silver sulphadiazine[J]. Am J Surgery, 1978, 135: 818–819.

[56]JEON H J, YI S C, OH S G, et al. Preparation and antibacterial effects of Ag–SiO$_2$ thin films by sol–gel method[J]. Biomaterials, 2003, 24: 4921–4928.

[57]JI J H, JUNG J H, KIM S S, et al. Twenty-eight-day inhalation toxicity study of silver nanoparticles in Sprague-Dawley rats[J]. Inhal Toxicol, 2007, 19: 857–871.

[58]JO J H, JUNG J H, KIM S S, et al. Twenty-eight-day inhalation toxicity study of silver nanoparticles in Sprague-Dawley rats[J]. Inhal Toxicol, 2007, 19(10): 857–871.

[59]JUNG W K, KOO H C, KIM K W, et al. Antibacterial activity and mechanism of action of the silver ion in Staphylococcus aureus and Escherichia coli[J]. Applied and Environmental Microbiology, 2008, 74(7): 2171–2178.

[60]KIM Y S, KIM J S, CHO H S, et al. Twenty-eight-day oral toxicity, geno-

toxicity, and gender-related tissue distribution of silver nanoparticles in Sprague-Dawley rats[J]. Inhal Toxicol, 2008, 20: 575-583.

[61]KIM J S,KUK E,YU K N, et al. Antimicrobial effects of silver nanoparticles [J]. Nanomedicine, 2007, 3: 95-101.

[62]KIM J Y, LEE C, CHO M, et al. Enhanced inactivation of E. coli and MS-2 phage by silver ions combined with UV-A and visible light irradiation[J]. Water Research, 2008, 42(1-2): 356-362.

[63]KIM S, RYU D Y. Silver nanoparticle-induced oxidative stress, genotoxicity and apoptosis in cultured cells and animal tissues[J]. J Appl Toxicol, 2013, 33(2): 78-89.

[64]KLASEN H J.A historical review of the use of silver in the treatment of burns: Renewed interest for silver[J]. Burns, 2000, 26(2): 131-138.

[65]KROSCHWITZ J I (ed). Silver Compounds, in " Encyclopedia of Chemical Technology"[M]. 4th ed. New York: John Wiley and Sons, 1997.

[66]KUMARI M,MUKHEOEE A,CHANDRASEKARAN N.Genotoxicity of silver nanoparticles in Allium cepa[J]. Sci Total Environ, 2009, 407(19): 5243-5246.

[67]LANSDOWN A B G. Silver 2: toxicity in mammals and how its products aid wound repair[J]. Journal of Wound Care, 2002, 11(5): 173-177.

[68]LANSDOWN A B G, WILLIAMS A. How safe is silver in wound care? [J]. J Wound Care, 2004, 13(4): 131-136.

[69]LEE K J, NALLATHAMBY P D. In vivo imaging of transport and biocompatibility of single silver nanoparticles in early development of zebrafish embryos[J]. ACS Nano, 2007, 1(2): 133-143.

[70]LIAU S Y, READ D C, PUGH W J, et al. Interaction of silver nitrate with readily identifiable groups relationship to the antibacterial action of silver ions[J]. Lett Appl Microbiol, 1997, 25: 279-283.

[71]LIU J,HURT R H.Ion release kinetics and particle persistence in aqueous nano-silver colloids[J]. Environ Sci Technol, 2010, 44(6): 2169-2175.

[72]LOK C N,HO C M,CHEN R,et al. Proteomic analysis of the mode of antibacterial action of silver nanoparticles[J]. Proteome Res, 2006, 5: 916-924.

[73]LOK C N, HO C M, CHEN R, et al. Silver nanoparticles:partial oxidation and antibacterial activities[J]. Biomedical and life Sciences, 2007, 12(4): 527-534.

[74]LOK C N, HOET C M,CHEN R, et al.Proteomic analysis of the mode of an-

tibacterial action of silver nanoparticles[J]. Journal of Proteome Research, 2006, 5 (4): 916-924.

[75]MACINTIRE D, MCLAY A L, EAST B W, et al. Silver poisoning associated with an anti-smoking lozenge[J]. Br Med J, 1978, 2(6154): 1749-1750.

[76]MAITRE S, JABER K, PERROT J L, et al. Increased serum and urinary levels of silver during treatment with topical silver sulfadiazine[J]. Ann Dermatol Venereol, 2002, 129(2): 217.

[77]MARSHALL W, SCHNEIDER R P. Systemic argyria secondary to topical silver nitrate[J]. Archs Dermatol, 1977, 113: 1077-1079.

[78]MASTERS G M, WENDELL P E. Introduction to Environmental Engineering and Science[M]. Upper Saddle River: Prentice Hall, 2006.

[79]MATSUMURA Y, YOSHIKATA K, KUNISAKI S, et al. Mode of bactericidal action of silver zeolite and its comparison with that of silver nitrate[J]. Applied and Environmental Microbiology, 2003, 69(7): 4278-4281.

[80]MEYER P, RIMSKY A, CHEVALIER R. Structure du nitrate d'argent à pression et température ordinaires. Example de cristal parfait[J]. Acta Crystallographica Section B, 1978, 34(5): 1457-1462.

[81]MIRSATTARI S M, HAMMOND R R, SHARPE M D, et al. Myoclonic status epilepticus following repeated oral ingestion of colloidal silver[J]. Neurology, 2004, 62(8): 1408.

[82]MOHAN Y M, VIMALA K, THOMAS V, et al. Controlling of silver nanoparticles structure by hydrogel networks[J]. J Colloid Interface Sci, 2010, 342(1): 73-82.

[83]MOIEMEN N S, SHALE E, DRYSDALE K J, et al. Acticoat dressings and major burns: Systemic silver absorption[J]. Burns, 2011,37: 27-35.

[84]MUELLER N C, NOWACK B. Exposure modeling of engineered nanoparticles in the environment[J]. Environ Sci Technol, 2008, 42(12): 4447-4453.

[85]PARISER R J. Generalised argyria: clinicopathologic features and histochemical studies[J]. Arch Dermatol, 1978, 114: 373-377.

[86]PEDAHZUR R. Silver and hydrogen peroxide as potential drinking water disinfectants: their bactericidal effects and possible modes of action[J]. Water Science and Technology, 1997, 35(11-12): 87.

[87]PEDAHZUR R. The interaction of silver ions and hydrogen peroxide in the

inactivation of E. coli: a preliminary evaluation of a new long acting residual drinking water disinfectant[J]. Water Science and Technology, 1995, 31(5-6): 123.

[88]RAHMAN M F, WANG J, PATTERSON T A, et al. Expression of genes related to oxidative stress in the mouse brain after exposure to silver-25 nanoparticles[J]. Toxicol Lett, 2009, 187(1): 15-21.

[89]ROE D, KARANDIKAR B, BONN - SAVAGE N, et al. Antimicrobial surface functionalization of plastic catheters bv silver nanoparticles[J]. Antimicrob Chemother, 2008, 61(4): 869-876.

[90]RUNGBY J. Experimental argyrosis: ultrastructural localization of silver in rat eye[J]. Exp Mol Path, 1986, 45: 22-30.

[91]RUNGBY J. An experimental study on silver on the nervous system and on aspects of its general cellular toxicity[J]. Dun Med Bull, 1990, 37: 442-449.

[92] RUNGBY J, DANSCHER G. Neuronal accumulation of silver in brains of progeny from argyric rats[J]. Acta Neuropathol(Berl), 1983, 61(3-4): 258-262.

[93]RUNGBY J, HULTMAN P, ELLERMANN-ERIKSEN S. Silver affects viability and structure of cultured mouse peritoneal macrophages and perioxidative capacity of whole mouse liver[J]. Arch Toxicol, 1987, 59: 408-412.

[94]RUSTOGI R, MILL J, FRASER J F, et al. The use of acticoat in neonatal burns[J]. Burns, 2005, 31: 878-882.

[95]SAMUEL U, GUGGENBICHLER J P. Prevention of catheter-related infections: the potential of a new nano-silver impregnated catheter[J]. International Journal of Antimicrobial Agents, 2004, 23(1): 75-78.

[96]SCHMAEHL D, STEINHOFF D. Studies on cancer induction with colloidal silver and gold solutions in rats[J]. Z Krebsforsch, 1960, 63: 586-591.

[97]SEATON A, DONALDSON K. Nanoscience, nanotoxicology, and the need to think small[J]. Lancet, 2005,365(9463):923-924.

[98]SHIN S H, YE M K, KIM H S, et al. The effects of nanosilver on the proliferation and cytokine expression by peripheral blood mononuclear cells[J]. Int Immunopharmacol,2007,7(13): 1813-1818.

[99] SHINOGI M, MAEIZUMI S. Effect of preinduction of metallothionein on tissue distribution of silver and hepatic lipid peroxidation[J]. Biol Pharm Bull, 1993, 16: 372-374.

[100]SHRIVASTAVA S, BERA T, ROY A, et al. Characterization of enhanced

antibacterial effects of novel silver nanoparticles[J]. Nanotechnology, 2007, 18(22): 5103-5112.

[101]STEFFENSEN I L, MESNA O J, ANDRUCHOW E, et al. Cytotoxicity and accumulation of Hg, Ag, Cd, Cu, Pb and Zn in human peripheral T and B lymphocytes and monocytes in vitro[J]. Gen Pharmacol, 1994, 25(8): 1621.

[102]SUDMANN E, VIK H, RAIT M et al. Muscle paralysis in a patient with total hip prosthesis and silver-impregnated antibacterial bone cement[J]. Act Orth Stand, 1985, 56: 534.

[103]SUNG J H, JI J H, PARK J D, et al.Subchronic inhalation toxicity of silver nanoparticles[J]. Toxicol Sci, 2008, 108(2): 452-461.

[104]SUNG J H, JI J H, YOON J U, et al. Lung function changes in Sprague-Dawley rats after prolonged inhalation exposure to silver nanoparticles [J]. Inhal Toxicol, 2008, 20: 567-574.

[105]SUPP A P, NEELY A N, SUPP D M, et al. Evaluation of cytotoxicity and antimicrobial activity of Acticoat Burn Dressing for management of microbial contamination in cultured skin substitutes grafted to athymic mice [J]. J Burn Care Rehabil, 2005, 26(3): 238-246.

[106]STEBOUNOVA L V,ADAMCAKOVA-DODD A,KIM J S,et al. Nanosilver induces minimal lung toxicity or inflammation in a subacute murine inhalation model [J]. Particle and Fibre Toxicology, 2011, 8: 5.

[107]TAKENAKA S, KARG E, ROTH C, et al. Pulmonary and systemic distribution of inhaled ultrafine silver particles in rats[J]. Environ Health Perspect, 2001, 109(Suppl 4): 547-551.

[108]TAKENAKA S,KARG E,MOLLER W, et al.A morphologic study on the fate of ultrafine silver particles: distribution pattern of phagocytized metallic silver in vitro and in vivo[J]. Inhal Toxicol, 2000, 12(suppl 3): 291-299.

[109]TAKENAKA S, KARG E, MOLLER W, et al. A morphologic study on the fate of ultrafine silver particles: distribution pattern of phagocytized metallic silver in vitro and in vivo[J]. Inhal Toxicol, 2000, 12(suppl 3): 291.

[110]TANG J, XIONG L,WANG S, et al. Distribution, translocation and accumulation of silver nanoparticles in rats[J]. Journal of Nanoscience and Nanotechnology, 2009, 9(8): 4924-4932.

[111]TANG J, XIONG L,WANG S, et al. Influence of silver nanoparticles on

neurons and blood-brain barrier via subcutaneous injection in rats[J]. Applied Surface Science, 2008, 255(2): 502-504.

[112]TANG J, XIONG L, ZHOU G, et al. Silver nanoparticles crossing through and distribution in the blood-brain barrier in vitro[J]. Journal of Nanoscience and Nanotechnology, 2010, 10(1): 1-5.

[113]THOMSON P D, MOORE N P, RICE T L, et al. Leukopenia in acute thermal injury: evidence against topical silver sulfadiazine as the causative agent[J]. J Burn Care Rehabil, 1989, 10(5): 418-420.

[114]TROP M, NOVAK M, RODL S, et al. Silver coated dressing acticoat caused raised liver enzymes and argyria-like symptoms in burn patient[J]. J Trauma, 2006, 60(3): 648.

[115]TSIPOURAS N, RIX C J, BRADY P H.Passage of silver ions through membrane-mimetic materials, and its relevance to treatment of burn wounds with silver sulfadiazine cream[J]. Clin Chem, 1997, 43(2): 290-301.

[116]VIZUETE M L, VENERO J L. An in vitro assessment of the antibacterial properties and cytotoxicity of nanoparticulate silver bone cement[J]. Biomaterial, 2004, 25: 4383-4391.

[117]VLACHOU E, CHIPP E, SHALE E, et al. The safety of nanocrystalline silver dressings on burns: a study of systemic silver absorption[J]. Burns, 2007, 33 (8): 979-985.

[118]WAGNER P A, HOEKSTRA W G, GANTHER H E. Alleviation of silver toxicity by selenite in the rat in relation to tissue glutathione peroxidase[J]. Proc Soc Exp Biol Med, 1975, 148(4): 1106-1110.

[119]WAHLBERG J E. Percutaneous toxicity of metal compounds[J]. Arch Environ Health, 1989, 11: 201-203.

[120]WIJNHOVEN S, PEIJNENBURG W, HERBERTS C, et al. Nano-silver: a review of available data and knowledge gaps in human and environmental risk assessment[J]. Nanotoxicology, 2009, 3(2): 109-138.

[121]WISE J P, GOODALE B C, WISE S S, et al.Silver nanospheres are cytotoxic and genotoxic to fish cells[J]. Aquat Toxicol, 2010, 97(1): 34-41.

[122]WOODWARD R L. Review of the bactericidal effectiveness of silver[J]. Journal of the American Water Works Association, 1963, 55: 881-886.

[123]WRIGHT J B, LAM K, BURET A G, et al. Early healing events in a por-

cine model of contaminated wounds：effects of nanocrystalline silver on matrix metallo-proteinases, cell apoptosis, and healing[J]. Wound Repair Regen, 2002, 10(3)：141-151.

[124]YAMANAKA M, HARA K, KUDO J, et al. Bactericidal actions of a silver ion so l ution on Escherichia coli studied by energy-filtering transmission electron microscopy and proteomic analysis[J]. Applied and Environmental Microbiology, 2005, 71(11)：7589-7593.

[125]ZHAO G, STEVENS Jr S E. Multiple parameters for the comprehensive evaluation of the susceptibility of Escherichia coli to the silver ion[J]. Biometals：an international journal on the role of metal ions in biology, biochemistry, and medicine, 1998, 11(1)：27-32.

[126]邹中辉,赵渝,孙一来. 镀银医用聚丙烯网片植入体内的安全性评价[J]. 中国组织工程研究与临床康复, 2010, 14(42)：7839-7842.

[127]程定超,杨洁,赵艳丽. 纳米银抗菌材料在医疗器具与生活用品中的应用[J].医疗卫生装备,2004,11:27-30.

[128]郭春兰. 纳米银医用抗菌敷料在预防外科手术部位切口感染中的应用[J].护理学报, 2007, 14(10)：79.

[129]陈丹丹, 奚廷裴, 白净, 等. 纳米银和微米银在大鼠组织器官中的分布[J].北京生物医学工程, 2007, 26(6)：607-611.

[130]陈炯, 韩春茂, 余朝恒. 纳米银用于烧伤患者创面后银代谢的变化[J]. 中华烧伤杂志,2004,20(3):161-163.

[131]陈娜, 郝家胜, 王莹, 等. 铜、铅、镉、锌、汞和银离子复合污染对水螅的急性毒性效应[J]. 生物学杂志, 2007, 24(3)：32-35.

[132]张富强, 佘文珺, 傅远飞. 六种纳米载银无机抗菌剂的体外细胞毒性比较[J]. 中华口腔医学杂志, 2005, 40(6)：504-507.

[133]熊玲, 蒋学华, 陈亮, 等. 不同粒径银粒子的体外细胞毒性比较[J]. 中国生物医学工程学报, 2007, 26(4)：600-604.

[134]胡骁骅, 张普柱, 孙永华, 等. 纳米银医用抗菌敷料银离子吸收和临床应用[J]. 中华医学杂志, 2003, 83(24)：2178-2179.

[135]张逸, 鲁双云, 高文娟, 等. 丹参纳米银复合材料的生物安全性研究[J].中国美容医学, 2007, 16(5)：596-599.

[136]陈壁, 丁国斌, 汤朝武. 纳米烧(烫)伤敷料对兔肢体火器伤并局部海水浸泡后伤道的影响[J]. 中华创伤杂志, 2002, 18(6)：371-373.

[137]张紫虹, 杨美玲, 杨国光, 等. 纳米银复合醋酸氯己定消毒凝胶的毒理学安全性评价[J]. 华南预防医学, 2006, 32(2): 58-60.

[138]黄美卿. 纳米消毒凝胶的抗菌效果及毒性的实验观察[J]. 华南预防医学, 2003, 29(2): 58-59.

[139]佘文珺, 傅远飞, 张富强. 纳米载银无机抗菌剂对义齿基托树脂细胞毒性的影响[J]. 上海交通大学学报(医学版), 2006, 26(10): 1102-1104.

[140]钱敏. 纳水银凝胶治疗宫颈糜烂疗效分析[J]. 中华医学实践杂志, 2010, 9(1): 33-35.

[141]蒋治良, 陈媛媛, 梁爱惠, 等. 痕量纤维蛋白原的银纳米标记免疫共振散射光谱分析[J]. 中国科学(B辑:化学), 2006, 36(5): 419-424.

[142]余文删, 张富强.6种纳米级载银无机抗菌剂对口腔病原菌的抗菌活性比较[J]. 医学杂志, 2003, 12(5): 356-358.

[143]李丹.纳米银抗菌治伤功效研究[J]. 中国执业药,2005, 4:24.

[144]黎月玲,黄作科,廖困辉,等.磺胺嘧啶银凝胶与磺胺嘧啶银霜剂的体外抑菌比较[J].中国医院药学杂志,2011, 11: 30.

[145]李玉金,王九思,田玲.纳米材料的基本特性及发展和应用概况[J].甘肃教育学院学报(自然科学版), 2003, 3(17): 54-56.

[146]刘焕亮, 王慧杰, 袭著革. 纳米银的抗菌原理及生物安全性研究进展[J]. 环境与健康杂志, 2009, 26(8): 736-739.

[147]汤京龙, 奚廷斐. 纳米银生物安全性研究[J]. 生物医学工程学杂志, 2008, 25(4):958-961.

[148]汤京龙,奚廷斐,魏丽娜,等.纳米银颗粒在模拟体液中的表面吸附特性[J]. 无机化学学报, 2008,24(11): 1827-1831.

[149]陈炯, 韩春茂, 余朝恒. 纳米银用于烧伤患者创面后银代谢的变化[J]. 中华烧伤杂志, 2004, 20(3): 161.

[150]刘鹏鹏,关荣发,伍义行,等. 纳米银对HL-7702肝细胞DNA的损伤作用[J].中国药理学与毒理学杂志, 2010, 24(6): 466-470.

[151]邓芙蓉,魏红英,郭新彪. 纳米银毒理学研究进展[J]. 环境工程技术学报, 2011, 1(5): 420-424.

第 11 章　含银医用敷料性能的分析测试方法

11.1　引言

　　含银医用敷料是用于护理伤口的材料,由于造成伤口的原因千变万化,不同的伤口在尺寸、形状、渗出液多少等方面有很大区别,其对敷料性能的要求也各不相同。材料技术的快速发展使新型高科技创面敷料的功能变得更多、更好并且更能适合伤口愈合过程的实际需要,能更好地吸收伤口渗出液、控制细菌繁殖、吸收臭味、保护创面,在辅助伤口愈合的同时,对人体健康起积极作用。为了保证产品性能稳定、使用安全,医疗卫生材料行业和医疗器械检测机构对创面用敷料以及敷料中银含量的分析测试开发出了很多方法。

11.2　分析测试溶液

　　伤口的一个主要生理特征是流血流脓较多,传统敷料的主要功能是吸收创面产生的渗出液。Thomas 等对伤口产生的渗出液做了定量研究,结果显示从下肢溃疡伤口上产生的渗出液量约为 $5g/(10cm^2 \cdot 24h)$,其变化范围为 $4 \sim 12\ g/(10cm^2 \cdot 24h)$。在另一项研究中,Lamke 等在烧伤创面上得到的平均渗出液量为 $5g/(10cm^2 \cdot 24h)$。

　　伤口渗出液由多种成分组成,尽管水是主要成分,纯净水不能代表渗出液的理化性能。由于渗出液来自体内,其具有与血清相似的组成。Bonnema 等对伤口渗出液的组成进行了研究,在 16 位患有乳腺癌的病人身上收集乳房切除后伤口上产生的渗出液,测试 1 天、5 天和 10 天后得到的渗出液的化学组成。结果显示,第 1 天得到的样品中含有的血清成分很多,有较高含量的肌酸磷酸激酶。之后,渗出液中的蛋白质含量开始升高。Frohm 等从一位手术后伤口、6 位下肢溃疡伤口和一个大水疱上收集渗出液并分析其化学组成,结果显示伤口渗出液中含有各种细胞成分和长短不一的肽链。Chen 等研究了在密闭状态下创面痂和血栓的脱离、上皮化以及胶原纤维的形成过程,在密闭敷料护理的伤口上收集渗出液并分析其组成。结果显示,伤口渗出液有很高的生物活性,含有金属蛋白酶以及各种生长因子,其中蛋白质降解酶的活性尤其明显,导致湿润状态下坏死的细胞很快分解,增加了渗出液中的蛋白质含量。

Trengrove 等对伤口渗出液做了详细的分析,在 8 位患有慢性溃疡伤口的病人身上做了试验,首先给病人喝 1L 水,然后把腿挂在床边 1h 后从伤口上取样。分析结果显示,伤口渗出液中的葡萄糖含量在 0.6～5.9mmol/L 之间,中间值为 1.8mmol/L,蛋白质含量在 26～51g/L 之间,中间值为 39g/L。

伤口渗出液的组成在伤口愈合过程的不同阶段有较大变化,含有伤口愈合过程中人体组织新陈代谢的副产物,包括坏死的细胞、蛋白质等物质。James 和 Taylor 在 12 位慢性下肢溃疡伤口上收集渗出液样品,经过详细分析后总结出一组典型的化学组成。表 11-1 显示伤口渗出液的典型化学组成。

表 11-1　伤口渗出液的典型化学组成

成分	分子量	平均浓度/(mmol·L^{-1})(变化范围)	浓度/%
乳酸乙酯(ethyl lactate)	118.13	18.8 (13.7～29.4)	0.222
葡萄糖(glucose)	186.11	0.7 (0.3～1.2)	0.013
蛋白质(protein)		29g/L (16～49)	2.9
肌酸酐(creatinine)	113.12	105 (32～204)	1.187
尿素(urea)	61.05	9.6 (4.8～21.6)	0.0586
钙离子(以 $CaCl_2 \cdot 2H_2O$ 代表)	147.02	2.5	0.0367
钠离子(以 NaCl 代表)	58.44	142	0.83

James 和 Taylor 的结果也显示不同病人的渗出液中肌酸酐和尿素含量有很大

变化。与血清相比,伤口渗出液中的蛋白质含量比较低。在对这组病人的跟踪试验中发现,渗出液中蛋白质含量高的病人的愈合速度比其他病人快。

海藻酸钙医用敷料与伤口渗出液接触时,纤维中的钙离子与体液中的钠离子发生离子交换,测试这种材料时,溶液中的钙离子浓度对离子交换反应有一定影响。为了明确反映溶液中的钙离子浓度,英国药典在形成海藻酸盐医用敷料的测试方法过程中提出了含钠和钙离子的 A 溶液作为标准测试液。A 溶液模拟了伤口渗出液中钙离子和钠离子的含量,由含 2.5mmol/L 的 $CaCl_2 \cdot 2H_2O$ 和 142mmol/L 的 NaCl 水溶液配制而成,可以由 8.3gNaCl 和 0.367g $CaCl_2 \cdot 2H_2O$ 在去离子水中稀释至 1L 后配制而成。

在一些需要正确反映渗出液组成的测试中,血清可以被用作测试溶液。为了在维持溶液离子强度的同时简化测试,生理盐水也可用于测试创面用敷料的吸湿性能。生理盐水可以用含 0.83%NaCl 的水溶液配制。在与人体接触试验中也涉及模拟酸性汗液的制备,该溶液的制备步骤为:在 1000mL 蒸馏水中加入 0.5g L 组氨酸盐酸盐水合物、5g 氯化钠、2.2g 二水合磷酸二氢钠配成酸性汗液,用 0.1mol/L 的氢氧化钠溶液调节 pH 至 5.5。

另一个用于分析测试的模拟体液 SBF(杜氏磷酸盐缓冲液)的配方为:NaCl:8.0g;KCl:0.2g;Na_2HPO_4:1.56g;KH_2PO_4:0.2g;$CaCl_2$:0.1g;$MgCl_2 6H_2O$:0.05g,去离子水定容至 1L。

11.3　吸湿性能测试方法

国际上常用的测试创面用敷料吸湿性的方法是英国药典为海藻酸盐医用敷料制定的方法。在这个方法中,敷料首先被切割成 5cm×5cm 的样品,然后放置在 20℃、65% 相对湿度下 24h,使敷料的回潮率达到平衡后测定其干重为 W g。然后把敷料放置在比其自身重 40 倍的 A 溶液中,在直径为 90mm 的培养皿中 37℃ 下放置 30min 后,用镊子夹住敷料的一角,在空中悬挂 30s 后测得敷料的湿重为 W_1 g。单位重量敷料吸湿性 $= (W_1 - W)/W$ g/g,单位面积吸湿性 $= 4(W_1 - W)$ g/100cm^2。图 11-1 显示测试敷料吸湿性能的示意图。

对于海藻酸盐非织造布敷料,其吸收伤口上渗出液时,部分液体被吸收在纤维与纤维之间的毛细空间内,另一部分液体被吸收进入纤维内部的高分子结构中。前一部分的液体与敷料的结合差,容易沿着织物结构扩散,造成伤口周边皮肤的浸渍甚至腐烂。后一部分的液体可以保留在纤维内部,为创面提供保湿作用。

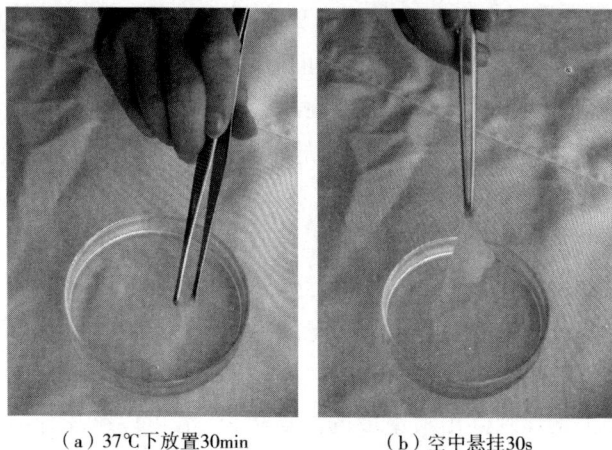

（a）37℃下放置30min　　　　　（b）空中悬挂30s

图 11-1　测试敷料吸湿性能的示意图

吸收在纤维之间的液体可以用离心脱水的方法与敷料分离,测试时把吸湿后的敷料(重量为 W_1)放在一个离心管中,离心管的下半部充填折叠的针织物留住从纤维上离心脱去的水分。离心管在 1200r/min 的速度下脱水 15min 后,测定脱水后敷料的重量为 W_2,这个重量是纤维本身的干重和吸收进纤维内部的液体重量的总和。把离心脱水后的敷料在 105℃下干燥 4h 至恒重后可以测得纤维的干重(W_3)。

在上述实验中,W_1-W_2 是吸收在纤维之间的液体,W_2-W_3 是吸收进纤维内部的液体。为了方便比较,$(W_1-W_2)/W_3$ 和 $(W_2-W_3)/W_3$ 分别计算出每克干重的敷料吸收在纤维内部和纤维之间的液体,$(W_1-W_2)/W_3$ 通常也被称为成胶性材料的溶胀率。

11.4　给湿性能测试方法

对于干燥或结痂的伤口,给创面提供水分可以辅助伤痂的脱落和皮肤细胞的健康生长,国际市场上有许多种类的水凝胶敷料用于护理干燥型伤口。Thomas 和 Hay 报道了给湿性能的测试方法,用不同浓度的明胶制备模拟皮肤,为了模仿体液中的离子含量,配制明胶水溶液时将 A 溶液作为溶剂。试验中用的明胶有 20%、25%、30%、35% 等 4 种浓度,分别将 10g、12.5g、15g、17.5g 明胶溶解在 40g、37.5g、35g、32.5g A 溶液中,在 60℃水浴中使明胶充分溶解后倒入直径为 90mm 的表面皿,冷却后明胶凝固成一层类似皮肤的胶体。

由于无定形水凝胶的流动性大,在与明胶接触时容易分散,测试给湿性能时先在明胶上放置一层孔径为 100μm 的尼龙网,而后在尼龙网上放置一个直径为 35mm、高度为 10mm 的塑料管,把 5g 水凝胶均匀放置在塑料管中后使表面皿封闭,在 20~22℃下静置 48h 后把水凝胶、塑料管和尼龙网从明胶上去除,测定测试前后明胶重量的变化。在测试片状水凝胶时,由于其具有稳定的结构,可以直接放置在明胶上。图 11-2 显示测试水凝胶给湿性能的示意图。

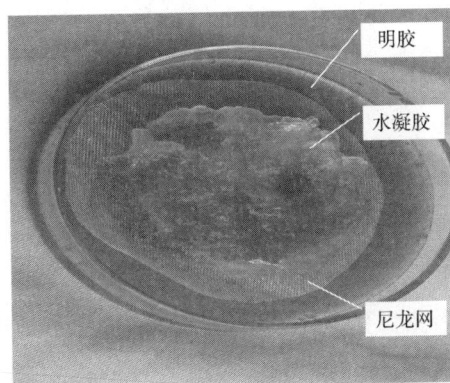

图 11-2　测试水凝胶给湿性能的示意图

20%明胶的水分含量高,测试中一般会失重,其失去的重量即为被水凝胶吸收的水分。30%~35%明胶代表干燥的皮肤,测试中重量一般会有所增加,其增加的重量即为水凝胶的给湿量。

由于明胶中的固含量比较高,而水凝胶敷料的固含量很低。为了正确反映出水凝胶敷料既能吸湿又能给湿的特点,Thomas 对以上方法作了改进,用含 2%和 8%的琼脂胶作为潮湿的伤口,20%和 35%的明胶作为干燥伤口。测试时把(10±0.1)g 的琼脂胶或明胶放置在一个 60mL 的塑料针筒内,在连接针的一端把塑料针筒切平,放入(10±0.1)g 的受试水凝胶,然后把口封闭。在(25±2)℃下放置 48h 后把水凝胶与琼脂胶或明胶分离,测定水凝胶重量的变化。其增加或减少的部分即为从琼脂胶或明胶吸收或给出的水分。

11.5　透气性能测试方法

为了避免伤口渗出液在创面上积聚,使氧气进入、二氧化碳排出,创面用敷料应该有较好的透气性能。测试敷料透气性时,首先在不锈钢杯子中加入 20mL 的 A 溶液,然后把敷料切割成杯子直径大小后固定,使杯子中的蒸汽只能通过敷料与外面环境接触。随后把不锈钢杯子放置在 37℃ 烘箱中,同时在烘箱中放置 1kg 干燥的硅胶以保持环境处于干燥状态,整个不锈钢杯子的重量在实验开始时和 24h 后做记录,测试过程中减少的重量为透过敷料散发到环境中的液体量。假设不锈钢杯子的内部直径为 Dm,24h 内减少的重量为 Wkg,则敷料的透气性可表征为:$4W/(\pi D^2)$,其单位为 kg/(24h·m²)。

11.6 吸臭性能测试方法

伤口的臭味主要是 1,5-戊二胺和 1,4-丁二胺等胺和二胺类化合物造成的。1,5-戊二胺的分子量为 102,1,4-丁二胺的分子量为 88,而二乙基胺的分子量为 73,与前面两种胺类化合物基本相同。

Thomas 报道了一个测试敷料吸臭性能的方法,在不锈钢板上打一个直径为 50mm,深度为 3mm 的孔,在这个孔里插入一个同样直径的多孔不锈钢盘,并在上面压一张滤纸,然后把受试敷料覆盖在这个孔的上面,并用胶带把敷料的四周固定在不锈钢板上,这样的组合模仿了人体上有渗出液的伤口。测定敷料吸臭性能时,在覆盖敷料处用一个套子罩住后封闭四周,然后把模拟渗出液在钢板的下面透过多孔不锈钢盘用计量泵打入。

把 2% 的二乙基胺溶解在 A 溶液中可以制备带臭味的模拟伤口渗出液。在如上描述的测试装置上,模拟伤口渗出液以 30mL/h 的速度打入,套子里二乙基胺的浓度用气相色谱测定,产品的吸臭性能以二乙基胺浓度达到 15mg/kg 所需要的时间为指标。

11.7 银含量的测定方法

含银医用敷料中添加的银包括元素银、银的无机化合物、银的有机络合物等很多种类,在分析测试银含量时一般以总银量表示,即敷料中的银通过各种方式转化为银离子后测定其含量。从定量分析的角度看,测定银含量的方法有重量法、比浊法、原子吸收法、电化学法等,其中重量法、比浊法简便、适用性广,是测试银含量时最常用的分析方法之一。原子吸收法、电化学法的灵敏度高,但需要相应的设备及专业操作人员。

11.7.1　样品准备

在对含银敷料进行分析测试时,首先需要把样品中的有机成分消解,同时把敷料含有的银转换成银离子。一个常用的方法是用浓硫酸消解样品,20℃下硫酸银在水中的溶解度是 0.79g/100mL,即 7.9g/L,根据这个溶解度,1g 含银敷料用浓硫酸消解后把其中的银转化为硫酸银,稀释成 1L 后敷料中的银能全部处于溶解的离子状态,有利于使用原子吸收分光光度仪测定银离子浓度。如果一种含银敷料中的银含量为 1000mg/kg,1g 敷料中含有的银为 1000×10^{-6},即 0.001g = 1mg,进行上述处理后溶液中银离子的浓度应该为 1mg/L 或 1mg/kg。测试时在直径 90mm 的表面皿中称取含银敷料约 1g,放置在 105℃烘箱中干燥 4h 至恒重,精确称量(W, g)后把干燥的含银敷料放置在 100mL 烧杯中,加入 25mL 浓度为 98% 的硫酸,消解 24h 后用去离子水稀释至 1000mL,过滤后用原子吸收分光光度仪测定银离子浓度(Cmg/L 或 mg/kg),敷料中银离子含量为 C/Wmg/g,等同于 $1000 \times C/W$ mg/kg。

微波消解法是生物样品处理中常用的方法,结合高压消解和微波快速加热,其优点包括:

(1)微波加热是“内加热”,具有加热速度快、加热均匀、无温度梯度、无滞后效应等特点。

(2)消解样品的能力强,特别是对一些难溶样品和生物试样,传统的湿法或干法消解在强酸或高温条件下,需要数小时甚至数天,而微波消解只需要几分钟至十几分钟。

(3)溶剂用量少,用密封容器微波溶样时,溶剂没有蒸发损失,一般只需溶剂 5~10mL。

(4)劳动强度低、环境友好,可避免有害气体排放对环境造成的污染。

(5)由于样品采用密闭消解,可以有效减少易挥发元素的损失。

有研究在微波消解过程中,把含银敷料样品分别与 8 mL、10mL、12mL 浓硝酸混合后加入 2mL 双氧水进行样品消解,结果显示用 8mL 浓硝酸、2mL 双氧水消解后虽仍有部分有机物未完全消解,但对各元素的测定已无影响;用 12mL 浓硝酸、2mL 双氧水能将样品消解完全。消解含银敷料样品的合理用量为 10mL 浓硝酸、2mL 双氧水。在超高压微波消解系统中选择的主要设置如下:

Reagents(反应试剂):10mL HNO_3、2mL H_2O_2;

IR(红外温度上限):230℃;

P(压力上限):5MPa(50 巴);

Power(功率):1000W;

P-Rate(压力上升速率):0.05MPa/s(0.5巴/s);

Drive(转动模式):Rot(连续旋转);

Rotor(转子型号):HF 100;

Ph 1(第一工作步骤):Ramp(梯度时间)20min;Hold(保持时间)20min;Fan(风扇强度):1;P(压力上限)5MPa(50巴):Power(功率)1000W:P-Rate(压力上升速率):0.05MPa/s(0.5巴/s);

Ph 2(第二工作步骤):Hold(保持时间)20min;Fan(风扇强度):3;P(最大压力)5MPa(50巴);

Ph 3(第三工作步骤):冷却时间30min。

11.7.2　测试方法

溶液中银的含量可以采用传统的分析化学方法测试,也可以用仪器分析测定。在国标 GB/T 11909—1989 测定银含量的方法中,首先在 0.1%十二烷基硫酸钠存在下,于 pH 为 4.5~8.5 的乙酸钠缓冲液介质中,银与 2-[5-溴-2-吡啶偶氮]-5-二乙胺基苯酚生成稳定的 1:2 紫红色络合物,其颜色深度与银的浓度成正比。取浓度分别为 0.00、0.40、0.80、1.20、1.60、2.00、2.40、2.80、3.20μg/mL 的 Ag$^+$ 溶液,用国标 HJ 489—2009 规定的步骤,依次对其进行显色,测定标准曲线,确定其线性回归方程式后计算银离子浓度。

用原子吸收光谱仪测定消解液中的银含量时,主要参数设置包括:

(1)测定元素选择 Ag。

(2)吸收波长为 328.1nm,此波长是检测银元素的最佳灵敏谱线之一。

(3)通带为 0.5nm,选择较小的狭缝宽度,有利于分离相邻的元素谱线,清除谱线干扰。

在测试银浓度时首先配制不同浓度的银单元素标准溶液,将恒温至(20±2)℃的银单元素溶液标准物质(standard solution of Ag single element 标准值为 1000μg/mL)充分摇动至均匀后,在 5 个 25mL 容量瓶中将银单元素标准溶液逐级稀释并定容,配制成 1、2、3、4、5μg/mL 的标准银溶液,反复多次颠倒混匀后备用。用 5%硝酸溶液进行空白调零,按原子吸收光谱仪工作参数进行测定,按浓度梯度从低到高依次进行标准银溶液的多次测定,以吸光度值 Abs 对校准后浓度 C(mg/L)进行线性回归,得到银元素标准曲线方程为:$Y = 0.14378X + 0.0201$。表 11-2 显示银元素标准溶液的吸光度。

表 11-2　银元素标准溶液的吸光度

标准液	吸光度	标准偏差/%	浓度/$(\mu g \cdot mL^{-1})$
空白	0.0003	0.0	0.0000
标准 1	0.1727	0.5	1.0000
标准 2	0.3117	0.2	2.0000
标准 3	0.4752	0.2	3.0000
标准 4	0.6024	0.3	4.0000
标准 5	0.7156	0.2	5.0000

11.7.3　几种含银敷料的测试结果

Roman 等研究了含银医用敷料中银离子含量的测试方法,并分析测试了国际市场上常用的几种含银医用敷料,包括 Smith & Nephew 公司的 Flex 3、Johnson & Johnson 公司的 Actisorb Silver 220、ConvaTec 公司的 Aquacel Ag、Urgo 公司的 Urgosorb Ag、Mölnlycke 公司的 Mepilex Ag、Fidia 公司的 Cellosorb Ag 等产品。由于银负载在敷料中,测试样品中银含量时有必要使负载银的有机物消解。研究显示,用酸在密闭的聚四氟乙烯容器中使有机物降解是一种比较可靠的方法,但在前处理过程中有时需要微波诱导燃烧(MIC),该方法中 10mg 样品被放置在一个陶瓷坩埚中,加入 4mLHNO_3,在 200℃下加热,加入 2mLH_2O_2 使样品更好地消解。此外,微波消解可以把 25~50mg 的样品直接放入聚四氟乙烯容器中,加入纯 HNO_3 或 HNO_3+H_2O_2 使样品溶解。样品的稀释用 2%(体积分数)的 HNO_3,测试前的最后稀释用 2.8%(质量分数)的 NH_4OH 溶液。

由于各个样品的组成不同,消解方法也不尽相同。在微波消解方法中,Acticoat 和 Actisorb 在 10mL HNO_3 中于 200℃下消解 50min 后打开容器,加入 2mL H_2O_2 在 200℃下消解 10min,其中 Actisorb 在室温下与 H_2O_2 处理 2h 后加入 8mL HNO_3 在微波下 200℃消解 50min 后彻底溶解。

在用电感耦合等离子体质谱法(ICP—MS)测试银离子含量时,最好用 1%~2%(质量分数)的 HNO_3 溶液稀释样品,使银离子稳定在溶液中,也可以用 2.8%(质量分数)的 NH_4OH(pH=12)溶液,使银形成 $Ag(NH_3)_2^+$ 得到稳定。总体来说,在制备样品时用 2%(体积分数)的 HNO_3 溶液使银稳定,而测试前 24h 用 2.8%(质量分数)的 NH_4OH 稀释。在用 ICP—MS 测试银含量时,分别用外部校准(EC)和同位素稀释分析(IDA)方法测定溶液中的银离子含量。表 11-3 显示 6 种商业用含银医用敷料中的银含量。

表 11-3　6 种商业用含银医用敷料中的银含量

产品名称	测试方法	银含量	
		mg/g	mg/cm²
Acticoat™ Flex 3	预测浓度	100~237	0.69~1.64
	溶解法用外部校准测试	129±9	0.890±0.063
	溶解法用同位素稀释分析	119±2	0.822±0.016
	微波消解法用外部校准测试	119±8	0.827±0.058
	微波消解法用同位素稀释分析	113±14	0.785±0.096
Actisorb Silver 220	预测浓度	2.2　μg/g	33μg/cm²
	溶解法用外部校准测试	1.65±0.37	26.3±5.9
	溶解法用同位素稀释分析	1.92±0.15	30.7±2.4
	微波消解法用外部校准测试	2.39±0.64	38.3±10.2
	微波消解法用同位素稀释分析	2.25±0.74	36.1±11.9
Aquacel Ag	预测浓度	12mg/g	99μg/cm²
	溶解法用外部校准测试	10.1±0.9	83.3±7.3
	溶解法用同位素稀释分析	11.4±0.4	94.3±3.0
	微波消解法用外部校准测试	9.9±0.6	82.1±5.1
	微波消解法用同位素稀释分析	10.0±0.9	82.5±7.5
Urgosorb Ag	预测浓度	5mg/g	113μg/cm²
	溶解法用外部校准测试	1.51±0.29	34.2±6.6
	溶解法用同位素稀释分析	1.49±0.39	33.7±8.8
	微波消解法用外部校准测试	3.58±0.22	81.1±5.0
	微波消解法用同位素稀释分析	3.38±0.60	76.5±13.6
Mepilex Ag	预测浓度	18mg/g	1.2mg/cm²
	溶解法用外部校准测试	16.2±1.2	1.01±0.07
	溶解法用同位素稀释分析	16.8±1.0	1.05±0.06
	微波消解法用外部校准测试	16.8±1.6	1.05±0.10
	微波消解法用同位素稀释分析	16.7±1.1	1.05±0.07

续表

产品名称	测试方法	银含量	
		mg/g	mg/cm²
Cellosorb Ag	预测浓度	6.6mg/g	0.35mg/cm²
	溶解法用外部校准测试	5.30±0.86	0.281±0.046
	溶解法用同位素稀释分析	5.23±0.84	0.277±0.045
	微波消解法用外部校准测试	5.38±0.51	0.285±0.027
	微波消解法用同位素稀释分析	5.70±0.87	0.302±0.046

11.8　释放银离子的性能测试方法

含银纤维或医用敷料在与介质接触时,通过离子交换等机理可以释放出银离子。在研究银离子释放性能时,应该考虑银在含氯离子的介质中的溶解度,50℃下氯化银在水中的溶解度为 520μg/100g,约为 5.2mg/kg,其中银占 35.5/(108 + 35.5),即 3.9mg/kg。根据这个计算,当释放到溶液中的银离子量为 3.9mg/kg 以下时,其与氯离子结合形成的氯化银可以溶解在介质中形成均匀的溶液。

负载在纤维中的银可以通过多种途径进入接触液。例如,当含 AlphaSan RC5000 含银颗粒的海藻酸盐纤维与伤口渗出液接触时,银离子可以通过三种途径进入渗出液。第一,纤维中的银离子可以与溶液中的钠和钙离子发生离子交换;第二,伤口渗出液中的蛋白质分子可以螯合纤维中的银离子,加快银离子的释放;第三,附带在纤维表面的含银颗粒可以直接进入伤口渗出液。表 11-4 显示含 1% AlphaSan RC5000 含银颗粒的海藻酸盐纤维与生理盐水和血清接触时银离子的释放性能。溶液中银离子的浓度随接触时间延长而增加,说明银离子被缓慢释放出来。血清中的银离子含量比生理盐水中的更高,说明血清中的蛋白质对银离子释放有促进作用。

表 11-4　1g 含银海藻酸盐纤维与 40mL 液体接触后的银离子浓度

接触时间	接触液中银离子浓度/(mg·L⁻¹)	
	生理盐水	血清
30min	0.50	2.18
48h	0.40	2.74
7d	1.32	3.74

11.9　抗菌性能的测试方法

创面用敷料在与伤口渗出液接触后,可以通过其含有的抗菌成分抑制细菌增长、预防和控制伤口感染,确保创面顺利愈合。多种方法可以测试医用敷料对细菌的抗菌性能,例如用平板法测试抑菌圈可以模拟产品使用在潮湿的或有轻度渗出液的伤口上时控制细菌增长的能力、细菌攻击试验可以测试敷料杀死悬浮在溶液中细菌的能力、细菌穿透试验可以确定细菌在穿过敷料过程中的生存能力。

11.9.1　最低抑菌浓度

最低抑菌浓度(minimal inhibition concentration, MIC)的测定有液体稀释法及固体稀释法(即培养基法)两种。在液体稀释法中,以营养液作为稀释液将抗菌剂液稀释成不同倍数,然后加入一定浓度的菌液,混合后作为处理液,以不含抗菌剂的菌液作为参比,若抗菌剂浓度为 C_x 的处理液的浊度与参比液相同,则抗菌剂对该种菌的 MIC 值为 C_x。在固体稀释法中,培养基中混入不同量的抗菌剂后凝成平板进行菌种培养,一个星期后观察菌种生长情况,不生长菌的平板所含抗菌剂的浓度即为抗菌剂对该菌的 MIC 值。

11.9.2　最小杀菌浓度

最小杀菌浓度(minimal bactericidal concentration, MBC)以无菌水作为稀释液,将细菌配制成浓度为 10^6 个/mL 的菌液,同时将抗菌剂悬浮液稀释成不同倍数的抗菌剂液。取菌液及抗菌剂液各 1mL 混合后在 30℃ 的水浴中振荡 1h,然后加入 2mL 的新鲜培养液中成为处理液;将处理液在 37℃ 下恒温培养 24h,以不含菌的抗菌剂悬浮液为参比,若抗菌剂浓度为 C_x 的处理液浊度与参比液相同,则抗菌剂对该菌的 MBC 值为 C_x。

11.9.3　抑菌圈测试

抑菌圈测试(zone of inhibition)反映了敷料释放出具有抗菌物质的能力,是一个测试抗生素对细菌活性的常用方法。测试时在含有一层 5mm 厚牛肉胨培养皿中加入 0.2mL 受试细菌,均匀涂在牛肉胨上后静止 15min 使表面干燥。把切成 40mm×40mm 的敷料片放置在牛肉胨上后在 35℃ 下培养 24h,观测抑菌圈。如果有抑菌效果,则测定抑菌圈的直径。为了测定敷料持续抗菌的能力,把敷料从牛肉冻上去除后放置在另一个新制备的牛肉胨培养皿中重复上述试验。图 11-3 显示用平板法测定两种纤维抗菌性能的效果图。

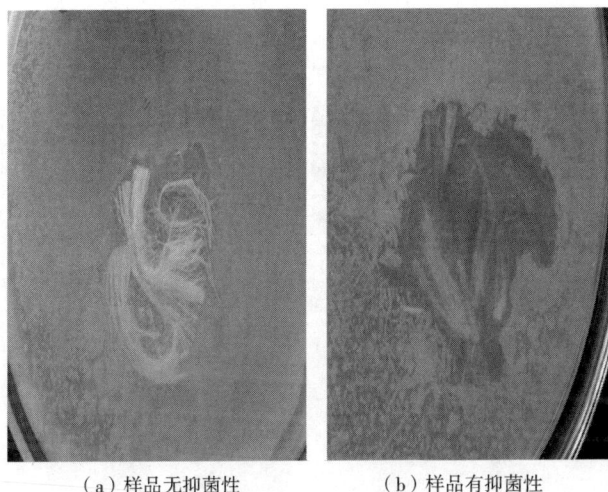

（a）样品无抑菌性　　　　　　　（b）样品有抑菌性

图 11-3　平板法测试抗菌性能的效果图

11.9.4　细菌攻击试验（challenge testing）

把 0.2mL 受试细菌溶液加到 40mm×40mm 尺寸的敷料上后在培养箱中放置 2h,然后转移到 10mL 浓度为 0.1% 的牛肉胨溶液中,用离心法把敷料中的含菌溶液与敷料分离后测定溶液中细菌的浓度。如果溶液中有细菌,则溶液和敷料的接触时间延长到 4h,如果还有细菌,则继续延长到 24h。在另一种相似的测试中,将已扩培好的菌种制成菌悬液,控制细菌个数在 $1 \times 10^8 \, \text{cfu/mL}$ 左右。然后模拟吸湿性测试的步骤,把一块 5cm×5cm 尺寸的敷料放置在比其重 40 倍的菌悬液中,在直径为 90mm 的培养皿中于 37℃ 下放置 30min 后,用镊子夹住敷料的一角,空中悬挂 30s 后用微生物方法测定溶液中的细菌浓度。

11.9.5　细菌穿透试验（Microbial Transmission Test）

在一个标准的琼脂胶培养皿中,切除两小条琼脂胶,使中间剩下的一条琼脂胶与周边的分开。然后在中间的小条上涂上受试细菌的溶液,短时间干燥后,把三条 10mm 宽、50mm 长的受试敷料条以类似小桥的形式横在中间涂了细菌的琼脂胶和周边无菌的琼脂胶之间,然后在两条琼脂胶的中间空缺处加入无菌水后培养 24h。在这个过程中,琼脂胶吸收的水被敷料吸收,细菌也会顺着液体从中间的小条上向周边扩散。如果敷料没有杀菌作用,则在周边的琼脂胶上会形成菌落。图 11-4 显示一个细菌穿透试验效果图,其中有抗菌作用的敷料能阻止细菌迁移、无抗菌作用的样品可以使细菌从涂菌的一边向另一边迁移,繁殖后形成明显的菌落。

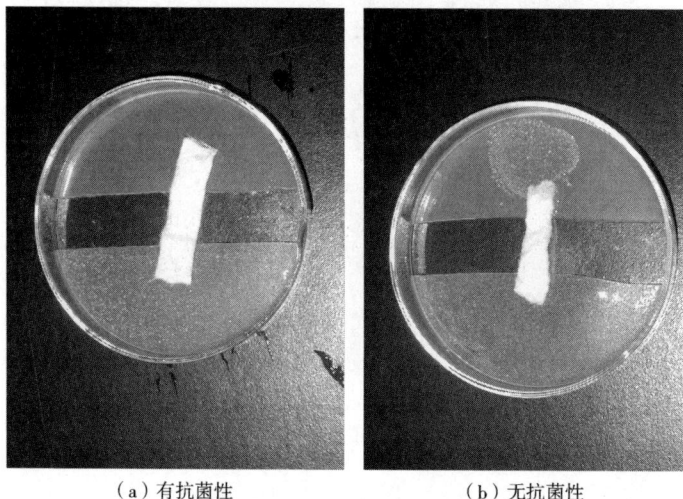

（a）有抗菌性　　　　　　　　　　（b）无抗菌性

图 11-4　细菌穿透试验效果图

11.9.6　表面动态测试法

表面动态测试法也称摇瓶法、振荡测试法,主要适用于非溶出性抗菌整理织物表面抗菌性能的测试,不适用于溶出性抗菌卫生整理织物。试验时,把抗菌纤维或织物放在盛有细菌的培养液中,摇动一定时间后观察培养液中生存下来的细菌数,灭菌率根据下式计算:

$$灭菌率=(1-放样后细菌数/放样前细菌数)\times100\%$$

图 11-5 显示含银壳聚糖纤维、壳聚糖纤维和黏胶纤维对大肠杆菌的抑菌效果。测试时将已扩培好的菌种制成菌悬液,控制细菌个数在 1×10^8 cfu/mL 左右。在已灭菌的装有 10mL 左右营养肉汤培养基的试管中加入 0.1mL 菌悬液,取 1 支作空白对照,在其他试管中装入(0.08±0.002)g 已灭菌的样品后固定在恒温振荡器中。在 37℃、120r/min 下振荡 12~15h 后观察溶液的澄清度。无抑菌性的样品中的溶液混浊,有抑菌性的样品中的溶液显得澄清。

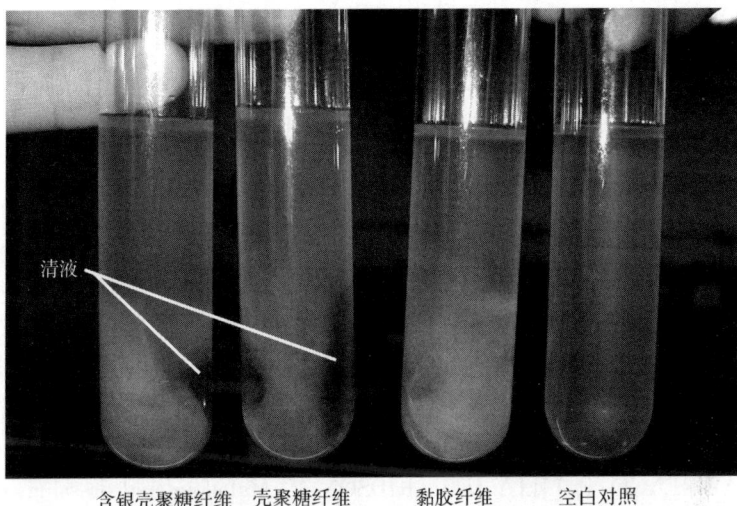

图 11-5　受试纤维对大肠杆菌(E. coli)的抑菌现象

11. 10　小结

　　含银医用敷料是一种具有抗菌性能的功能性医用敷料,其优异的广谱抗菌特性在伤口护理领域有广泛应用。作为一种新型医用材料,不同品种的含银敷料在银化合物的种类、银与基材的结合方式以及银的含量上有很大区别,临床使用上也产生不同的疗效。应用化学、物理、生物等领域的先进技术对含银医用敷料的综合性能进行科学表征对其临床上的正确使用有重要作用,可以保证产品的安全性和针对性,从而充分实现含银功能性医用敷料的临床应用价值。

参考文献

　　[1]BONNEMA J, LIGTENSTEIN D A, WIGGERS T, et al. The composition of serous fluid after axillary dissection[J]. Eur J Surg, 1999, 165(1): 9-13.

　　[2]British Pharmacopoeia Monograph for Alginate Dressings and Packings, 1994.

　　[3]CHEN W Y, ROGERS A A, LYDON M J. Characterization of biologic properties of wound fluid collected during early stages of wound healing[J]. J Invest Dermatol, 1992, 99(5): 559-564.

[4]FROHM M, GUNNE H, BERGMAN A C, et al. Biochemical and antibacterial analysis of human wound and blister fluid[J]. Eur J Biochem, 1996, 237(1): 86-92.

[5]FURR J R, RUSSELL A D, TURNER T D, et al. Antibacterial activity of Actisorb Plus, Actisorb and silver nitrate [J]. J Hospital Infection, 1994, 27(3): 201-208.

[6]JAMES T, TAYLOR R. in 'Proceedings of a Joint Meeting Between European Wound Management Association and European Tissue Repair Society'. CHERRY G, HARDING K, Eds. London: Churchill Communications Europe Ltd, 1997.

[7]LAMKE L O, NILSSON G E, REICHNER H L. The evaporative water loss from burns and water vapour permeability of grafts and artificial membranes used in the treatment of burns[J]. Burns, 1977, 3: 159-165.

[8]LAWRENCE C, LILLY H A, KIDSON A. Malodour and dressings containing active charcoal, in Proceedings of 2nd European Conference on Advances in Wound Management, Harrogate 1992. HARDING K G, CHERRY G, DEALEY C, TURNER T (Eds). London: Macmillan Magazines Ltd, 1993: 70-71.

[9] QIN Y. Silver containing alginate fibres and dressings [J]. International Wound Journal, 2005, 2(2): 172-176.

[10]QIN Y, GROOCOCK M R. Polysaccharide Fibres [P]. PCT WO/02/36866A1, May,2002.

[11]QIN Y, ZHU C, CHEN J, et al. The absorption and release of silver and zinc ions by chitosan fibers[J]. J Appl Polym Sci, 2006, 101(1): 766-771.

[12]ROMAN M, RIGO C, MUNIVRANA I, et al. Development and application of methods for the determination of silver in polymeric dressings used for the care of burns[J]. Talanta, 2013,115: 94-103.

[13]THOMAS S. A guide to dressing selection[J]. J Wound Care, 1997, 6 (10): 479-482.

[14]THOMAS S. Comparing two hydrogel dressings for wound debridement[J]. J Wound Care, 1993, 2(5): 272-274.

[15]THOMAS S. Wound Management and Dressings[M]. London: The Pharmaceutical Press, 1990.

[16]THOMAS S, BANKS V, FEAR M, et al. A study to compare two film dressings used as secondary dressings[J]. J Wound Care, 1997, 6(7): 333-336.

[17]THOMAS S, HAY N P. Fluid handling properties of hydrogel dressings[J].

J Wound Care, 1994, 3(2): 89-91.

[18]THOMAS S, HAY N P. Fluid handling properties of hydrogel dressings[J]. Ostomy and Wound Management, 1995, 41(3): 54-59.

[19]THOMAS S, MCCUBBIN P. An in vitro analysis of the antimicrobial properties of 10 silver-containing dressings[J]. J Wound Care, 2003,12(8): 305-308.

[20]THOMAS S, FEAR M, HUMPHREYS J, et al. The effect of dressings on the production of exudate from venous leg ulcers[J]. Wounds, 1996, 8(5): 145-150.

[21]TRENGROVE N J, LANGTON S R, STACEY M C. Biochemical analysis of wound fluid from non-healing and healing chronic leg ulcers[J]. Wound Rep Reg, 1996, 4: 234-239.

[22]国家保境保护总局. GB/T 11909—1989 水质银的测定 $3,5-Br_2-PADAP$ 分光光度法[S]. 北京:中国标准出版社,1989.

[23]卫碧文,张宁. 火焰原子吸收法测定纺织品的银含量[J]. 印染,2005 (15):42-43.

[24]程晓宏,谢超,史玉坤. 胶体金/DNA 体系法快速测定不同水质中银离子[J]. 交通医学,2013,27(1): 27-31.

[25]刘勇,潘可亮,王川,等. 共振光散射比浊法测定胶片废水中银离子的研究[J]. 四川师范大学学报(自然科学版), 2012, 35(3): 377-380.

[26]吴风云,朱佳芹. 红药膏中银离子含量的测定[J]. 中国保健营养, 2012 (4): 526-527.

[27]张胜帮,张学俊,林祥钦. 乙二胺四乙酸二钠/碳糊修饰电极测定银离子[J]. 分析化学, 2012, 30(6): 745-747.

[28]马肃,刘峥,袁帅,等. 载银剑麻抗菌纤维的制备及其抗菌性能的研究[J]. 化工新型材料, 2012,40(12): 143-146.

[29]周亮,汤京龙,王春仁,等. 纳米银凝胶与纳米银水凝胶在模拟体液中的释放特征[J]. 中国组织工程研究与临床康复, 2011, 15(8): 1417-1420.

[30]周亮. 纳米银凝胶在动物体内的分布与蓄积特性[D]. 温州:温州医学院,2011.

[31]朱长俊,秦益民. 甲壳胺纤维和含银甲壳胺纤维的抗菌性能比较[J]. 合成纤维, 2005, 34(3): 15-17.

[32]秦益民,陈燕珍,张策. 抗菌甲壳胺纤维的制备和性能[J]. 纺织学报, 2006, 27(3): 60-62.

[33]秦益民. 创面用敷料的测试方法[J]. 产业用纺织品, 2006, 24(4):

32-36.

[34]秦益民. 含银医用敷料的抗菌性能及生物活性[J]. 纺织学报，2006，27（11）：113-116.

[35]秦益民. 在医用敷料中添加银离子的方法[J]. 纺织学报，2006，27（12）：109-112.

[36]秦益民. 银离子的释放及敷料的抗菌性能[J]. 纺织学报，2007，28（1）：120-123.

[37]秦益民. 含银海藻酸纤维的制备方法和性能[J]. 纺织学报，2007，28（2）：126-128.

[38]秦益民. 含银海藻酸盐医用敷料的临床应用[J]. 纺织学报，2020，41（9）：183-190.

附录 国际市场上主要含银医用敷料产品

1.海藻酸盐纤维类

产品名称 Product Name	制造商 Manufacturer	基础材料 Base Material	银化合物 Silver Compound
Acticoat Absorbent	Smith & Nephew	海藻酸盐纤维复合聚乙烯膜 Alginate fiber with PE film	纳米银 Nano crystalline silver
Algicell Ag	Derma Sciences	海藻酸钙纤维 Calcium alginate fiber	1.4%银 1.4% silver
Algidex Ag	DeRoyal	海藻酸钙纤维复合泡绵 Calcium alginate fiber with foam backing	银离子 Ionic silver
Algisite Ag	Smith & Nephew	海藻酸钙纤维 Calcium alginate fiber	用银浸渍 Silver impregnated
Askina Calgitrol Ag	B. Braun	海藻酸钙纤维复合泡绵 Calcium alginate fiber with foam backing	银离子 Ionic silver
Askina Calgitrol THIN	B. Braun	海藻酸盐薄片 Thin alginate sheet	银离子 Ionic silver
Askina Calgitral Paste	B. Braun	糊状海藻酸盐 Alginate in paste form	银离子 Ionic silver
Invacare Silver Alginate	Invacare	海藻酸盐与 CMC 共混纤维 Alginate/CMC fiber	磷酸锆钠银 Silver sodium hydrogen zirconium phosphate
Maxorb Extra Ag	Medline	海藻酸盐与 CMC 共混纤维 Alginate/CMC fiber	磷酸锆钠银 Silver sodium hydrogen zirconium phosphate

续表

产品名称 Product Name	制造商 Manufacturer	基础材料 Base Material	银化合物 Silver Compound
Melgisorb Ag	Mölynlycke	海藻酸盐与 CMC 共混纤维 Alginate/CMC fiber	磷酸锆钠银 Silver sodium hydrogen zirconium phosphate
Restore Calcium Alginate	Hollister Woundcare	海藻酸钙 Calcium alginate	银离子 Ionic silver
SeaSorb Ag	Coloplast	海藻酸盐与 CMC 共混纤维 Alginate/CMC fiber	磷酸锆钠银 Silver sodium hydrogen zirconium phosphate
Silvercel， Silvercel Non Adherent	Systagenix	海藻酸盐与 CMC 共混纤维复合不黏层 Alginate/CMC fiber with non-adherent contact layer	镀银锦纶 Elemental silver coated nylon fibers
Silverlon Calcium Alginate	Argentum Medical	海藻酸钙纤维 Calcium alginate fiber	镀银锦纶核心层 Metallic silver plated nylon mesh core
Sorbsan Silver Flat； Sorbsan Silver Packing； Sorbsan Silver Plus NA	Aspen Medical	海藻酸钙纤维复合黏胶纤维低黏层或薄膜层 Calcium alginate fiber plus viscose pad or film backing	1.5%银离子 1.5% ionic silver
Suprasorb A + Ag	Activa Healthcare	海藻酸钙纤维 Calcium alginate fiber	银(种类未知) Silver (form not specified)
Tegaderm Alginate Ag	3M	海藻酸盐与 CMC 共混纤维 Alginate/CMC fiber	磷酸锆钠银 Silver sodium hydrogen zirconium phosphate
UrgoSorb Silver	Urgo	海藻酸盐与 CMC 共混纤维 Alginate/CMC fiber	磷酸锆钠银 Silver sodium hydrogen zirconium phosphate

2.胶原蛋白类

产品名称 Product Name	制造商 Manufacturer	基础材料 Base Material	银化合物 Silver Compound
BIOSTEP Ag	Smith & Nephew	胶原与 EDTA Collagen and EDTA	氯化银 Silver chloride
COLACTIVE collagen with silver	Smith & Nephew	胶原与海藻酸盐 Collagen and alginate	乳酸银 Silver lactate
Covaclear Ag Hydrogel	Covalon	胶原基水凝胶 Collagen based hydrogel	银(种类未知) Silver（form not specified）
Promogran Prisma	Systagenix	胶原与氧化再生纤维素 Collagen and oxidized regenerated cellulose(ORC)	1%银化合物 1% silver（silver－ORC compound）
Puracol Plus Ag⁺	Medline	胶原 Collagen	氯化银 Silver chloride

3. 乳液类

产品名称 Product Name	制造商 Manufacturer	基础材料 Base Material	银化合物 Silver Compound
Flamazine	Smith & Nephew	乳液 Cream base	磺胺嘧啶银 SSD

4. 织物类

产品名称 Product Name	制造商 Manufacturer	基础材料 Base Material	银化合物 Silver Compound
ACTICOAT， ACTICOAT 7	Smith & Nephew	黏胶纤维与聚酯纤维核心层 Rayon polyester core	纳米银 Nano crystalline silver
Actisorb Silver 220	Systagenix	活性炭织物与锦纶表面层 Activated charcoal cloth in nylon fabric sleeve	银离子浸泡 Impregnated with silver

续表

产品名称 Product Name	制造商 Manufacturer	基础材料 Base Material	银化合物 Silver Compound
Atrauman Ag	Paul Hartmann	聚酯创面接触层 Polyester wound contact layer	银离子浸泡 Impregnated with silver
Physiotulle Ag	Coloplast	水胶体粉体结合针织涤纶网 Knitted polyester net with hydrocolloid particles, petrolatum	磺胺嘧啶银 SSD
Restore Contact Layer Dressing with Silver	Hollister Woundcare	低黏敷料 Non-adherent dressing	硫酸银 Silver sulfate
Silverlon Wound Contact Dressings	Argentum	锦纶织物 Nylon fabric	镀银 Silver coated
Silverseal Contact Dressing	Derma Sciences	针织物 Knitted fabric	99.1%元素银和0.9%氧化银 99.1% elemental silver and 0.9% silver oxide
Tegaderm Ag Mesh	3M	纱布 Gauze	硫酸银 Silver sulfate
Urgotul Duo Silver	Urgo	聚酯网结合胶体涂层,黏胶衬垫 Polyester mesh with lipido colloid coating and viscose backing	复合银盐 Impregnated with silver salt
Urgotul SSD	Urgo	聚酯网结合胶体涂层 Polyester mesh with lipido colloid coating	复合磺胺嘧啶银 Impregnated with SSD
Vliwaktiv Ag	Lohmann and Rauscher	活性炭敷料 Activated charcoal dressing	复合银(种类未知) Impregnated with silver (form not specified)

5. 薄膜类

产品名称 Product Name	制造商 Manufacturer	基础材料 Base Material	银化合物 Silver Compound
Arglaes Film Island, Arglaes Island	Medline	薄膜敷料,芯层为海藻酸盐 Film dressing, Island has an alginate pad	离子银 Ionic silver

6. 泡绵类

产品名称 Product Name	制造商 Manufacturer	基础材料 Base Material	银化合物 Silver Compound
ACTICOAT Moisture Control	Smith & Nephew	聚氨酯创面接触层、泡绵核心、薄膜衬背 Polyurethane wound contact layer, foam core and film backing	镀纳米银 Nano crystalline silver coated
ALLEVYN Ag Adhesive; ALLEVYN Ag Heel	Smith & Nephew	带黏性的泡绵,薄膜衬背 Adhesive foam, film backing	磺胺嘧啶银 SSD
ALLEVYN Ag Non-Adhesive	Smith & Nephew	不带黏性的泡绵,做成脚后跟形状 Non-adhesive foam, shaped for heel	磺胺嘧啶银 SSD
Avance	Mölnlycke	不带黏性的泡绵敷料 Non-adhesive foam dressing	浸银 Impregnated with silver
Avance A	Mölnlycke	带黏性的泡绵敷料 Adhesive foam dressing	复合银 Impregnated with silver
Biatain Ag	Coloplast	带黏性的泡绵,薄膜衬背 Adhesive foam, film backing	复合银 Impregnated with silver
Mepilex Ag	Mölnlycke	软硅胶接触层、泡绵核心层、薄膜衬背 Soft silicone contact layer, foam core, film backing	银(种类未知) Silver (form not specified)

产品名称 Product Name	制造商 Manufacturer	基础材料 Base Material	银化合物 Silver Compound
Optifoam	Medline	泡绵垫 Foam pad	银（种类未知） Silver（form not specified）
Polymem Silver	Ferris Manufacturing Corp	泡绵敷料、淀粉和甘油 Foam dressing, starch and glycerin	复合银 Impregnated with silver
Urgocell Silver	Urgo	泡绵核心层结合胶体接触层和薄膜背衬 Foam core with lipido colloid contact layer and film backing	复合银 Silver impregnated

7. 纱布类

产品名称 Product Name	制造商 Manufacturer	基础材料 Base Material	银化合物 Silver Compound
Tegaderm Ag	3M	非织造布纱布 Non-woven mesh/gauze	复合硫酸银 Impregnated with silver sulfate
Urgotul SSD	Urgo Medical	聚酯网复合水胶体和凡士林 Polyester mesh with hydrocolloid and petroleum jelly	复合磺胺嘧啶银 Impregnated SSD

8. 水胶体类

产品名称 Product Name	制造商 Manufacturer	基础材料 Base Material	银化合物 Silver Compound
Contreet Hydrocolloid	Coloplast	水胶体结合透气背衬 Impregnated hydrocolloid with vapour permeable backing	银（种类未知） Silver（form not specified）

续表

产品名称 Product Name	制造商 Manufacturer	基础材料 Base Material	银化合物 Silver Compound
Silverseal Hydrocolloid	Alliqua	水胶体敷料 Hydrocolloid dressing	银(种类未知) Silver (form not specified)
Sureskin Silver	EuroMed	水胶体敷料 Hydrocolloid dressing	磷酸锆钠银 Sodium hydrogen zirconium phosphate

9. 水化纤维类

产品名称 Product Name	制造商 Manufacturer	基础材料 Base Material	银化合物 Silver Compound
AQUACEL Ag	ConvaTec	水化纤维 Hydrofiber	1.2%银离子 1.2% ionic silver

10. 水凝胶类

产品名称 Product Name	制造商 Manufacturer	基础材料 Base Material	银化合物 Silver Compound
AquaMed Hydrogel Sheet with Silver	AquaMed Technologies	水凝胶 Hydrogel	元素银 Elemental silver
Gentell Hydrogel Ag	Concept Health	水凝胶 Hydrogel	磺胺嘧啶银 SSD
Silvasorb Gel	Medline	水凝胶 Hydrogel	银(种类未知) Silver (form not specified)
Silverseal Hydrogel	Alliqua	复合纤维的水凝胶 Hydrogel with fibers	镀银 Silver coated

11. 粉末类

产品名称 Product Name	制造商 Manufacturer	基础材料 Base Material	银化合物 Silver Compound
Arglaes Powder	Medline	海藻酸盐粉末 Alginate powder	离子银(种类未知) Ionic silver (form not specified)